电磁功能纺织材料

施楣梧　王　群　著

科学出版社

北　京

内 容 简 介

本书从纺织材料结构特征、材料电磁学特性和电磁测量技术出发,阐述了电磁功能纺织材料的抗静电技术、电磁屏蔽、电磁波散射和频率选择表面等基础知识,提出了基于材料工程技术和纺织工程技术的电磁功能纺织材料制备方法,介绍了电磁辐射防护服的屏蔽效能测量系统与测量方法。对人工电磁媒质的研究、电磁功能纺织材料的开发、电磁功能纺织品的应用具有指导意义。

本书对从事化学纤维、纺织材料、电磁材料、电磁隐身、电磁辐射防护等行业的研发人员,及相关专业的师生都具有一定的参考和使用价值。

图书在版编目(CIP)数据

电磁功能纺织材料/施楣梧,王群著.—北京:科学出版社,2015.2
ISBN 978-7-03-043459-3

Ⅰ.①电… Ⅱ.①施… ②王… Ⅲ.①电磁学-应用-金属纤维-纺织纤维-材料科学 Ⅳ.①TS102

中国版本图书馆 CIP 数据核字(2015)第 035007 号

责任编辑:周 涵/责任校对:钟 洋
责任印制:张 倩/封面设计:铭轩堂

科 学 出 版 社 出版
北京东黄城根北街 16 号
邮政编码:100717
http://www.sciencep.com

北京佳信达欣艺术印刷有限公司 印刷
科学出版社发行 各地新华书店经销

*

2016 年 6 月第 一 版 开本:720×1000 1/16
2016 年 6 月第一次印刷 印张:18 1/4
字数:352 000
定价:108.00 元
(如有印装质量问题,我社负责调换)

前　　言

　　纺织材料经过数千年的发展历史,至今已成为品种齐全、性能优良、应用广泛的一类重要的基础材料。通过物理、化学方法赋予纺织材料新的功能,将使这一传统材料焕发出新的活力。

　　电磁功能纺织材料是采用纺织纤维制造技术、纺织品面料织造技术、材料加工与制备新技术、新方法和新工艺,制造出具有特殊结构、优良电磁性能的新型功能材料。

　　纺织材料的电磁性能,以往侧重于研究纺织材料的电阻率及介电特性,其目的多在于解决纺织品加工与应用过程中的微波加热效率、水分检测及静电防护等技术问题。然而,随着科学技术的进步,开展纺织材料与电磁应用技术学科交叉研究的重要性日渐明显,一方面,纺织材料的发展需要向电磁功能领域拓展,而开发出具有优良电磁性能的新型纺织材料;另一方面,电磁材料需要借鉴纺织材料的轻质柔软的特性,而开发出具有"薄、轻、宽、高"的优良综合性能的电磁功能材料。

　　全书共分9章。第1章电磁功能纺织材料的电磁学基础,主要介绍电磁场分类、工程电磁学基础、材料的电磁参数和电磁功能材料的基本概念和基本原理,由王群、施楣梧、肖红编写。第2章电磁功能纺织材料的电磁测量基础,主要介绍介电常数、磁导率、电磁屏蔽效能和电磁波吸收效能测量的基本原理和方法,由王群、施楣梧编写。第3章电磁功能纺织材料的纺织材料学基础,主要介绍纺织材料的分类,纤维、纱线及织物的结构特征,由肖红编写。其中,第1、2章立足于使纺织科研人员了解和掌握电磁工程技术的基础知识,并能够利用这些知识开展纺织材料的电磁功能研究,第3章的编写目的则是使电磁工程领域和材料科学与工程领域的科研人员了解有关纺织学的基础知识。第4章电磁功能纺织材料的制备,介绍电磁功能纤维的制备、电磁功能纤维的织造技术、织物的电磁功能化技术,由肖红、瞿志学编写。第5章抗静电纺织材料,分别对抗静电理论基础、纺织材料抗静电技术和抗静电性能的测试评价进行了介绍说明,由施楣梧编写。第6章电磁屏蔽纺织材料,主要内容包括电磁屏蔽理论基础、电磁屏蔽织物的结构、屏蔽效能及屏蔽效能的各向异性,由肖红、唐章宏、王群编写。第7章电磁散射纺织材料,主要介绍电磁波散射理论基础、电磁功能纺织材料的散射特性,并简要介绍电磁功能纺织材料在雷达隐身中的应用,由唐章宏、王群、肖红编写。第8章频率选择表面纺织材料,主要内容包括频率选择表面基础、频率选择表面频响特性的影响因素与分析方法,同时还简要介绍了频率选择表面纺织材料的应用,由徐欣欣编写。第9章电磁辐射防护服屏蔽效能测量,主要包括电磁辐射防护服屏蔽效能测量系统、测量系统分析和电磁辐射防护服屏蔽效能测试三部分内容,由施榍梧、王群编写,中国电子科技集团第 41 研究所的郭荣斌、杨华祥对本章工作中所使用的关键仪器系统提供了指导与帮助,并参加了部分编写工作。

本书是一部关于纺织材料与电磁功能材料的交叉学科的专著,编写组全体人员在多年科技工作的基础上,从理论和实践两方面对电磁功能纺织材料相关内容进行了全面的梳理和归纳总结,可供材料学、纺织学及电磁技术等相关学科领域的大学生、研究生、教师及工程技术人员参考使用。

对本书工作有贡献的人员还包括:曾就学于北京工业大学的研究生袁岩兴、聂士东、王翰林、韩井玉、吴禄军、郑晓静、李传友,就读于东华大学的研究生关福旺、程焕焕、梁然然,以及西安工程大学研究生南燕。本书出版过程中得到了科学出版社的大力支持和帮助,在此一并致以衷心的感谢。

由于本书涉及的是交叉学科领域,知识广泛、跨度较大,编著者的学识尚难自如驾驭整个领域的学术和技术内容,书中难免存在一些缺点和错误,敬请广大读者批评指正。

编著者
2014 年 11 月

目　　录

第1章 电磁功能纺织材料的电磁学基础

1.1 电磁场分类

1.1.1 电场

电力、磁力和万有引力普遍存在于自然界中。电场力与带电物体的电荷相关联。物体所带的电荷可能为正电荷或负电荷。运动电荷在其周围能够形成电磁场,电磁场本身就是一种特殊形态的物质;同时,电磁场会对其他电荷产生作用力。

根据电场对电荷作用力的大小能够对电场做定量研究。人们把电场中的试验电荷 q_0 每单位电荷所受到的力 $\boldsymbol{F}$ 定义为电场强度,用符号 $\boldsymbol{E}$ 表示。在国际单位制中,电场强度的单位是牛/库(N/C),即

$$\boldsymbol{E} = \frac{\boldsymbol{F}}{q_0} \tag{1.1}$$

1.1.2 磁场

早在 19 世纪初以前,人们就已经发现天然磁铁以及磁性物质可以发生磁化并可被用作磁铁的自然现象。对这种朴素的磁学认识直到 1820 年才被改变,丹麦物理学家奥斯特在实验中发现载流导线可以使磁针偏转,这一伟大的实验发现终于将电学和磁学二者紧密联系起来,从此人们终于认识到磁场也能够由电流产生。此后,围绕导线的载流与其周围磁场的关系,科学家开展了长期且大量的研究,最终建立了定量关系式。

与上述用电场强度表征电场相类似,磁场的大小和方向通常用磁感应强度来定量描述,用符号 $\boldsymbol{B}$ 表示。磁感应强度也被称为磁通量密度或磁通密度。在国际单位制中,磁感应强度的单位是特斯拉,简称特(T)。$\boldsymbol{B}$ 的大小规定为

$$B = \frac{\mathrm{d}F_{\max}}{I\mathrm{d}l} \tag{1.2}$$

式中,$I\mathrm{d}l$ 为电流元;$\mathrm{d}F_{\max}$ 表示电流元在磁场中某点所受的最大力。实验表明,该比值与电流元 $I\mathrm{d}l$ 无关。

1.1.3 静态场和动态场

动态电磁场是自然界中普遍存在的物理场,具有恒定电荷和稳定电流的静电场和静磁场只是电磁场中的特例。在静电场和静磁场中感应电场和感应磁场之间

没有耦合效应。然而,动态场中的电场和磁场之间将发生耦合作用。动态场的电磁场也被称为时变电磁场,时变的电场将产生时变的磁场,反之亦然。表 1.1 概括了电磁场的三种类型。

表 1.1　电磁场分类

分类	条件	场量(单位)
静电场	固定电荷($\partial q/\partial t=0$)	电场强度 E(V/m)
静磁场	稳定电流($\partial I/\partial t=0$)	磁通量密度 B(T)
动态(时变场)	时变电流($\partial I/\partial t\neq0$)	E 和 B

1.2　工程电磁学基础

1.2.1　电磁场的场区特性

根据研究位置与场源的远近距离划分,电磁场分为近区场和远区场。

1.2.1.1　近区场

在靠近偶极子($r<\lambda/2\pi$)的区域,电场和磁场的相位相差 90°,因此能量在电场和磁场之间相互交换而平均坡印亭矢量为零,这种区域的场也称为感应场。近区场有以下几个特点。

(1) 在近区场内,电场强度 E 与磁场强度 H 的大小没有确定的比例关系。

对于电压高、电流小的场源(如天线、馈线等),电场强度比磁场强度大得多,电场占主导,磁场分量可以忽略。场源属于高阻抗,阻抗大小与距离 r 成反比,如式(1.3)所示:

$$Z_w=377\frac{\lambda}{2\pi r} \tag{1.3}$$

对于电压低、电流大的场源(如电流线圈、环状天线),磁场强度又远大于电场强度,场源为低阻抗,在近场区波阻抗与距离 r 成正比,如式(1.4)所示:

$$Z_w=377\frac{2\pi r}{\lambda} \tag{1.4}$$

(2) 近区场电磁场强度要比远区场电磁场强度大得多,但近区场电磁场强度衰减速度要比远区场快得多。

(3) 近区场电磁感应现象与场源密切相关,近区场不能脱离场源而独立存在。

1.2.1.2　远区场

在远离偶极子的区域($r\gg\lambda/2\pi$),电场和磁场成比例关系,彼此同相,且在空间相互垂直,其比值为媒质的本征阻抗 η。在远区场,坡印亭矢量的模为 $\eta\left(\dfrac{Idl}{2\lambda r}\right)^2\sin^2\theta$,这表示有能量向外辐射,因此远区场也称为辐射场。远区场有以下几个特点。

(1) 远区场以辐射形式存在,电场强度与磁场强度之间具有固定关系,且电场与磁场的运动方向互相垂直,并均与它们的传播方向垂直。

(2) 在远区电场和磁场的强度与距离 r 的一次方成反比。

(3) 电磁波在传播过程中,当遇到物体时,将发生绕射。随着频率的增加,电磁波就越来越和光相似,即沿直线传播,且具有反射与折射性质。

在近区场,由于电场和磁场的强度之比并不是一个常数,所以电场和磁场应当分别进行考虑;但是在远区场,电场和磁场形成平面波,电场和磁场的强度的比值为一个常数,即波阻抗为定值 377 Ω。所以,在讨论平面波时,都假定是在远场条件下。而如果是单独讨论电场或磁场,则必然是指在近场条件下。

1.2.1.3　场区波阻抗

电磁辐射源可归纳为两类:一类是电偶极子辐射;另一类是磁偶极子辐射。对于近区场,电偶极子为高阻抗源,电磁场以电场为主;磁偶极子为低阻抗源,电磁场以磁场为主。对于远区场,二者辐射场的性质相同,都可视为平面电磁波。因此,波阻抗的大小与辐射源的类型及远近场区类型有关,如图 1.1 所示。

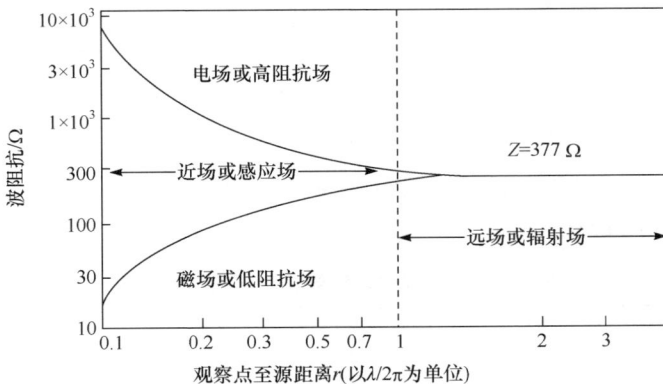

图 1.1　波阻抗与观察点的距离和场特性的关系

1.2.2　电磁波频谱

电磁波包括无线电波(含长波、中波、短波、超短波、微波等)、红外线、可见光、紫外线、X 射线、γ 射线等。表 1.2 列出了电磁波的波段划分和各波段的波长(频率)范围。

表 1.2　电磁波波段划分

波段		频率范围	波长范围
无 线 电 波	极长波(ELF,极低频)	3～30 Hz	$10^5 \sim 10^4$ km
	特长波(SLF,特低频)	30～300 Hz	$10^4 \sim 10^3$ km
	超长波(ULF,超低频)	300～3000 kHz	$10^3 \sim 10^2$ km
	甚长波(VLF,甚低频)	3～30 kHz	$10^2 \sim 10$ km
	长波(LF,低频)	30～300 kHz	10～1 km
	中波(MF,中频)	300～3000 kHz	$10^3 \sim 10^2$ m
	短波(HF,高频)	3～30 MHz	$10^2 \sim 10$ m
	超短波(VHF,甚高频)	30～300 MHz	10～1 m
	微 波 分米波(UHF,超高频)	300～3000 MHz	$10^2 \sim 10$ cm
	微 波 厘米波(SHF,超高频)	3～30 GHz	10～1 cm
	微 波 毫米波(EHF,超高频)	30～300 GHz	10～1 mm
	微 波 亚毫米波(超极高频)	300～3000 GHz	1～0.1 mm
红外线		300～3.84×10^5 GHz	$10^3 \sim 0.78$ μm
可见光		$3.84 \times 10^5 \sim 7.7 \times 10^5$ GHz	0.78～0.39 μm
紫外线		$7.7 \times 10^5 \sim 3 \times 10^7$ GHz	0.39～0.01 μm
X 射线		$3 \times 10^7 \sim 3 \times 10^{10}$ GHz	$0.01 \sim 10^{-5}$ μm
γ 射线		$3 \times 10^{10} \sim 3 \times 10^{14}$ GHz	$10^{-5} \sim 10^{-9}$ μm

在通信和雷达工程中,微波波段(频率 300 MHz～3000 GHz,即波长 1 m～0.1 mm)又常分为若干子波段,如表 1.3 所示。

表 1.3　微波波段的代号及对应的频率范围

波段	频率范围/GHz	波段	频率范围/GHz
UHF	0.3～1.12	K	18.0～26.5
L	1.12～1.7	Ka	26.5～40.0
LS	1.7～2.6	Q	33.0～50.0
S	2.6～3.95	U	40.0～60.0
C	3.95～5.85	M	50.0～75.0

波段	频率范围/GHz	波段	频率范围/GHz
XC	5.85~8.2	E	60.0~90.0
X	8.2~12.4	F	90.0~140.0
Ku	12.4~18.0	G	140.0~220.0
		R	220.0~325.0

1.2.3　电磁波的传播

1.2.3.1　电磁场的波动方程

电磁场的基本方程是麦克斯韦方程,通常人们讨论的均质介质是指各向同性且均匀线性。麦克斯韦方程组既是空间的函数又是时间的函数,当我们只考虑函数的时间解形式时,麦克斯韦方程组可表示为

$$\nabla^2 \boldsymbol{E} + k^2 \boldsymbol{E} = 0 \tag{1.5}$$

$$\nabla^2 \boldsymbol{B} + k^2 \boldsymbol{B} = 0 \tag{1.6}$$

式中,$k = \omega \sqrt{\mu \varepsilon}$。

方程(1.5)和(1.6)称为亥姆霍兹(Helmholtz)方程,是电磁场的波动方程。

一般的电磁波总可用傅里叶分析方法展开成一系列单色平面波的叠加。所以,对单色平面波的研究具有重要的理论和实际意义。假定波动方程(1.5)和(1.6)的单色平面波的复数解为

$$\boldsymbol{E} = \boldsymbol{E}_0 \exp[j(\omega t - \boldsymbol{k} \cdot \boldsymbol{r})] \tag{1.7}$$

$$\boldsymbol{B} = \boldsymbol{B}_0 \exp[j(\omega t - \boldsymbol{k} \cdot \boldsymbol{r})] \tag{1.8}$$

式中,$\boldsymbol{E}_0$,$\boldsymbol{B}_0$ 为常矢量,$|\boldsymbol{E}_0|$,$|\boldsymbol{B}_0|$ 分别为 $\boldsymbol{E}$,$\boldsymbol{B}$ 的振幅;ω 为圆频率;$\boldsymbol{k}$ 为波矢量(即电磁波的传播方向);$\exp[j(\omega t - \boldsymbol{k} \cdot \boldsymbol{r})]$代表波动的相位因子。

在无源区,麦克斯韦方程组中电场和磁场的散度满足以下方程组:

$$\begin{cases} \nabla \cdot \boldsymbol{E} = 0 \\ \nabla \cdot \boldsymbol{H} = 0 \end{cases}$$

将式(1.7)和(1.8)代入上面给出的方程组可得

$$\boldsymbol{k} \cdot \boldsymbol{E} = 0 \tag{1.9}$$

$$\boldsymbol{k} \cdot \boldsymbol{H} = 0 \tag{1.10}$$

由上述方程组可以看出,电磁波在介质中传播时,电场和磁场都与传播方向垂直,即 $\boldsymbol{E}$,$\boldsymbol{B}$ 与 $\boldsymbol{k}$ 三者相互垂直,且满足右手螺旋关系。

1.2.3.2　电磁波在自由空间中的传播

电磁波在真空中的传播称为自由空间传播,其中,自由空间的 $\varepsilon = \varepsilon_0$,$\mu = \mu_0$。发射天线辐射球面波在最大辐射方向、距天线 r 处的接收点场强的振幅值为

$$|E_{\mathrm{m}}| = \frac{245\sqrt{P_{\mathrm{T}}G_{\mathrm{T}}}}{r} \tag{1.11}$$

式中，$|E_{\mathrm{m}}|$ 为接收点场强的振幅值（mV/m）；P_{T} 为发射天线的输入功率（kW）；G_{T} 为发射天线的增益；r 为到天线的距离（km）。

接收天线的输出功率为

$$P_{\mathrm{R}} = |\overline{S}|A_{\mathrm{e}} = \frac{P_{\mathrm{T}}G_{\mathrm{T}}}{4\pi r^2}\frac{\lambda^2}{4\pi}G_{\mathrm{R}} = \left(\frac{\lambda}{4\pi r}\right)^2 P_{\mathrm{T}}G_{\mathrm{T}}G_{\mathrm{R}} \tag{1.12}$$

式中，$\overline{S}$ 为接收天线处的平均功率流密度，$|\overline{S}| = \frac{P_{\mathrm{T}}G_{\mathrm{T}}}{4\pi r^2}$；$A_{\mathrm{e}}$ 为接收天线的有效面积，$A_{\mathrm{e}} = \frac{\lambda^2}{4\pi}G_{\mathrm{R}}$；$G_{\mathrm{R}}$ 为接收天线的增益；λ 为波长。

在自由空间中，增益 $G_{\mathrm{T}} = 1$ 的发射天线的输入功率 P_{T} 与增益 $G_{\mathrm{R}} = 1$ 的接收天线的输出功率 P_{R} 之比为自由空间传输损耗 L_{bf}，即

$$L_{\mathrm{bf}} \equiv \frac{P_{\mathrm{T}}}{P_{\mathrm{R}}} \tag{1.13}$$

将式（1.12）代入上式得

$$L_{\mathrm{bf}} = \left(\frac{4\pi r}{\lambda}\right)^2 \tag{1.14}$$

用 dB 表示为

$$L_{\mathrm{bf}}(\mathrm{dB}) = \frac{P_{\mathrm{T}}}{P_{\mathrm{R}}}(\mathrm{dB}) = 20\lg\left(\frac{4\pi r}{\lambda}\right)(\mathrm{dB}) \tag{1.15}$$

自由空间传输损耗是球面波在传输过程中随着距离的增大，能量扩散而引起的损耗。当电磁波频率增加 1 倍或距离增加 1 倍时，则自由空间传输损耗增加 6 dB。

1.2.3.3 电磁波在材料介质中的传播

1. 电磁波在线性介质中的传播

电磁波在线性介质中的传播，即电介质参数和磁导率都为实数的波传播情况。由平面波解式可知，平面电磁波在线性介质中传播，只有相位发生变化，无幅值变化，则介质中电磁波的波动方程可写为

$$\boldsymbol{k} \times \boldsymbol{E} = \eta \boldsymbol{H} \tag{1.16}$$

式中，η 称为波阻抗（Ω）；$\eta = \frac{\omega\mu}{k} = \frac{\sqrt{\mu}}{\varepsilon}$。其物理意义是垂直于传播方向平面上的电场和磁场的比值。在线性介质中，波阻抗 η 为实数，也就是纯电阻，所以电场和磁场同相。

2. 电磁波在非线性介质中的传播

非线性介质的电介质参数为复数情形，即 $\varepsilon=\varepsilon'-j\varepsilon''$。通常这种介质的损耗是由电导率 σ 引起，故又有 $\varepsilon''=\dfrac{\sigma}{\omega}$。根据关系式 $k=\omega\sqrt{\mu\varepsilon}$，有

$$k=\omega\sqrt{\mu\varepsilon'}\left(1-j\frac{\varepsilon''}{\varepsilon'}\right)^{1/2} \tag{1.17}$$

将复数 k 写成

$$k=\omega\sqrt{\mu\varepsilon'}\left(1-j\frac{\varepsilon''}{\varepsilon'}\right)^{1/2}=\beta-j\alpha \tag{1.18}$$

由式(1.17)、(1.18)不难推出

$$\beta=\omega\left\{\frac{\mu\varepsilon'}{2}\left[\sqrt{1+\left(\frac{\varepsilon''}{\varepsilon'}\right)^2}+1\right]\right\}^{1/2} \tag{1.19}$$

$$\alpha=\omega\left\{\frac{\mu\varepsilon'}{2}\left[\sqrt{1+\left(\frac{\varepsilon''}{\varepsilon'}\right)^2}-1\right]\right\}^{1/2} \tag{1.20}$$

由此可知，平面电磁波在非线性介质中传播，除了相位以传播常数 β 随距离变化外，其幅值也要以衰减常数 α 随距离指数衰减。此时波阻抗为

$$\eta=\sqrt{\frac{\mu}{\varepsilon}}=\sqrt{\frac{\mu}{\varepsilon'}}\left(1-j\frac{\varepsilon''}{\varepsilon'}\right)^{1/2} \tag{1.21}$$

由此可知，在非线性介质中，一般来说，电场和磁场不再同相。下面我们分弱耗和良导体两种情况进行讨论。在弱耗情况下，即 $\dfrac{\varepsilon''}{\varepsilon}<10^{-2}$，式(1.19)、(1.20)、(1.21)可近似为

$$\beta\approx\omega\sqrt{\mu\varepsilon'} \tag{1.22}$$

$$\alpha\approx\frac{\omega\varepsilon''}{2}\sqrt{\frac{\mu}{\varepsilon'}}=\frac{\sigma}{2}\sqrt{\frac{\mu}{\varepsilon'}} \tag{1.23}$$

$$\eta=\sqrt{\frac{\mu}{\varepsilon'}} \tag{1.24}$$

由此可知，在弱耗情况下，传播常数 β 与在线性介质中传播下相同，衰减常数 α 与频率无关，电场和磁场同相。在良导体下，即 $\dfrac{\varepsilon''}{\varepsilon}>10^2$，式(1.22)、(1.23)、(1.24)可近似为

$$\beta\approx\omega\sqrt{\frac{\mu\varepsilon''}{2}}=\sqrt{\frac{\omega\mu\sigma}{2}} \tag{1.25}$$

$$\alpha=\beta\approx\sqrt{\frac{\omega\mu\sigma}{2}} \tag{1.26}$$

$$\eta = (1+j)\sqrt{\frac{\omega\mu}{2\sigma}} \tag{1.27}$$

由式(1.26)可知,电磁波在良导体中传播衰减很快,很难深入到良导体内部,电磁场能量集中于良导体表面;由式(1.27)可知,在良导体中,电场和磁场不再同相,而是电场始终超前磁场$\frac{\pi}{4}$。为此,定义一个趋附深度δ,描述电磁波穿透导体的能力,具体定义式是

$$\delta = \frac{1}{\sigma} \tag{1.28}$$

即电磁波幅值减到原来的$e^{-1} \approx 0.37$时所传播的厚度。

1.2.4　电磁场表征与单位换算

在电磁测量中,经常会采用不同的单位来表征测量值的大小,下面将介绍不同单位之间的换算关系。

1.2.4.1　功率

在电磁测量过程中,干扰幅度可用功率来表征。功率的基本单位是瓦(W),即焦耳/秒(J/s)。为了能够在较宽变化范围内表征测量值,常采用相对值来表示,即用两个相同物理量比值的常用对数的1/10表征功率大小,其表达式为

$$P_{dB} = 10\lg\frac{P_2}{P_1} \tag{1.29}$$

上式表达的功率单位是分贝(dB),属于无量纲的相对值。若基准参考量采用不同的单位,则分贝在形式上也可以带有量纲。例如,基准参考量P_1为1 W,则$\frac{P_2}{P_1}$是相对于1 W的比值,则可用dBW表示测量值,即

$$P_{dBW} = 10\lg\frac{P_W}{1\text{ W}} = 10\lg P_W \tag{1.30}$$

式中,P_W为实际测量值(W);P_{dBW}是用dBW表示的测量值。

类似地,当基准参考量分别采用1毫瓦(mW)或1微瓦(μW)时,则测量功率可分别表示为dBmW、dBμW。

dBW、dBmW、dBμW的换算关系为

$$P_{dBmW} = P_{dBW} + 30 \tag{1.31}$$

$$P_{dB\mu W} = P_{dBW} + 60 \tag{1.32}$$

1.2.4.2　电场强度

电场强度的单位有 V/m、mV/m、μV/m,采用分贝单位可表示如下

$$E_{dB(V/m)} = 20\lg \frac{E_{V/m}}{1\ V/m} \tag{1.33}$$

$$E_{dB(mV/m)} = 20\lg \frac{E_{mV/m}}{1\ mV/m} \tag{1.34}$$

$$E_{dB(\mu V/m)} = 20\lg \frac{E_{\mu V/m}}{1\ \mu V/m} \tag{1.35}$$

电场强度单位 $E_{dB(V/m)}$ 和 $E_{dB(mV/m)}$、$E_{dB(\mu V/m)}$ 的换算关系如下

$$E_{dB(mV/m)} = E_{dB(V/m)} + 60 \tag{1.36}$$

$$E_{dB(\mu V/m)} = E_{dB(V/m)} + 120 \tag{1.37}$$

由上式可得，1 V/m＝0 dB(V/m)＝60 dB(mV/m)＝120 dB(μV/m)。

1.2.4.3 磁场强度

磁场强度 H 的单位是 A/m。在国际单位制中，磁场强度并非是具有专门名称的导出单位，其相应的导出单位是磁感应强度 B。磁感应强度与磁场强度的关系为

$$B = \mu H \tag{1.38}$$

式中，B 的单位是特斯拉(T)；μ 表示介质的绝对磁导率，单位是亨利/米(H/m)。

磁场强度的单位 A/m、mA/m 和 μA/m 采用分贝单位可分别表示为

$$H_{dB(A/m)} = 20\lg \frac{H_{A/m}}{1\ A/m} \tag{1.39}$$

$$H_{dB(mA/m)} = 20\lg \frac{H_{mA/m}}{1\ mA/m} \tag{1.40}$$

$$H_{dB(\mu A/m)} = 20\lg \frac{H_{\mu A/m}}{1\ \mu A/m} \tag{1.41}$$

磁场强度单位 $H_{dB(A/m)}$ 和 $H_{dB(mA/m)}$、$H_{dB(\mu A/m)}$ 的换算关系如下

$$H_{dB(mA/m)} = H_{dB(A/m)} + 60 \tag{1.42}$$

$$H_{dB(\mu A/m)} = H_{dB(A/m)} + 120 \tag{1.43}$$

由上式可得，1 A/m＝0 dB(A/m)＝60 dB(mA/m)＝120 dB(μA/m)。

1.2.4.4 功率密度

电磁场强度还可用功率密度来表示。功率密度的定义为：垂直通过单位面积的电磁功率，即坡印亭矢量 S 的模。坡印亭矢量与电场强度 E 和磁场强度 H 的关系如下

$$S = E \times H \tag{1.44}$$

式中，S 的单位是 W/m^2；E 的单位是 V/m；H 的单位是 A/m。

自由空间任意一点的电场强度与磁场强度的幅值关系可用波阻抗 Z 来描述：

$$Z = \frac{E}{H} \tag{1.45}$$

式中，Z 的单位是 Ω。对于满足远场条件的平面波，电场强度矢量和磁场强度矢量在空间上相互垂直，自由空间的波阻抗为 $Z_0 = 120\pi\ \Omega = 377\ \Omega$，此时，$S = E^2/Z_0$。

功率密度的常用单位包括 W/m^2、mW/cm^2 和 $\mu W/cm^2$。这些单位之间的关系为

$$S_{W/m^2} = 0.1 S_{mW/cm^2} = 0.01 S_{\mu W/cm^2} \tag{1.46}$$

对于满足远场条件下的自由空间的平面波，其功率密度的分贝表达式为

$$S_{dB(W/m^2)} = 20 \lg E_{V/m} - 10 \lg 120\pi \tag{1.47}$$

$$S_{dB(W/m^2)} = 20 \lg E_{V/m} - 10 \lg 120\pi \tag{1.48}$$

1.3　材料的电磁参数

材料的电磁特性主要由介电常数、磁导率及电导率进行表征。介电常数、磁导率和电导率被看做材料的本构参数，自由空间具有特定的电磁参数值，如表 1.4 所示。

表 1.4　自由空间的电磁参数

参数	单位	自由空间取值
介电常数	F/m	$\varepsilon_0 = 8.854 \times 10^{-12} (F/m)$ $= \frac{1}{36\pi} \times 10^{-9} (F/m)$
磁导率	H/m	$\mu_0 = 4\pi \times 10^{-7} (H/m)$
电导率	S/m	0

材料的特性可以分为内禀特性和外禀性能。其中，材料的内禀特性是与材料的尺寸无关的物理量，是由其底层机制所决定；如果一种材料的电磁特性与几何形状和尺寸密切相关，这样的属性则被称为材料的外禀性能。

描述电磁材料内禀特性的物理参数一般包括本构参数、传播参数和电输运特性。对于低电导率材料的本构参数主要包括介电常数、磁导率、导电性及手性；电磁波可以在低电导率材料中传播，低电导率材料传播参数主要包括波阻抗、传播常数和折射率，导体和超导体的传播参数是指趋肤深度和表面阻抗；对于半导体材料，其内禀特性通常由它们的电输运特性来描述，包括霍尔迁移率、电导率和载流子密度。

1.3.1　介电常数

介电常数是物质相对于真空来说增加电容能力的度量，通常是以相对介电常

数来表示,即在相同的电场中介质电容率与真空电容率的比值。介电常数以 ε 表示,$\varepsilon = \varepsilon_r \cdot \varepsilon_0$,其中,$\varepsilon_r$ 为相对介电常数,ε_0 为真空绝对介电常数,$\varepsilon_0 = 8.85 \times 10^{-12}$ F/m。

介质在外电场作用下会产生电场感应而削弱外电场,材料的介电常数越高,则对外场的感应能力越强,外电场下降越明显。

材料介电常数的大小与材料的极化现象密切相关,通常,材料的极化包括了电子极化、原子极化、偶极子极化。根据材料的介电常数可以判别材料的极性大小。通常,介电常数大于 3.6 的物质为极性物质;介电常数在 2.8～3.6 范围内的物质为弱极性物质;介电常数小于 2.8 的物质为非极性物质。

材料的介电常数值与测试的频率密切相关。在时变场中,介质常数具有复数形式 $\varepsilon = \varepsilon' - j\varepsilon''$,介电常数虚部与介电常数实部的比称为损耗因子$\left(\text{也称为损耗正切值 } \tan\delta = \dfrac{\varepsilon''}{\varepsilon'}\right)$,它表示材料对电磁波的耦合能力,损耗正切值越大,材料与电磁波的耦合能力就越强,电磁损耗越大。

一些常用介质的介电常数如表 1.5 所示。

表 1.5　一些常用介质的介电常数

气体介质	介电常数	液体介质	介电常数	固体介质	介电常数
水蒸气(110℃)	1.0126	水(25℃)	78.54	冰(−5℃)	4.6
苯(100℃)	1.0028	肼(23℃)	2.52	云母	5.6～6.6
甲苯(126℃)	1.0043	四氯化硅(16℃)	2.4	沥青	2.68
水蒸气(140℃)	1.00785	正十二烷(20℃)	2.014	石蜡	2.1
溴(180℃)	1.0128	乙醇(25℃)	24.3	碘	4
氖(0℃)	1.000127	丙酮(25℃)	20.7	蔗糖	3.32
氩(20℃)	1.000513	氨(−33.4℃)	22.4	尿素	3.5
氮(20℃)	1.00126	乙醚(20℃)	4.34	石英玻璃	3.5～4.0
氨(0℃)	1.0072	蓖麻油(11℃)	4.67	铅玻璃	5.4～8.0
一氧化碳(0℃)	1.0007	橄榄油(20℃)	3.11	硝酸钡	5.9
四氯化碳(110℃)	1.003	松节油(20℃)	2.23	碳酸钙	6.14
甲烷(0℃)	1.00094	溴(20℃)	3.09	氯化银	11.2
乙烷(0℃)	1.0015	氧(−191℃)	1.538	无水碳酸钠	8.4
乙烯(100℃)	1.0035	硫(118℃)	3.52	大理石	8.3～8.8

1.3.2　磁导率

1.3.2.1　定义

磁导率是表征在空间磁场中导通磁力线的能力,常用符号 μ 表示。磁导率 μ 等于磁介质中磁感应强度 B 与磁场强度 H 之比,即 $\mu = \dfrac{B}{H}$,μ 也称绝对磁导率。磁介质的磁导率常用相对磁导率 μ_r 来表示,其定义为:磁导率 μ 与真空磁导率 μ_0 之比,即 $\mu_r = \mu / \mu_0$。

在国际单位制中,相对磁导率 μ_r 是无量纲的量,磁导率 μ 的单位是亨利/米（H/m）。真空绝对磁导率 $\mu_0 = 4\pi \times 10^{-7}\,\mathrm{H/m}$。

对于顺磁材料 $\mu_r > 1$,对于抗磁材料 $\mu_r < 1$,但两者的 μ_r 都与 1 相差无几;多数非磁性金属导体的相对磁导率等于 1;对于铁磁材料,B 与 H 的关系是非线性的,μ_r 不是常量且其数值远大于 1。

1.3.2.2　常用参数

1. 初始磁导率 μ_i

磁化曲线上当 $H \to 0$ 时的磁导率,即 $\mu_i = \lim\limits_{H \to 0} \dfrac{B}{H}$。

2. 最大磁导率 μ_m

在磁化曲线上的初始段以后,随着 H 的增大,斜率 $\mu = B/H$ 逐渐增大,到某一磁场强度下（H_m）,磁通密度达到最大值（B_m）,即 $\mu_m = \dfrac{B_m}{H_m}$。

3. 饱和磁导率 μ_s

在磁化曲线饱和段的磁导率,μ_s 值一般很小,深度饱和时,$\mu_s = \mu_0$。

非磁性材料或介质（如铝、木材、玻璃、自由空间等）B 与 H 之比为一个常数,即 $\mu_0 = 1$（在 CGS 单位制中）或 $\mu_0 = 4\pi \times 10^{-7}\,\mathrm{H/m}$（在 RMKS 单位制中）。

4. 有效磁导率 μ_r

在用电感 L 形成闭合磁路中（漏磁可以忽略）,磁芯的有效磁导率为

$$\mu_r = \frac{L}{4\pi W^2} \cdot \frac{l_m}{A_e} \cdot 10^7 \qquad (1.49)$$

式中,L 为绕组的自感量（mH）;W 为绕组匝数;$\dfrac{l_m}{A_e}$ 为磁芯常数,是磁路长度 l_m 与磁芯截面积 A_e 的比值（mm）。

5. 饱和磁感应强度 B_s

随着磁芯中磁场强度 H 的增加,磁感应强度出现饱和时的 B 值,称为饱和磁

感应强度 B_s。

6. 矫顽力 H_c

磁芯从饱和状态去除磁场后,继续反向磁化,直至磁感应强度减小到零,此时的磁场强度称为矫顽力 H_c。

7. 磁化率 χ

材料在外磁场的作用下都将表现出一定程度的磁化特征,描述被磁化的物理量称为磁化强度。因此,定义磁化强度 M 与磁场强度 H 的比值为磁化率,即 $\chi = M/H$。在国际单位制中,相对磁导率和磁化率的关系为 $\mu = 1 + \chi$。

1.3.3　电导率

1.3.3.1　定义

电导率是表示物质导电性能的物理参数,是电阻率的倒数,常用符号 σ 表示。物质的电导率越大,则表明其导电性能越好。

在国际单位制中,电导率的单位是西门子/米(S/m),$S = 1/\Omega$,其他单位还包括 S/m、mS/cm、μS/cm,其中,$1\ S/m = 10^3\ mS/m = 10^6\ \mu S/m$。

1.3.3.2　影响因素

1. 温度

材料的电导率与材料温度密切相关。金属的电导率随着温度的升高而减小;半导体的电导率随着温度的升高而增加;在一段温度范围内,电导率可被近似认为与温度成正比。为了比较材料在不同温度下的电导率,必须设定一个相同的参考温度,除特别指明,一般规定材料的电导率的测量温度是标准温度(25 ℃)。

2. 掺杂程度

对固态半导体进行掺杂会使其电导率发生很大的变化,通常,增加掺杂程度会造成电导率增高。水溶液的电导率高低依赖于其中的离子浓度,浓度越高,则水溶液的电导率也越高,因此,人们常采用分析测量水样本的电导率来分析其中溶解的盐成分、离子杂质成分,水溶液电导率测量也被用于水纯净度分析。

3. 各向异性

一些物质会存在异向性电导率的物理现象,即随测量方向的不同,物质在不同方向的电导率会有很大差异,这种情况下,需用第二阶张量形式来表示材料的电导率。

1.4　电磁功能材料基本概念

1.4.1　电子能带

　　电子能带理论指出,固体中的电子仅允许存在于一定的能量状态,这些能量状态形成彼此分离的能带,电子趋向于优先占据能量最低的能带。在绝对零度能够被填满的能量最高的能带叫做价带,价带之上的能带叫做导带,价带和导带之间的空隙叫做能隙。在绝对零度以上,部分价带电子被激发而跃迁至导带,成为导带电子,并在价带留下空穴。根据能带理论,被电子填满的能带或空的能带对电导没有贡献,电导仅来源于半满的能带,导带电子和价带空穴合称载流子。

　　金属的导带被部分填充,因而有好的电导。对于半导体和绝缘体,在绝对零度下价带被填满,而导带没有电子。在常温下,半导体由于能隙较小,可以通过热激发而形成电子空穴对,从而具有一定的电导。相反,绝大多数绝缘体通常具有非常大的带隙宽度,价带电子很难被激发至导带,因此绝缘体的载流子浓度极低,相应地,电导也极低,或者说这种材料绝缘。

　　因此,材料的电性能主要是由材料的电子能带所决定的。我们可以根据价带和导带之间的能隙,将材料划分为绝缘体、半导体和导体,如图1.2所示。

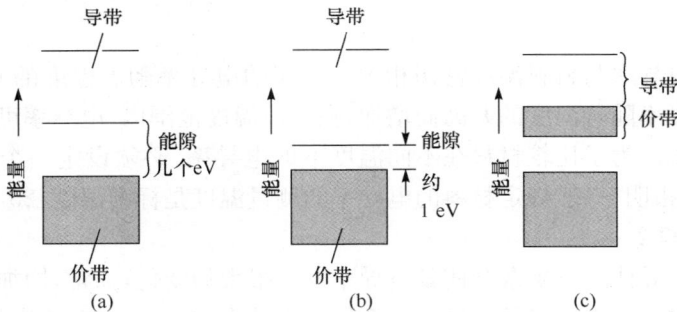

图 1.2　不同类型材料的能带
(a) 绝缘体;(b) 半导体;(c) 良导体

1.4.2　导体

　　导体有非常高的电导率,通常在 $10^4 \sim 10^8 (\Omega \cdot m)^{-1}$ 或 $(S \cdot m^{-1})$ 之间。根据导电粒子的不同,能够将导体分为三种类型,分别为:电子导体,如金属,其导电粒子为自由电子;离子导体,如电解质溶液或熔融电解质,其导电粒子为正负离子;等离子体,如电离气体,其导电粒子为电子及正负离子。

1.4.2.1　电子导体

金属是最常见的电子导体,金属中的外层价电子容易挣脱原子核的束缚而成为自由电子,它们构成了导电的载流子。金属中自由电子的浓度很大,每立方厘米约 10^{22} 个,因此金属导体的电导率很大。

1.4.2.2　离子导体

电解质溶液或熔融电解质也是导体,其载流子是正负离子。以水为例,纯水的电导率仅为 10^{-4} S/m,其离解程度很小,因而纯水不是导体。但如果在纯水中加入一定量的电解质,使溶液中的离子浓度大为增加,构成电解质溶液,则该电解质水溶液的电导率将大大增加,成为导体。

电解液中的正负离子载流子浓度比金属中自由电子载流子浓度低得多,另外,由于离子与周围介质的作用力较大,使它在外电场作用下的迁移速率较低。上述两方面原因使电解液的电导率比金属的低很多。

1.4.2.3　等离子体

等离子体由离子、电子以及未电离的中性粒子的集合组成,是整体呈电中性的物质状态,广泛存在于宇宙中,也被称为第四态物质。

等离子体是具有高位能动能的气体团,等离子体的总带电量仍是中性,借由电场或磁场的高动能将外层的电子击出,使电子不再受原子核的束缚,而成为高位能高动能的自由电子。因此,这种被电离了的"气体"呈现出高度激发的不稳定状态。由于等离子体中的自由电子及离子的存在,等离子体具有很好的导电性。用人工方法,如核聚变、核裂变、辉光放电及各种放电都可产生等离子体。

等离子体可分为高温等离子体和低温等离子体两种类型。等离子体温度分别用电子温度和离子温度表示,如果两种温度相等,则称为高温等离子体;不相等,则称为低温等离子体。

1.4.3　半导体

半导体的电导率要比电介质高,但比导体的低。通常,半导体在室温下的电导率在 $10^{-7} \sim 10^{4} (\mathrm{S} \cdot \mathrm{m}^{-1})$ 之间。半导体的电导率除了通过改变环境温度来调节外,更多的是通过掺杂方法来获得较宽范围电导率的半导体材料。

半导体通常有两种类型:本征半导体和非本征半导体。

1.4.3.1　本征半导体

本征半导体又被称为纯半导体,是不含有杂质组成的一类半导体材料。本征半导体中有着相同数量的电子和空穴。本征半导体通常有着较高的电阻率,它们一般被用于制作非本征半导体的前驱物,硅和锗是典型的本征半导体。

半导体受热激发后,价带中的部分电子会越过禁带进入能量较高的空带,空带中存在电子后成为导带,同时,价带中由于缺少一个电子而形成一个带正电的空位,称为空穴。这样,导带中的电子和价带中的空穴构成了半导体中的载流子,在电场的作用下等量的空穴载流子和电子载流子沿相反方向进行定向运动,从而形成了宏观电流。加热或光照产生的热激发或光激发都会使载流子数增加而导致电阻率减小,半导体热敏电阻和光敏电阻就是根据此原理制成的。

1.4.3.2　掺杂

非本征半导体是通过在本征半导体内添加微量的杂质原子获得,这一过程称作掺杂。如果杂质原子比本征半导体基材有更多的价电子,则得到的非本征半导体被称为 N 型半导体,载流子为电子;如果掺杂原子比半导体基材的价电子少,则生成的非本征半导体则被称为 P 型半导体,载流子为空穴。

例如,基材通常采用硅或者锗,有四个价电子。如果掺杂磷、砷和锑这类有五个价电子的元素,则能够制备出 N 型半导体的掺杂半导体;如果掺杂硼、铝、镓和铟这些有三个价电子的元素,则生成的非本征半导体被称为 P 型半导体。

1.4.4　电介质

根据电偶极化理论,在外场作用下使受束缚电荷粒子产生电偶极矩的现象被称为电极化,能产生电极化现象的物质则统称为电介质。自然界中不产生电极化过程的物质很少,所以为简单起见,一般将电阻率超过 10^3 Ω/m 的物质都归为电介质。

电介质的带电粒子是被原子、分子的内力或分子间的力紧密束缚着,因此这些粒子的电荷为束缚电荷。在外电场作用下,这些电荷只能在微观范围内移动,产生极化。

1.4.4.1　电子极化和原子极化

电子极化指分子中各原子的价电子云在外场作用下,相对于原子核向正极方向偏移,使分子的正负电荷中心的位置发生变化。当一个外加电场作用在中性原子上,原子的电子云被扭曲,导致电子极化。

原子极化是指分子或基团中的各原子核在外电场作用下彼此发生相对位移。分子中带正电荷重心向负极方向移动,负电荷重心向正极方向移动,两者的相对位置发生变化而引起分子变形,产生偶极矩,称为原子极化。

原子极化伴随着微量的能量消耗,极化所需时间比电子极化稍长。在中性原子中,当一个电场取代原子核作用于核外电子时出现电子极化。在外加电场作用下,相邻正负离子之间距离出现伸缩则为原子极化。

1.4.4.2　偶极子极化

偶极子极化是指在外电场作用下,组成电介质的分子的固有偶极矩将沿着电场方向定向排列,所有偶极矩的矢量和不为零,使介质产生宏观极化强度,即产生偶极子极化。

电场的作用是使分子的固有偶极矩转到沿电场的方向排列。而妨碍定向排列的阻力是介质中分子的热运动,或者说,电场的作用使固有偶极矩有序化,热运动的作用使固有偶极矩无序化,电场与热运动是矛盾的两个方面。

1.4.4.3　应用

研究人员已经发现,一些电介质具有与极化过程有关的特殊的物理性能。例如,不具有对称中心的晶体电介质,在机械力的作用下能产生极化,即压电性;不具有对称中心,而具有与其他方向不同的唯一的极轴晶体存在自发极化,当温度变化能引起极化,即具有热释电性;自发极化偶极矩能随外施电场的方向而改变,且其极化强度与外施电场关系存在迟滞曲线特性,即具有电滞性。具有压电性、热释电性、电滞性的材料分别称为压电材料、热释电材料和铁电材料。

1.4.5　磁性材料

1.4.5.1　磁矩

电子的自旋运动和电子绕原子核的轨道运行都可等效为单匝线圈的回路电流,因而都能够产生磁矩,材料的磁性能则主要是由磁矩所决定。根据材料中磁矩对外磁场中的反应,材料一般分为抗磁性、顺磁性和有序磁性材料。

1.4.5.2　磁化曲线

磁化曲线也称为磁滞回线,是反映磁性材料的磁感应强度 B 随磁场强度 H 的变化关系,图 1.3 是典型的磁化曲线。磁化过程如下:

(1) 起始点 0 处,磁畴随机取向,所以净磁感应强度为 0;

(2) 磁感应强度 B 随着正向磁场强度 H 增加而增加,直到所有磁畴均与正向磁场 H 方向一致,磁感应强度达到最大值,称为饱和磁感应强度 B_m;

(3) 当磁场强度减小到 0 时,材料中磁畴方向转向接近正向磁场 H 方向的易磁化方向,材料仍保留了一定强度的剩磁 B_r;

(4) 接下来施加反向磁场,磁畴也随之反向增加,当沿磁场 H 方向和其反向

的磁畴数量相等时,磁感应强度为 0,此时所施加的磁场强度值被称为矫顽力 H_c;

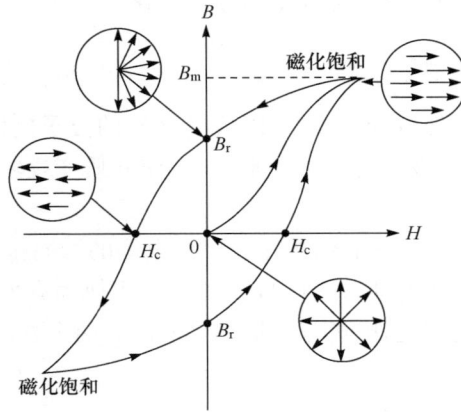

图 1.3　磁性材料的磁滞回线

（5）增加反向磁场强度,磁畴在这个方向上也随之增加直至达到饱和;

（6）当反向磁场强度减少至 0 后,再换成正向磁场方向并再次增加直至达到饱和磁感应强度,这样就得到一个完整而且封闭的磁滞回线。

1.4.5.3　软、硬磁材料

按矫顽力 H_c 的大小进行划分,磁性材料可分为软磁材料和硬磁材料。

图 1.4(a)展示了软磁材料的典型磁滞回线。其特点是软磁材料具有低的矫顽力,只需要很小的磁场强度就可以使材料消磁或磁通量反向。通常,软磁材料具有高的磁导率,磁滞回线包围的区域较小,所以在磁化周期中只有少的能量丢失。

图 1.4(b)为硬磁材料的典型磁滞曲线。硬磁材料具有高矫顽力,不易消磁,磁导率低的特点,同时,硬磁材料还具有较大的磁滞回线包围区域。通常,硬磁材料也被称为永磁材料。

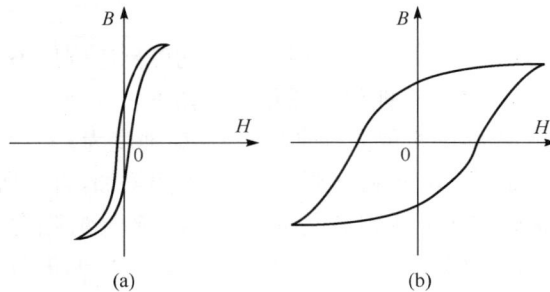

图 1.4　磁滞回线

（a）软磁材料;（b）硬磁材料

1.4.6　介电/导体复合材料

介电/导体复合材料是一类应用非常广泛的电磁功能材料。在介电/导体复合材料中,基质是一种电介质材料,而混合掺杂相是导体,这种复合材料常被用于抗静电材料、雷达吸波材料、电磁屏蔽材料等方面。

介电/导体复合材料存在逾渗现象,即介质中导电填充粒子的体积浓度接近逾渗阈值时,该复合材料的导电性发生突变,变成导体。在这个过程中人们可以观察到复合材料的介电常数发生了显著变化,如图 1.5 所示。在逾渗阈值附近,随着导电填充粒子体积浓度的增加,复合材料介电常数实部迅速增加,并在逾渗阈值处达到最大值;而介电常数虚部则随着导电填充粒子的体积浓度的增加而单调增加。

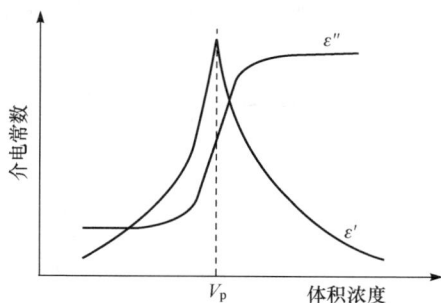

图 1.5　介电/导体复合材料的逾渗现象

逾渗阈值是由介质的介电常数、填充导体材料的电导率、导体颗粒形态所决定。需要强调的是,填充粒子的几何形状对确定逾渗阈值以及介质/导体复合材料的电磁性能起着重要的作用。填充粒子的几何形状一般有等轴状颗粒形、球形、片形或条形、针形等形状。特别地,短纤维填充粒子复合材料在调整介电性能上表现出很大的灵活性,可在低浓度纤维填充粒子条件下获得较高的介电常数值,而使复合材料具有显著的微波介电弛豫,这对于开发微波吸收材料非常重要。

1.4.7　磁谱与介电谱

1.4.7.1　磁谱

磁性材料磁导率与频率的关系非常复杂,图 1.6 显示了磁性材料磁导率实部 μ' 和虚部 μ'' 的典型磁谱示意图。

可以看出,在低频区($f < 10^4$ Hz),μ' 和 μ'' 随频率改变较小;在中频区(10^4 Hz $< f < 10^6$ Hz),μ' 一般单调递减和 μ'' 一般单调递增,但两者变化都很小;在高频区(10^6 Hz $< f < 10^8$ Hz),μ' 急遽下降,而 μ'' 迅速增加并出现峰值,然后再迅速减小;

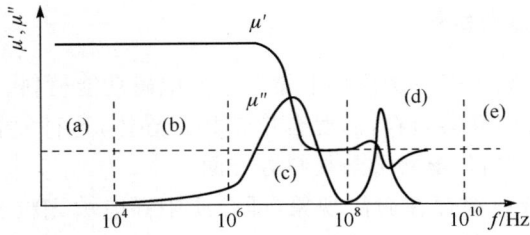

图 1.6　铁磁材料的磁导率与频率的关系示意图

在超高频区(10^8 Hz$<f<10^{10}$ Hz),通常会发生铁磁共振现象。

1.4.7.2　介电谱

图 1.7 为介电常数(ε'和ε'')的频谱特性曲线示意图,简称介电谱。

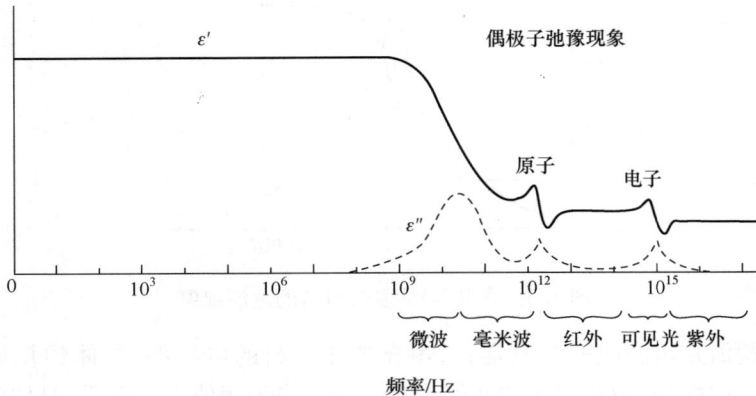

图 1.7　理想电介质的介电常数-频谱关系

材料介电常数和许多物理现象密切相关,是由离子传导、偶极子弛豫、原子极化和电子极化等物理机制所控制。在低频范围内,ε''是由离子电导率控制;在微波频段,介电常数的变化主要由偶极子弛豫引起;在红外及以上区域的变化主要是由原子和电子极化引起。

1.5　纺织材料的电磁学性能

除了本征导电高分子纤维及织物、表面镀覆金属的纤维、金属纤维及含有金属氧化物或碳黑等导电组分的有机导电纤维及织物外,传统的纺织材料多为电介质材料,是重要的电气绝缘材料,有介电性能和静电现象。利用纺织材料的介电性能,可以间接测试纱条直径不匀率,用电容电阻法测试回潮率等。同时,纺织加工尤其是合成纤维加工中,消除因摩擦产生的静电现象,是正常生产的前提。纺织材料的电磁学性能,包括导电性能、介电性能、静电及磁学性能等。

1.5.1　导电性能

纺织材料的导电性用比电阻表示。通常有体积比电阻、质量比电阻和表面比电阻三种表示法。

由电阻定律可知,导体的电阻 R 和导体的长度 L 成正比,和导体的截面积 S 成反比,且和材料性能有关,即

$$R = \rho_v \cdot \frac{L}{S} \tag{1.50}$$

式中, ρ_v 为电阻率或体积比电阻,是表示材料导电性能的物理量($\Omega \cdot cm$)。数值上等于材料长 1 cm、截面积为 1 cm^2 时的电阻。

对于纺织材料而言,由于截面积或体积不易测量,和表示细度不采用截面积一样,表示纺织材料尤其是纤维和纱线的导电性时,一般也不采用体积比电阻 ρ_v ,而是采用质量比电阻 ρ_m ,在数值上等于长 1 cm、质量为 1 g 的试样的电阻,单位是 $\Omega \cdot g/cm^2$,且

$$\rho_m = d \cdot \rho_v \tag{1.51}$$

式中, d 为材料的密度(g/cm^3)。

纺织材料的比电阻也可用表面比电阻 ρ_s 表示,在数值上等于材料表面宽度和长度都为 1 cm 时的电阻。

$$\rho_s = R_s \cdot \frac{L}{b} \tag{1.52}$$

式中, R_s 为放在材料表面上的两电极间的表面电阻(Ω); L 为电极的宽度(cm); b 为电极间的距离(cm)。

干燥的纺织材料为绝缘体,其表面往往附有杂质,特别是化学纤维,所以表面比电阻对纺织材料有特殊的意义。

在实际测试中,纺织材料的含水率或空气相对湿度,对其电阻影响最大。干燥的纺织纤维导电性能极差,质量比电阻一般大于 10^{12} $\Omega \cdot g \cdot cm^{-2}$ 。吸湿后,纤维的电阻发生明显改变,回潮率与质量比电阻之间成对数关系。在相对湿度从 0% 变化到 100%,纤维电阻变化可达 10^{10} 数量级。即使相对湿度在 30%～90% 范围变化,其质量比电阻的变化也可达 4～6 个数量级。对于大多数纺织材料来说,在空气相对湿度为 30%～90% 范围内,纺织材料的含水率 M 和质量比电阻 ρ_m 间有以下近似计算关系

$$\lg\rho_m = -n\lg M + \lg K \tag{1.53}$$

式中, n, K 为实验常数。

纤维材料的质量比电阻可以通过称取纤维质量 m 和代入电极间距离 L 值，直接求得，还可除以纤维的密度 γ，求得体积比电阻 ρ_v。在相对湿度为 65% 和室温下，一些纺织纤维的 $\lg\rho_m$ 值列于表 1.6 中。

表 1.6　纺织纤维的质量比电阻

纤维种类	$\lg\rho_m$	n	$\lg K$
棉	6.8	11.4	16.6
苎麻	7.5	12.3	18.6
蚕丝	9.8	17.6	26.6
羊毛	8.4	15.8	26.2
洗净毛	9.9	14.7	26.6
粘胶纤维	7.0	11.6	19.6
蚕丝	9.8	17.6	26.6
醋酯纤维	11.7	10.6	20.1
腈纶	8.7	—	—
腈纶(去油)	14	—	—
涤纶	8.0	—	—
涤纶(去油)	14	—	—

与大多数半导体材料一样，纺织材料的电阻随温度升高而降低。一般认为：温度升高以后，纤维和杂质等电离的电荷数增多，纤维的体积增大，故比电阻下降。对于多数纤维来说，每当温度升高 10 ℃，其质量比电阻降低约 1/5。

纤维上的附着物，特别是附着具有吸湿能力和导电能力的杂质，如棉纤维的果胶杂质、羊毛的脂汗、蚕丝的丝胶等，都会降低纤维的比电阻，从而增加纤维的导电性能。表面镀覆金属层的纤维，其比电阻会大大降低。在化学纤维中，特别是对于吸湿性差、比电阻高的合成纤维，当加上适当的含有抗静电剂的油剂，能大大降低纤维的比电阻，提高其导电性能，改善纤维的可纺性，生产上可纺的质量比电阻希望控制在 $<10^9\,\Omega\cdot g\cdot cm^{-2}$。

1.5.2　介电性能

1.5.2.1　介电常数

某种材料为介质时电容器的电容量与以真空为介质时电容器的电容量的比值为介质的相对介电常数 ε，基于此，可以获得纺织材料的介电常数。

在工频(50 Hz 或 60 Hz)条件下，干燥纺织纤维的介电常数在 2~5，而液态水的介电常数为 20,吸附水分子的介电常数为 80。测量频率 1 kHz,空气相对湿度 65% 时的常见纺织纤维的介电常数如表 1.7 所示。

表 1.7　常见纺织纤维的介电常数

纤维	介电常数 ε	纤维	介电常数 ε
棉	18	醋酯丝	4.0
羊毛	5.5	锦纶短纤维	3.7
粘胶纤维	8.4	锦纶丝	4.0
粘胶丝	15	涤纶短纤维(去油)	2.3
醋酯短纤维	3.5	涤纶短纤维	4.2
腈纶短纤维(去油)	2.8	—	—

中等回潮情况下,纺织材料的介电常数与质量比电阻间存在密切关系。棉纤维的质量比电阻和介电常数关系见式(1.54),羊毛纤维的质量比电阻和介电常数关系见式(1.55)。

$$\rho_m = \frac{76.8}{\varepsilon} + 1.1 \tag{1.54}$$

$$\rho_m = \frac{42.2}{\varepsilon} + 3.6 \tag{1.55}$$

由此可见,影响质量比电阻的因素也必然影响纺织材料的介电常数。

由于水的相对介电常数比干纺织材料的大几十倍,因此,当纺织材料的回潮率或含水率不同时,纺织材料的介电常数也不同。回潮率越大,介电常数也越大。当用一定质量的具有不同回潮率(或含水率)的纤维材料作为电容器介质时,电容器的电容量也就不同。根据这个原理,通过测量电容器的电容量的大小,就可以间接测得纤维材料的回潮率。

频率、温度也会影响介电常数。一般而言,频率增加,介电常数有变小趋势;温度升高,介电常数增大。

此外,纺织材料是各向异性材料,电场方向与纤维平行或垂直,对纤维的介电常数也有影响。杂质的存在,也会改变材料的介电常数。

1.5.2.2　介电损耗

电介质在外电场的作用下,将一部分电能转变成热能的物理过程,称为介电损耗。交变电场作用下,纤维的极性基团及纤维内部的水分子发生极化,极化分子部分沿着电场方向定向排列,并随电场方向的变换不断地作翻转交变取向运动,分子间发生碰撞、摩擦、生热,消耗能量,发生介电损耗。

介电损耗的大小与外加电场频率、电场强度以及材料的介电性质有关。外加电场频率与纤维极化对象的振动频率达到共振时,介电损耗最大。电场强度较大时,纤维的极化现象增强,产生的热量较多。此外,介电损耗还与纤维的介电常数以及介质损耗角有关。在单位时间内,单位体积的纤维所产生的热能 P 为

$$P = 0.556 f \cdot E^2 \cdot \varepsilon_r \cdot \tan\delta \cdot 10^{-12} \tag{1.56}$$

式中,P 为电场消耗的功率($\mathrm{W/cm^3}$);f 为外电场的频率(Hz);E 为外电场强度($\mathrm{V/cm}$);$\tan\delta$ 为介电损耗角 δ 的正切。

干纺织材料的介电常数一般为 $2\sim5$,$\tan\delta$ 为 $0.02\sim0.05$;水的介电常数为 $20\sim80$,$\tan\delta$ 为 $0.15\sim1.2$。因此,纺织材料的含水率越高,$\tan\delta$ 越大。

1.5.3　静电性能

具有电介质性能的纺织材料的比电阻一般很高,尤其是吸湿性较低的合成纤维,如涤纶、腈纶等,一般大气条件下,质量比电阻高达 $10^{13}\,\Omega \cdot g \cdot cm^{-2}$ 以上。当两个绝缘体互相摩擦并分开时,介电常数高的物体带正电荷,介电常数低的物体带负电荷。因此,纺织加工中,由于纤维彼此之间或者纤维和机器部件之间的接触和摩擦,易造成电荷在物体表面转移,产生静电。静电现象给纺织加工和服用都带来危害。生产过程中,静电会导致飞花、纤维发毛、毛羽增多、纤维缠绕机件、断头增加等现象;服用过程中,织物上的静电会导致衣服粘连、吸附灰尘、易沾污,更严重的会出现电火花、击手等现象。为了避免带来的危害,要及时消除纺织材料上积聚的静电电荷。

通常,各种纤维的最大带电量接近,但是静电衰减速度却差异较大。常用电荷半衰期,即材料上静电衰减到原始数值的一半所需要的时间,来表征静电衰减速度。纺织材料的电荷半衰期与表面比电阻的对数($\lg\rho_s$)成线性关系,表面比电阻越大,半衰期越长。当 $\lg\rho_s>13$ 时,纺织材料没有任何抗静电作用;当 $\lg\rho_s<10$ 时,抗静电作用好。由此,可以通过抗静电剂整理或加入有机导电纤维降低织物的表面比电阻,改善织物的静电性能。环境的湿度对静电性能测试影响显著,织物的静电半衰期在南方和北方测试时存在较大差异。在本书的第 5 章,对抗静电纺织材料及其性能评价等会有系统介绍。

虽然静电现象在纺织加工和服用过程中带来很多危害,但可以利用纺织材料的静电性能进行加工,如静电纺丝、静电纺纱、静电植绒等技术。

1.5.4　磁学性能

普通纺织材料属于抗磁体,其 χ_m 为负值。一些纺织材料的磁化率参数见表 1.8,可见,其值非常小。

表 1.8　部分纤维的磁化率

材料	磁化率 χ	材料	磁化率 χ
乙纶	-10.3×10^{-6}	涤纶	-6.53×10^{-6}
丙纶	-10.1×10^{-6}	锦纶 66	-9.55×10^{-6}
氟纶	-47.8×10^{-6}		

纺织材料的磁学性质不如电学性质研究的多,但逐渐受到人们的关注,开发各类磁性纤维及纺织品。早在 1972 年至 1973 年就有研究工作者将三氯化钬($HoCl_3$)渗入棉纤维,使棉纤维磁化为顺磁体,能在强磁场中沿磁场方向顺向排列。也对金属酞菁系聚合物、席夫碱系聚合物和电荷转移络合物等顺磁性聚合物、以及具有铁磁性的聚合物进行了研究。进一步研究制备了聚丙烯腈在 $900\sim1100$ ℃下热裂解产生的具有中等饱和磁化强度的铁磁性聚合物材料。

将铁、钴、镍、铁氧体等磁性粉体加入到纺丝液中,通过纺丝加工可以制得磁性纤维。比如,将硬磁类钡铁氧体、软磁类铁合金粉体加入到纤维素纺丝液中,通过湿法纺丝获得具有硬磁和软磁性能的磁性纤维,其中,软磁和硬磁粉体最大加入量分别可达 40% 和 50%。显然,这些磁性纤维的磁学性能和机械性能取决于磁性填料的磁性、粒径、分布及其添加量。具有高磁导率的铁铋锡($FeBiSn$)合金纤维,可作为 10 GHz 以上的吸波剂填料。

由于纱线结构和由导电螺线管缠绕磁核的铁磁材料构成的系统相似,因此将导线和磁性纤维并线包缠,以磁性纺织纤维为轴心,外面包缠平行导电纱线,可以构筑纺织磁性线圈,可作为感应传感器和电磁激励器的部件,是近些年发展起来的另外一种获得磁性元件的方法。如采用漆包铜线缠绕不锈钢线,可以减弱电动势、磁化不锈钢。

第2章 电磁功能纺织材料的电磁测量基础

2.1 测量系统

材料电磁测量包括了材料电磁参数测量和材料电磁效能测量两方面,其中电磁参数测量主要包含介电常数、磁导率和电导率三个材料本征参数;电磁效能测量属于材料或器件的外禀性能,主要包含屏蔽效能、吸收率、插入损耗等方面的内容。

完成以上测量内容,都必须依赖相应的测量仪器。目前,研究人员广为应用的仪器主要有网络分析仪、阻抗分析仪或 LCR 表。与此同时,还需要使用相应的测量夹具,夹具类型是根据采用的测量技术以及材料的形态特性而定。目前,人们已经能够开展对固体、液体、气体的各项电磁测量工作。

2.1.1 网络分析仪

2.1.1.1 网络分析仪的定义

单或二端口网络参数测量仪器,称为网络分析仪。只能测网络参数的幅值特性的仪器称为标量网络分析仪,简称标网;既能测幅值又能测相位的仪器称为矢量网络分析仪,简称矢网。矢量网络分析是通过测量被测网络对频率扫描和功率扫描测试信号的幅度与相位的影响,来精确表征被测网络的一种方法。这里所指的被测网络是指一个概念盒子,无论其大小如何,内装何物,只要它对外接有一个同轴连接器,则都被称为单端口网络,若装有两个同轴连接器则称为二端口网络。网络分析仪的测量参数描述如图 2.1 所示。

2.1.1.2 整机原理

通过测量已知物理尺寸的材料的反射和/或传输性能,可以获得相应的数据,由此可以表征材料的电磁参数及电磁传输特性。矢量网络分析仪由信号源、接收机和显示器组成(图 2.2)。信号源向被测材料发送一个单一频率信号,接收机调谐到该频率并检测材料所反射和传输的信号,根据测得的响应可得出该频率上的幅度和相位数据,信号源随后步进到下一个频率,重复上述测量,得到随频率变化的反射和传输测量响应。

矢量网络分析仪用于测量器件和网路的反射和传输特性。整机主要包括信号源、本振源、S 参数测试模块、本振功分混频模块、数字信号处理与嵌入式计算机模块和液晶显示模块。S 参数测试装置模块用于产生参考信号,分离被测件的反射

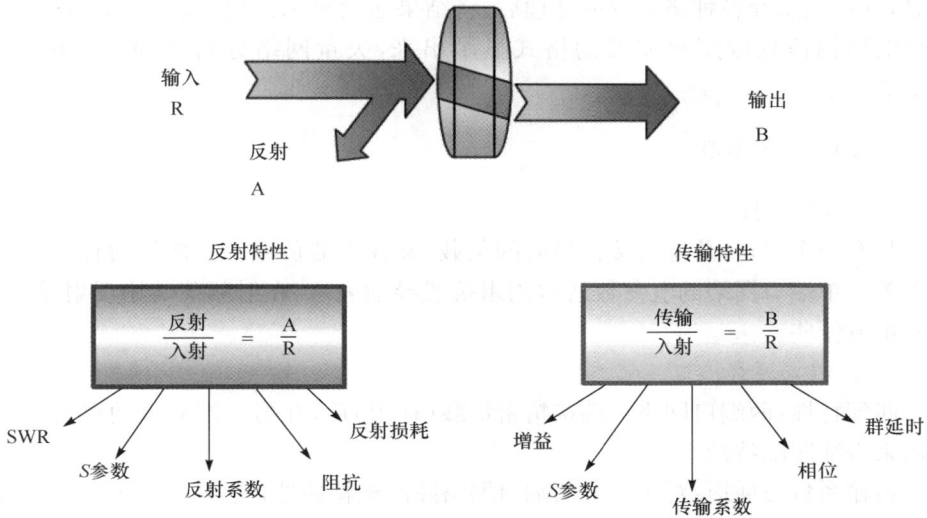

图 2.1　器件测量参数描述

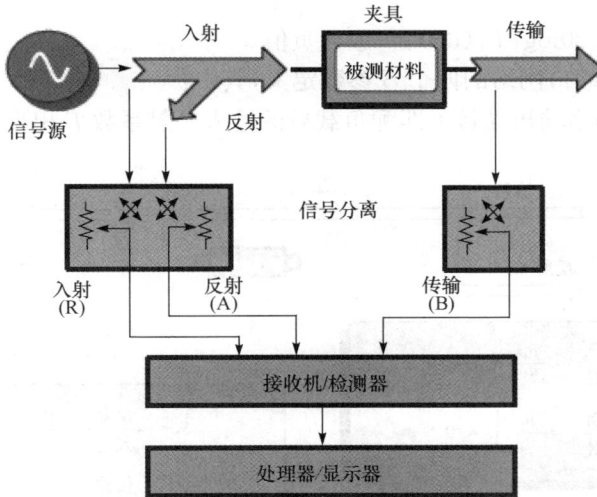

图 2.2　网路分析仪原理框图

信号和传输信号:当源在端口 1 输出时,产生参考信号 R1、反射信号 A 和传输信号 B;当源在端口 2 输出时,产生参考信号 R2、反射信号 B 和传输信号 A;本振功分混频模块将射频信号转换成固定频率的中频信号,本振源和信号源锁相在同一个参考时基上,保证在频率变换过程中,被测件的相位信息不丢失。在数字信号处理与嵌入式计算机模块中,将模拟中频变成数字信号,通过计算得到被测件的幅相信息,这些信息经各种格式变换处理后,将结果送给显示模块,液晶显示模块将被测件的幅相信息以用户需要的格式显示出来,矢量网络分析仪的原理框图如图 2.2 所示。

2.1.1.3 S 参数

1. 单端口网络

只有一个口,且总是被接在最后的负载,又称终端负载。最常见的有负载、短路器等。单端口网络的电参数通常用阻抗或导纳表示,在射频范畴用反射系数 Γ 表示更方便些。

2. 二端口网络

匹配特性:两端口网络一端接精密负载(标阻)后,在另一端测得的反射系数,可用来表征匹配特性。

传输系数与插损:对于一个两端口网络除匹配特性外,还有一个传输特性,即经过网络与不经过网络的电压之比,称为传输系数 T。

$$T=\frac{V_2}{V_1} \tag{2.1}$$

插损$(IL)= 20\log|T|$(dB),一般为负值。

图 2.3 为二端口网络的四个 S 参数定义,其中:

S_{11}——与网络输出端接上匹配负载后的输入反射系数 Γ 相当。

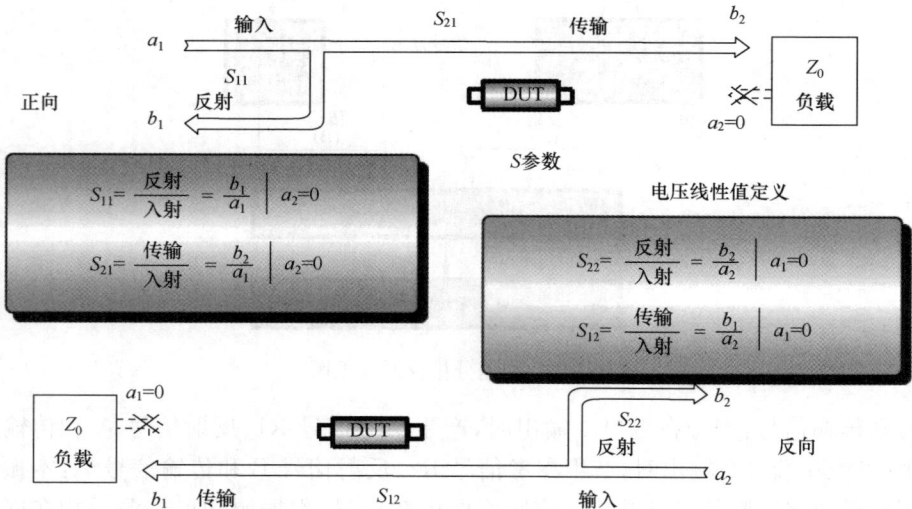

图 2.3 S 参数的定义

S_{21}——与网络输出端匹配时的电压和输入端电压比值相当,对于无源网络即传输系数 T 或插损,对放大器即增益。

S_{12}——网络输出端对输入端的影响,对不可逆器件常称隔离度。

S_{22}——由输出端向网络看的网络本身引入的反射系数。

相比低频测量,高频测量时,由于高频范围内整个测量系统中存在着空间损耗、电介质损耗和电容耦合等电磁效应,因此优良的高频测量工作变得更加复杂和困难,需要采取有效措施来尽可能多地消除各种影响。

校准是一种十分有效的方法,它能够消除由系统缺陷所导致的系统误差,但它无法消除由噪声、漂移或环境因素(温度、湿度、气压)导致的随机误差。一旦测量系统发生变化便会由此产生各种误差,从而影响到最终测量结果。因此,校准后应尽可能减少对整个测量系统的物理动作,特别是对端口电缆的移动。

2.1.2　阻抗分析仪

在具有电阻、电感和电容的电路里,对交流电所起的阻碍作用总称为阻抗。阻抗常用 Z 表示,是一个复数,实部称为电阻,虚部称为电抗,阻抗的单位是欧(Ω);电抗是由电路中的电容和电感贡献的,其中,电容在电路中对交流电所起的阻碍作用称为容抗,电感在电路中对交流电所起的阻碍作用称为感抗,电容和电感在电路中对交流电引起的阻碍作用总称为电抗。

阻抗匹配在高频设计中是一个常用的概念,主要用于传输线上,来达到高频微波信号能够顺利加载到负载上的目的,以尽可能减少反射信号,提升信号输出效率。

使用阻抗分析仪可以测量材料在低频范围内的特性。使用交流电源为材料提供激励信号,并监测材料上的实际电压。通过测量材料的尺寸及其电容和耗散因子,可以推导出材料的测试参数。

阻抗是描述网络和系统的一个重要参量。系统中,表明能量损耗的参量是电阻元件 R,表明系统储存能量及其变化的参量是电感元件 L 和电容元件 C。在阻抗测量中,测量环境的变化、信号电压的大小及其工作频率的变化等都将直接影响到测量结果。阻抗测量方法主要有三种:谐振法、阻抗变换器法、电桥法,其中,电桥法应用最为广泛。

2.1.3　夹具

在使用网络分析仪、阻抗分析仪或 LCR 表测量材料的介电特性之前,需要使用测量夹具,一方面以可预测的方式对材料施加电磁场,另一方面使材料可以连接到测量仪器。夹具的类型根据选用的测量技术以及材料的物理特性(固体、液体、粉末、气体)而定。

2.1.4 校准

网络分析仪的测试夹具校准是微波网络测量过程中的重要步骤,测量精度将取决于所采用的校准标准和校准方法。通常,校准标准有短路(short)、开路(open)、匹配(match)、直通(thru)和传输线(line 或 delay),校准主要方法包括以下几种:

(1) TRL(thru-reflect-line);

(2) LSO(line-short-open);

(3) LRL(line-reflect-line);

(4) TSM(thru-short-match);

(5) TOM(thru-open-match);

(6) TSD(thru-short-delay);

(7) LMR(line-match-reflect);

(8) LAR(line-attenuation-reflect)。

下面,以 TRL 校准为例进行简要说明。TRL 校准件中需定义三个标准,分别是直通标准、反射标准和传输线标准。

(1) 直通标准。直通标准可以是零长度或非零长度,零长度直通因为没有损耗和特征阻抗要更精确些。直通标准的电延时不能与传输线标准相同,如果精确地定义了其相位和电长度,可以用直通标准建立测量参考面。

(2) 反射标准。反射标准可以是有高反射系数的任何物理器件,连接到两个测量端口的反射标准的特性必须完全相同。在校准时并不需要知道标准件反射的幅度,但必须知道相位,而且其电长度必须在 1/4 波长以内。如果精确地定义了反射标准的幅度和相位,也可以用反射标准来建立测量参考面。

(3) 传输线标准。传输线标准用来建立校准后的测量参考阻抗。

2.2　电磁测量技术简述

2.2.1 同轴探头法

同轴探头是传输线截断后的一部分。通过将同轴探头浸入液体,或接触固体(或粉末)材料的平整表面,对被测材料进行测量,如图 2.4 所示。探头上的场与被测材料接触时会发生变化,通过测量反射信号 S_{11} 可计算出 ε 参数值。同轴探头法测量系统的构成是由网络分析仪或阻抗分析仪、馈电电缆、同轴探头、校准件和测试软件组成。

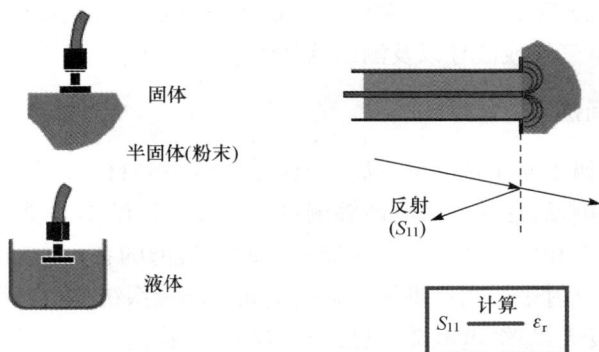

图 2.4　同轴探头法

在进行测量前,必须在探头端进行校准,可以做三个已知的标准件测试,分别为空气、短路件和蒸馏水。即使是在校准完探头之后,还有一些误差因素可能会影响到测量精度,例如,对于固体材料,探头与样品之间的空隙可能产生严重的误差;对于液体样品,探头端的气泡可能像固体样品上的间隙一样,导致严重误差。

2.2.2　传输线法

传输线测量方法需要将材料置于封闭的传输线内部,传输线通常是一段同轴空气线或波导,如图 2.5 所示。ε 和 μ 可根据反射信号 S_{11} 和传输信号 S_{21} 的测量结果计算得出。

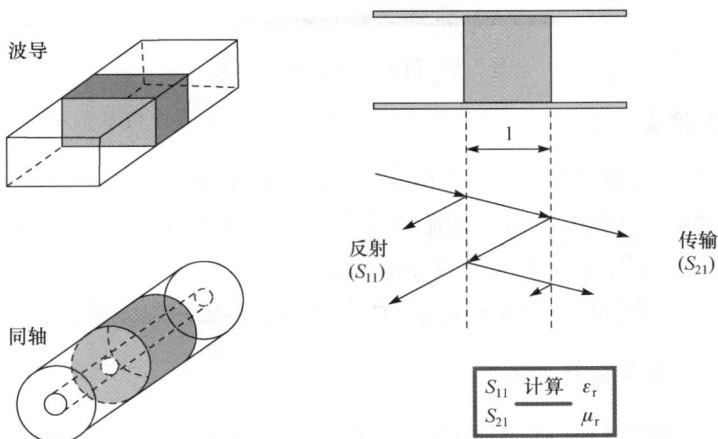

图 2.5　传输线法——波导和同轴线

同轴空气线能够覆盖较宽的频率范围;波导传输线的频率范围则可以采用分

段波导夹具的方法扩展到毫米波频段。传输线法测量系统是由矢量网络分析仪、馈电电缆、同轴空气线或波导以及测试软件组成。

2.2.3　自由空间法

自由空间法属于非接触测量方法,是通过测量被测材料的反射信号或透射信号实现材料电磁测量,这种方法既能够测量电磁参数 ε 和 μ,也能够测量材料的电磁效能包括透射率和反射率。图 2.6 显示了两种典型的自由空间测量装置:透射信号测量装置和反射信号测量拱架。自由空间法测量系统是由网络分析仪或信号源＋接收机、收发天线、馈电电缆、拱形架、载物台和控制软件组成。

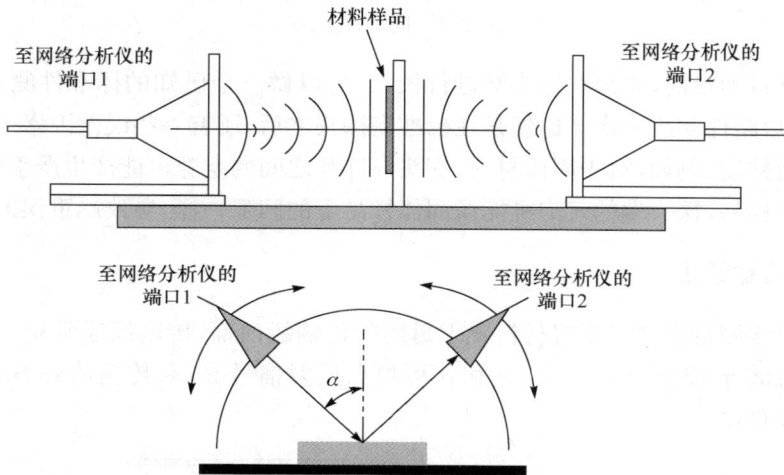

图 2.6　自由空间法测量装置

2.2.4　谐振腔法

谐振腔体有比较高的 Q 值,并存在固有的谐振频率。当把被测材料样品插入到谐振腔体中时,会改变腔体的谐振频率和品质因数 Q,根据测量的变化参数,可以计算出材料在谐振频率上的复数介电常数。

谐振腔法主要包括分裂圆柱法、分离介质谐振器法和腔体微扰法。

2.2.4.1　分裂圆柱谐振器

分裂圆柱谐振器是分成两半的柱状谐振腔体,如图 2.7 所示。样品插入到两个半柱的中间,其中,一个半圆柱是固定的,另一个是可调节的,来适应不同厚度的样品。根据样品厚度、柱长以及分裂圆柱谐振器在空载和加载样品两种条件下的 S 参数测量结果,可以计算出复数介电常数。

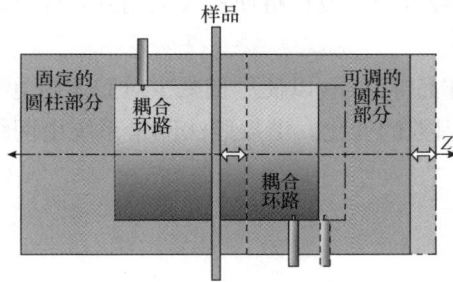

图 2.7　分裂圆柱谐振器

2.2.4.2　分离介质谐振器

采用低损耗介电材料构建分离介质谐振器,如图 2.8 所示,可提供比传统全金属腔体更高的 Q 因数和更出色的热稳定度。使用这种方法测量低损耗和薄板材料的复数介电常数及损耗正切,测量步骤最简单,精度最高。

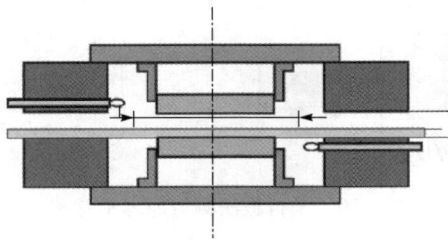

图 2.8　分离介质谐振器

2.2.4.3　腔体微扰

腔体微扰法使用配有膜孔耦合端板、在 TE10n 模式下工作的矩形波导,如图 2.9 所示。在进行电介质测量时,将样品放置到最大场强处,如果通过波导中点

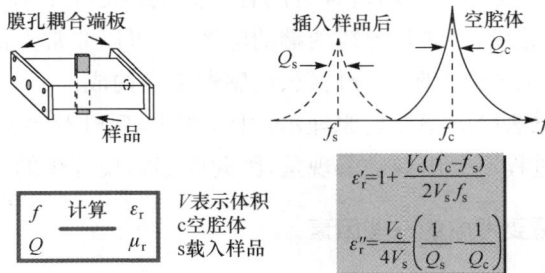

图 2.9　谐振腔体测量

处的孔插入样品,那么奇数个半波长将使最大电场到达样品位置,从而可以测量样品的介电特性。

　　腔体微扰法要求样品非常小,以便尽量减少对腔体内电磁场的干扰,减少测得的谐振频率和腔体 Q 因数的变化。谐振腔法测量系统由网络分析仪、谐振腔体夹具及计算软件组成。

2.2.5　平行板法

　　平行板法是通过在两个电极之间插入一层材料或液体薄片组成电容器,然后测量其电容,根据电容测量结果计算材料的介电常数。测量过程中,先测量电容 C 的矢量分量,然后通过软件程序计算介电常数,测量原理如图 2.10 所示。

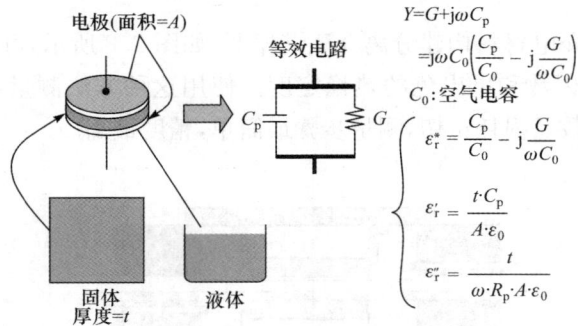

图 2.10　平行板法测量原理示意图

　　平行板法最适合对薄膜材料或液体进行精确的低频测量,测量系统主要由阻抗分析仪或 LCR 表,以及平行电极夹具组成,另外,精确的测厚仪也是必需的测量附件。

2.2.6　电感测量法

　　磁性材料的相对磁导率可通过含有闭合环路的磁心电感器的电感推导得出。通过在磁芯上缠绕导线,再测量导线两端的电感,便可以非常方便地测量出相对磁导率。电感测量系统主要由阻抗分析仪、电感器夹具构成。

　　图 2.11 为电感法磁导率测量原理示意图,图中,磁性材料放于单匝电感测试夹具中,整个测量过程不会出现磁漏现象,因此能够实现理想的测量结果。

2.2.7　电磁测量需要考虑的一些因素

　　针对不同的被测材料,在选择适合的测量方法时,必须要同时考虑多方面的影

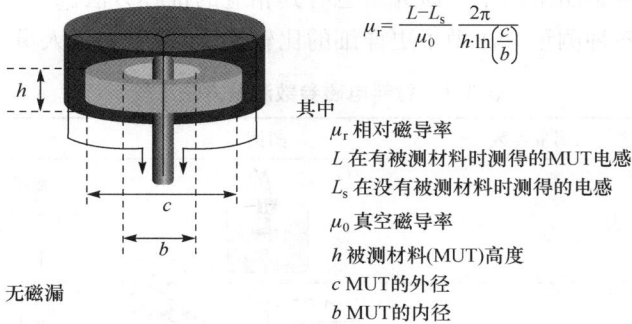

$$\mu_r = \frac{L-L_s}{\mu_0} \frac{2\pi}{h\cdot\ln\left(\frac{c}{b}\right)}$$

其中

μ_r 相对磁导率

L 在有被测材料时测得的MUT电感

L_s 在没有被测材料时测得的电感

μ_0 真空磁导率

h 被测材料(MUT)高度

c MUT的外径

b MUT的内径

无磁漏

图 2.11　电感测量法

响因素，其中主要包括：

- 频率范围；
- 测量参数预期值；
- 测量精度；
- 材料状态与形态：气体、液体、固体、粉末、块材、薄片、丝材；
- 材料均匀性：均质材料、非均质材料、单质材料、复合材料；
- 材料取向性：各向同性、各向异性；
- 被测样品尺寸；
- 测量温度；
- 环境湿度。

图 2.12 是 Agilent 公司提供的测量仪器及配套夹具测量方案，图中给出了不同测量频率范围和不同测量参数指标所采用的合适的测量方法。国内仪器制造单

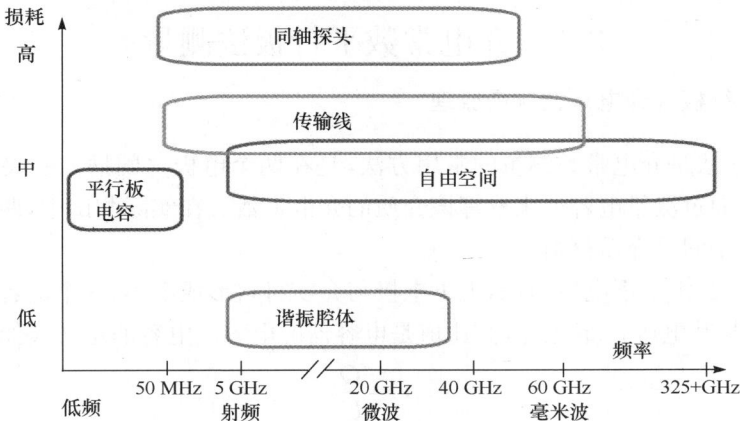

图 2.12　测量方法汇总

位中国电子科技集团第四十一研究所也有其相应的推荐方法。

表 2.1 对各种测量方法做了更详细的比较说明,便于测量人员参考。

表 2.1　材料电磁参数测量方法比较

序号	测量方法	测量参数	图例	说明
1	同轴探头法	E		宽带、方便、非破坏,适合损耗性介质:液体、半固体、粉末
2	传输线法	ε、μ		宽带,适合损耗及低损耗介质;可加工的固体
3	自由空间法	ε、μ		宽带、非接触,适合平板样品、粉末,可高温测量
4	谐振腔法	E		单一频率,精确,适合低损耗介质,小型样件
5	平行板法	E		精确,适合低频,薄平板样件
6	电感法	M		精确且简单,需采用环形结构

2.3　介电常数平行板法测量

2.3.1　平行板法介电常数测量原理

平行板法是介电常数测量的常用方法,是在两个电极之间插入一夹层介质形成电容器,通过测量电容值来推算该介质的介电常数。在实际测试中,两个电极用夹具固定,中间是介质材料。

测量夹具由上下电极组成,上下电极与介质材料形成电容,一个电容器所带的电量 Q 总与其电压 U 成正比,其比值是电容器的电容。电容的定义式如下:

$$C = \frac{Q}{U} \tag{2.2}$$

对于平行板电容器,以 S 表示两平行金属板相对的表面积,t 表示两板之间的距离,并设两板之间充满相对介电常数为 ε_r 的电介质,假设上下两板分别带有电量 $+Q$ 和 $-Q$,两板间的电场:

$$E=\frac{Q}{\varepsilon_0\varepsilon_r S}\tag{2.3}$$

式中,ε_r 为介质的相对介电常数;ε_0 为自由空间的介电常数,8.854×10^{-12} F/m。

两板间的电压就是

$$U=Et=\frac{Qt}{\varepsilon_0\varepsilon_r S}\tag{2.4}$$

将此电压代入电容的定义式,就可得到平行板电容公式:

$$C=\frac{\varepsilon_0\varepsilon_r S}{t}\tag{2.5}$$

由此得到电容与介电常数之间的关系,同时也建立起测量仪器与被测参数之间的关系,可以得到介电常数的公式:

$$\varepsilon_r=\frac{tC}{S\varepsilon_0}=\frac{tC}{\pi\left(\dfrac{d}{2}\right)^2\varepsilon_0}\tag{2.6}$$

式中,d 为电极直径(m);ε_0 为自由空间的介电常数,8.854×10^{-12} F/m。

2.3.2　介电常数测量系统的误差分析

2.3.2.1　边缘电容引起的误差

在实际测量中,如果只有上下电极夹住被测材料,会形成边缘电容,使得测量电容比介质材料的电容大,造成测量误差。

一种消除边缘电容引起的测量误差的方法是采用保护电极。保护电极吸收边缘电场,在电极间测到的电容值仅仅是由流过介电材料的电流组成的,保护电极如图 2.13 所示。

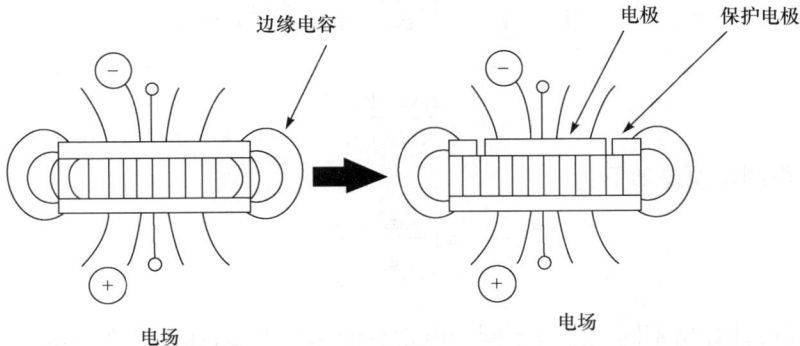

图 2.13　保护电极的作用

2.3.2.2　气隙引起的误差

被测材料及电极表面无法加工到绝对的光滑平整,总会存在一定程度的粗糙度,因此,当电极与被测介质表面接触时,两者之间会形成一气隙层,这样,测量电容实际为介质材料电容和气隙电容的串联,如图 2.14 所示。因此,气隙的存在将产生一定程度的测量误差。测量误差是被测介质的相对介电常数(ε_r)、介质厚度(t_m)和气隙厚度(t_a)的函数关系。

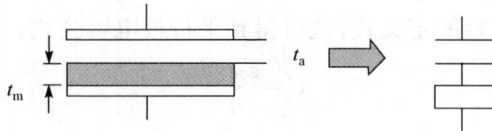

图 2.14　气隙误差的形成

气隙电容

$$C_0 = \varepsilon_0 \frac{S}{t_a} \tag{2.7}$$

介质电容

$$C_m = \varepsilon_r \varepsilon_0 \frac{S}{t_m} \tag{2.8}$$

式中,ε_r 为被测材料的本征介电常数。

测量电容

$$C_e = \varepsilon_e \varepsilon_0 \frac{S}{t_m} \tag{2.9}$$

式中,ε_e 为表观介电常数。根据串联电容的计算公式可得

$$C_e = \frac{1}{\dfrac{1}{C_0} + \dfrac{1}{C_m}} = \varepsilon_r \varepsilon_0 \frac{S}{\varepsilon_r t_a + t_m} = \varepsilon_e \varepsilon_0 \frac{S}{t_a + t_m} \tag{2.10}$$

$$\varepsilon_e = \frac{\varepsilon_r (t_a + t_m)}{\varepsilon_r t_a + t_m} \tag{2.11}$$

由此,可得测量误差如下:

$$\frac{\varepsilon_r - \varepsilon_e}{\varepsilon_r} = 1 - \frac{\varepsilon_e}{\varepsilon_r} = \frac{\varepsilon_r - 1}{\varepsilon_r + \dfrac{t_m}{t_a}} \tag{2.12}$$

上式可计算出不同气隙及不同介电常数的测量误差,如表 2.2 所示。

表 2.2　气隙引起的误差

ε_r \ t_a/t_m	0.0001	0.001	0.01	0.1
1	0.000	0.000	0.000	0.000
2.5	0.015	0.150	1.463	12.000
5	0.040	0.398	3.810	26.667
7.5	0.065	0.645	6.047	37.143
10	0.090	0.891	8.182	45.000
25	0.239	2.341	19.200	68.571
50	0.488	4.667	32.667	81.667
75	0.734	6.884	42.286	87.059
100	0.980	9.000	49.500	90.000

　　从表 2.2 可以看出：气隙越大、介电常数越大，则测量误差越大。图 2.15 能够直观看出气隙及阶段介电常数对测量误差的影响规律：当气隙较小时，随着被测材料的介电常数的增大，误差变化近于缓慢地线性增大规律；而当气隙较大时，随介电常数的增大，误差变化呈现快速增大，然后趋于缓慢增加的变化规律。由此可知，当测量高介电常数的材料时，被测材料样件与电极间的气隙是一个不容忽视的影响因素，一定要尽量减小气隙量。

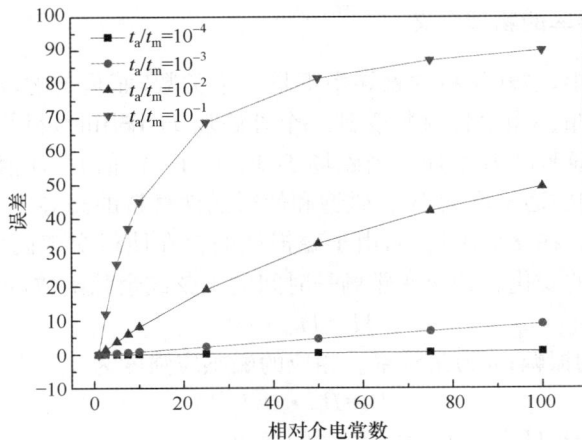

图 2.15　气隙量及介电常数对测量误差的影响规律

2.3.2.3　提高测量精度的改进方案

气隙的影响可以通过在介质材料表面贴装薄膜电极来消除,然而,平行板测量法中非接触电极法为测量人员提供了另一种提高测量精度的理论依据。这种方法理论上吸收了接触电极法的优势,同时又弥补了接触电极法的不足。它不需要薄膜电极,但却解决了气隙的影响。介电常数通过加载被测材料和无加载被测材料的两次电容测量计算得到。

不插入被测材料时,测量的间隙电容为

$$C_1 = \frac{\varepsilon_0 S}{t_g} \tag{2.13}$$

式中,t_g 为上下电极间隙。

插入被测材料,测量的等效电容为

$$\frac{1}{C_2} = \frac{1}{\dfrac{\varepsilon_r \varepsilon_0 s}{t_m}} + \frac{1}{\dfrac{\varepsilon_0 s}{t_g - t_m}} \tag{2.14}$$

联立上述两个公式,可以得到被测材料的介电常数如下

$$\varepsilon_r = \frac{1}{1 + \left(\dfrac{C_1}{C_2} - 1 \right) \dfrac{t_g}{t_m}} \tag{2.15}$$

2.4　复数磁导率与阻抗测量

2.4.1　复数磁导率的物理含义

在交变磁场中,磁性材料的磁导率不是一个常数,而是与磁场的大小、频率等因素有关的物理量。当磁性材料受到一个外磁场 H 作用时,材料被磁化,随着磁场 H 的增加,磁通密度 B 增加。当磁场 H 增加到一定值时,B 值趋于平稳,这时称作磁饱和,饱和磁通密度为 B_s。磁饱和使得磁性材料的磁导率迅速下降并接近于空气的磁导率。在交变磁场中,由于磁损耗的存在使得交变磁感应强度的变化落后于磁场强度的变化。若交变磁场是时间的正弦或余弦函数,可令交变磁场为

$$H = H_m \cdot e^{j\omega t} \tag{2.16}$$

式中,H_m 是 H 的振幅;ω 为角频率。相应的磁感应强度为

$$B = B_m \cdot e^{j(\omega t - \delta)} \tag{2.17}$$

式中,δ 为 B 滞后于 H 的相角;B_m 是 B 的振幅。

在弱交变场中复数磁导率为

$$\mu = \frac{B}{H} = \frac{B_m e^{j(\omega t - \delta)}}{H_m e^{j\omega t}} = \frac{B_m}{H_m} \cos\delta - j \frac{B_m}{H_m} \sin\delta$$

$$= \mu' - j\mu'' \tag{2.18}$$

式中，

$$\mu' = \frac{B_m}{H_m}\cos\delta, \quad \mu'' = \frac{B_m}{H_m}\sin\delta \tag{2.19}$$

复数磁导率 μ 表示了弱交变场下 B 和 H 的大小及相角的关系。由式(2.19)可以得出磁损耗正切角的表达式为

$$\tan\delta = \frac{\mu''}{\mu'} \tag{2.20}$$

复数磁导率 μ 的实部 μ' 称为弹性磁导率，是表示物质在磁化过程中储能大小的物理量。与力学中弹性体受力有储能相类似，磁性物质被磁化后也有储能。在交变磁场作用下，一周期内单位体积的平均储能为 $H_m^2\mu'/4$，储能大小与 μ' 成正比，它构成材料的电感。磁导率虚部 μ'' 称为黏性磁导率，是表示磁性物质在磁化过程中所损耗能量的大小。磁化一周期内，单位体积损耗的能量为 $H_m^2\mu''/4$，主要来自磁畴转动、畴壁位移的消耗，损耗的大小与 μ'' 成正比。

为计算方便，引入了复相对磁导率的概念，即把复绝对磁导率的实部、虚部同时除以真空绝对磁导率，使其变成了无量纲的相对量。

$$\mu_r = \frac{\mu'}{\mu_0} - j\frac{\mu''}{\mu_0} = \mu_r' - j\mu_r'' \tag{2.21}$$

式中，μ_r'、μ_r'' 分别为材料复相对磁导率的实部、虚部；μ_0 为真空磁导率，$\mu_0 = 4\pi \times 10^{-7}$ H/m。

这里统一使用复相对磁导率实部 μ_r' 与虚部 μ_r'' 作为磁导率特性参量，简称磁导率实部与虚部。

2.4.2 测量设备

磁导率测量常采用阻抗测量方法，通过夹具与测量仪表首先测得被测材料磁环的特征阻抗，然后计算求得材料的磁导率。Agilent 公司提供的测量系统方案包括了配备 Option 010 组件的 Agilent 4396B 射频阻抗分析仪、43961A 射频阻抗测试配件、磁性材料测试夹具 Agilent 16454A 及通过 VEE 编程的测试软件。测试频带范围为 1 MHz～1.8 GHz，并通过编程软件计算得出复磁导率实部与虚部。测试装置如图 2.16 所示。

2.4.3 单圈电感模型建立

传统磁导率测量采用手工绕线法，即在被测磁环元件上绕一定匝数导线后测量导线两端的阻抗变化，再推导出磁导率值的方法。传统绕线法的测量重复性差，存在很大的测量误差。同时，在高频下，绕线之间漏磁现象严重，不适合作为高频

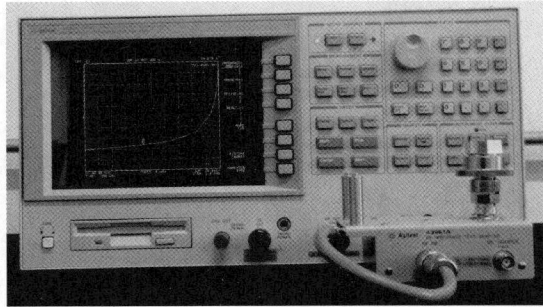

图 2.16　磁导率阻抗法测试仪器系统

磁导率测量。

图 2.17 为处于工作状态时的磁导率测量夹具的透视图与截面图,整个夹具由联芯上盖与下底托拧合而成,(a)中的斜线阴影部分与(b)中的交叉线阴影部分代表被测材料磁环,可见,此夹具构成了一个无漏磁的理想单匝电感,电流(流向如图中箭头所示)在线圈内产生感生磁场,若忽略边缘效应,该磁场可近似为均匀磁场。可见,单匝线圈电感结构克服了传统绕线法的缺陷,大大提高了测量精度,且使高频磁导率测量成为可能。

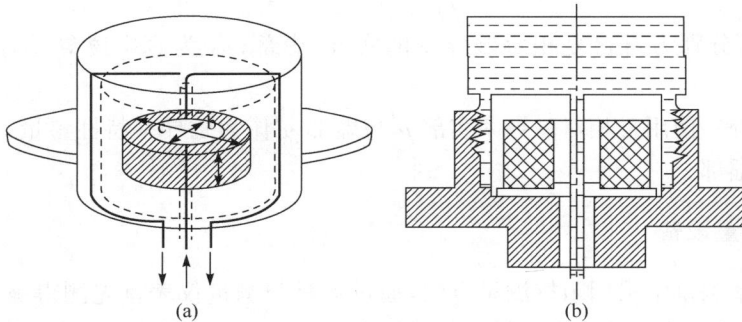

(a)　　　　　　　　　　　　　　(b)

图 2.17　磁性材料测量夹具透视图(a)与截面图(b)

2.4.4　阻抗测量原理

图 2.18 为阻抗测试原理图。左、右两图分别表示未放置磁环及放置磁环时的阻抗等效图,其中,Z_{ss}^* 为无被测磁环时夹具的特征阻抗,Z_{res}^* 为阻抗仪及配件的残余阻抗,Z_{comp}^* 为补偿阻抗,三者间满足:

$$Z_{comp}^* = Z_{DUT}^* + Z_{ss}^* \tag{2.22}$$

$$Z_{sm}^* = Z_{res}^* + Z_{ss}^* \tag{2.23}$$

$$Z_m^* = Z_{res}^* + Z_{comp}^* \tag{2.24}$$

式中，Z_{sm}^* 与 Z_m^* 为空载和加载测量时的阻抗；Z_{DUT}^* 为磁环阻抗，可得

$$Z_{DUT}^* = Z_m^* - Z_{sm}^* \tag{2.25}$$

因此，通过两次测量即可得出磁环阻抗。

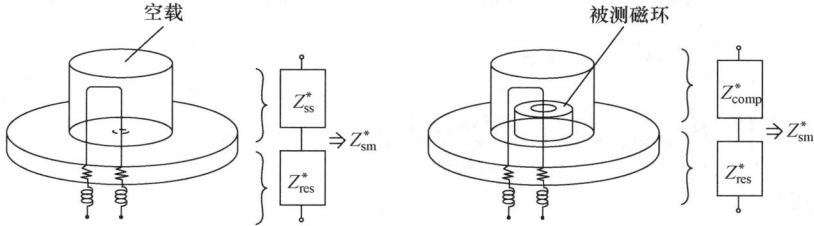

图 2.18　阻抗测试原理图

2.4.5　磁导率测量原理

图 2.19 所示为单匝线圈夹具工作时中心截面电流及感生磁场方向示意图。

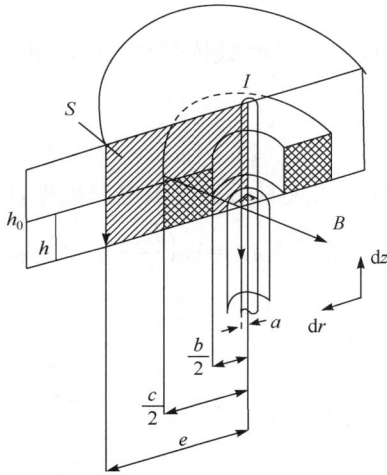

图 2.19　夹具内的磁场

a—芯棒半径；b—被测磁环内径；c—被测磁环外径；h—磁环高度；h_0—单匝电感线圈高度；e—线圈半径

假设单个导线环构成的电感 $L = \dfrac{1}{I}\displaystyle\int B \mathrm{d}s$，$I$ 为流过导线的电流，B 为导线环内的磁通，那么图 2.19 中的单圈电感 L 可以通过环带的二重积分得到

$$L = \frac{1}{I}\int B\mathrm{d}s = \int_a^e \int_0^{h_0} \frac{\mu}{2\pi r} \mathrm{d}r\mathrm{d}z \tag{2.26}$$

用真空磁导率 μ_0 和磁环相对磁导率 μ_r 来代替 μ，上式可化为

$$L = \int_a^{\frac{b}{2}} \int_0^{h_0} \frac{\mu_0}{2\pi r} drdz + \int_{\frac{b}{2}}^{\frac{c}{2}} \int_0^h \frac{\mu_0 \mu_r}{2\pi r} drdz + \int_{\frac{b}{2}}^{\frac{c}{2}} \int_h^{h_0} \frac{\mu_0}{2\pi r} drdz + \int_{\frac{c}{2}}^e \int_0^{h_0} \frac{\mu_0}{2\pi r} drdz$$

$$= \left(\int_a^{\frac{b}{2}} \int_0^{h_0} \frac{\mu_0}{2\pi r} drdz + \int_{\frac{b}{2}}^{\frac{c}{2}} \int_0^h \frac{\mu_0}{2\pi r} drdz + \int_{\frac{b}{2}}^{\frac{c}{2}} \int_h^{h_0} \frac{\mu_0}{2\pi r} drdz + \int_{\frac{c}{2}}^e \int_0^{h_0} \frac{\mu_0}{2\pi r} drdz \right)$$

$$+ \int_{\frac{b}{2}}^{\frac{c}{2}} \int_0^h \frac{\mu_0 (\mu_r - 1)}{2\pi r} drdz$$

$$= \int_a^e \int_0^{h_0} \frac{\mu_0}{2\pi r} drdz + \int_{\frac{b}{2}}^{\frac{c}{2}} \int_0^h \frac{\mu_0 (\mu_r - 1)}{2\pi r} drdz \tag{2.27}$$

整理上式得

$$L = \frac{\mu_0}{2\pi} \left(h_0 \ln \frac{e}{a} + (\mu_r - 1) h \ln \frac{c}{b} \right) \tag{2.28}$$

上式可推出 μ_r 表达式

$$\mu_r = \frac{2\pi (L - L_{ss})}{\mu_0 h \ln \frac{c}{b}} + 1 \tag{2.29}$$

其中，$L_{ss} = \frac{\mu_0}{2\pi} h_0 \ln \frac{e}{a}$ 为未放入磁环时线圈的电感，如图 2.20 等效电感模型所示，则有

$$Z_{sm}^* = j\omega L_{ss} \tag{2.30}$$

图 2.20 右为被测磁环放入夹具后的等效电路模型，则有

$$Z_m^* = R_s + j\omega L_s = j\omega \left(\frac{R_s}{j\omega} + L_s \right) = j\omega L \tag{2.31}$$

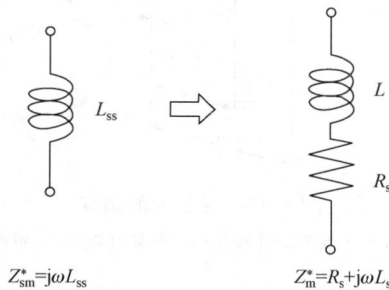

图 2.20　放入 DUT 前后的等效电路模型

由式(2.30)得

$$L_{ss} = \frac{Z_{sm}^*}{j\omega} \tag{2.32}$$

由式(2.31)得

$$L = \frac{Z_{\mathrm{m}}^{*}}{\mathrm{j}\omega} \tag{2.33}$$

将式(2.32)、式(2.33)代入式(2.29)得到

$$\mu_{\mathrm{r}} = \frac{2\pi(Z_{\mathrm{m}}^{*} - Z_{\mathrm{sm}}^{*})}{\mathrm{j}\omega\mu_0 h \ln \dfrac{c}{b}} + 1 = \frac{2\pi(Z_{\mathrm{DUT}}^{*})}{\mathrm{j}\omega\mu_0 h \ln \dfrac{c}{b}} + 1 \tag{2.34}$$

用 $\mu_{\mathrm{r}} = \mu_{\mathrm{r}}' - \mathrm{j}\mu_{\mathrm{r}}''$，$Z_{\mathrm{DUT}}^{*} = R + \mathrm{j}X$ 代入式(2.34)，分别得到

$$\mu_{\mathrm{r}}' = \frac{2\pi X}{\omega\mu_0 h \ln \dfrac{c}{b}} + 1 \tag{2.35}$$

$$\mu_{\mathrm{r}}'' = \frac{2\pi R}{\omega\mu_0 h \ln \dfrac{c}{b}} \tag{2.36}$$

将式(2.35)与式(2.36)嵌入阻抗测量程序中可直接计算得 μ_{r}'、μ_{r}''。

2.5　电磁屏蔽效能测量

对平板型复合屏蔽材料 SE 的测量，美国国家标准局(NBS)和美国材料试验协会(ASTM)等机构早有研究，他们通过理论分析和大量试验验证，推出了较成熟的测量方法。概括起来可分为两大类：近场法、远场法。近场法主要用来测量材料对电磁波近场(磁场为主)的屏蔽效能，远场法主要用来测量材料对平面波的屏蔽效能。下面分别阐述其特点及应用。

2.5.1　远场法

2.5.1.1　远场法测量原理简介

当沿轴向传输的 TEM 波经过屏蔽材料时，有三种现象产生：①由于波阻抗的不匹配，当 TEM 波遇到试样样片时会产生反射；②由于材料中的传输损耗而产生吸收衰减；③在两个不连续界面间发生多次反射。

这三个过程同时存在，材料在同轴装置中衰减电磁波的能力与该材料在自由空间衰减电磁波的能力是相同的，正是利用这一传输损耗特性，同轴装置可以真实地模拟自由空间中屏蔽材料的电磁损耗性能。因此，被测样片在同轴装置内衰减电磁波的能力是通过材料在同轴装置中所引入的插入损耗来反映的。

屏蔽效能远场测量方法主要包括：同轴传输线法和法兰同轴法，适于测量频率范围为 30 MHz～1.5 GHz 的平面电磁波的屏蔽效能，对于磁场的屏蔽效能，则需用近场测量方法来评价。

2.5.1.2　同轴传输线法

该方法是根据电磁波在同轴传输线内传输的主模是横电磁波这一原理,利用同轴传输线装置来模拟自由空间远场的传输过程,对材料进行平面波 SE 的测试。

同轴传输线测量装置的特性阻抗为 50 Ω,与信号源和接收机(或频谱仪)相匹配,其内导体为可拆卸结构,以便放置被测样片,通过测试被测材料样片的插入损耗来表示材料对平面波的屏蔽效能。这种方法的优点是快速简便,不需要昂贵的屏蔽室及其他辅助设备,测试过程信号源能量损耗小,测试动态范围较宽,可达80 dB。该装置频率范围的下限与装置本身无关,仅受测试设备限制,而频率上限则受同轴传输线装置的高次模的限制。该方法对被测材料厚度限制不十分严格,可以是很薄的材料,也可以是 10 mm 厚的均匀平板型材料。其缺点是:要求样片与同轴线的内外导体之间具有良好的电接触,否则由于接触阻抗的存在将影响测试结果的重复性。

同轴测试系统测量的 IL(插入损耗)公式为

$$IL = 20\lg \left| 1 + \frac{Z_0}{2Z_L} \right| \tag{2.37}$$

式中, Z_0 是同轴测试系统的特征阻抗; Z_L 为样片的等效阻抗。

当考虑样片与同轴装置内外导体之间的接触阻抗的影响时,上式可写为

$$IL = 20\lg \left| 1 + \frac{Z_0}{2(Z_L + Z_C)} \right| \tag{2.38}$$

式(2.38)表明,接触阻抗 Z_C 的存在使插入损耗测量值偏低;而且样片插入损耗值越大,其等效阻抗越小,接触阻抗的影响越大。由此可见,用这种方法测量导电性能好的材料时应格外注意减小接触阻抗。

2.5.1.3　法兰同轴法

法兰同轴法的测量原理与同轴传输线法相似,所不同的是它与样片的连接不像同轴传输线法所要求的电接触那么严格。

该方法的内、外导体不再是连续的,而是通过法兰将对称的两段同轴部分连接在一起。当被测样片夹在法兰之间时,电磁波通过分布电容的耦合,其位移电流穿过法兰来传输信号。另外,传输线装置内所测样片为一种环形样片,而法兰同轴内测试的为两种环形样片,这两种样片分别用于加载测量和参考测量,其目的是保证两种情况下的耦合电容相同,进而达到其测量结果重复性较好。这种方法能减小接触阻抗的影响。该方法的测试动态范围、频率范围、系统配置均与同轴传输线法相同,但对样片厚度有一定要求,即只有对薄膜材料测试,其数据才能很好地与理论预测值相符。

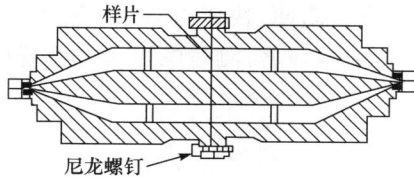

图 2.21　法兰同轴测试装置

法兰同轴测量方法受法兰间的耦合容性阻抗影响较大,随着被测样片厚度的增加,其耦合的容性阻抗也随之增大,将影响到测量结果。因此,这种方法都要求所测试的屏蔽材料应尽量地薄。

针对这一不足,我国电子行业标准《材料屏蔽效能的测量方法》(SJ20524—1995)所推荐的屏蔽材料测量装置对法兰同轴装置进行了适当改进,要求两端同轴腔连接的法兰连接要保证有良好的电连通性,因而既克服了同轴传输线内外导体与样片之间接触电阻带来的误差,同时也克服了法兰同轴装置中容性耦合阻抗带来的误差。

中国航天二院 203 所作为标准起草单位,国防科学技术工业委员会作为发布单位,于 2008 年 3 月发布了关于屏蔽材料测量方法的新标准《电磁屏蔽材料屏蔽效能测量方法》(GJB6190—2008)。该标准中对法兰同轴测量装置的结构、试样及基准件尺寸都做了详细的规定。

2.5.2　近场法

2.5.2.1　ASTM-ES-7 双盒法

美国材料试验协会于 1983 年推出了"ASTM-ES-7 双盒测试装置",见图 2.22。用此法来测试材料对近场磁场的屏蔽效能,其优点是不需要很昂贵的屏

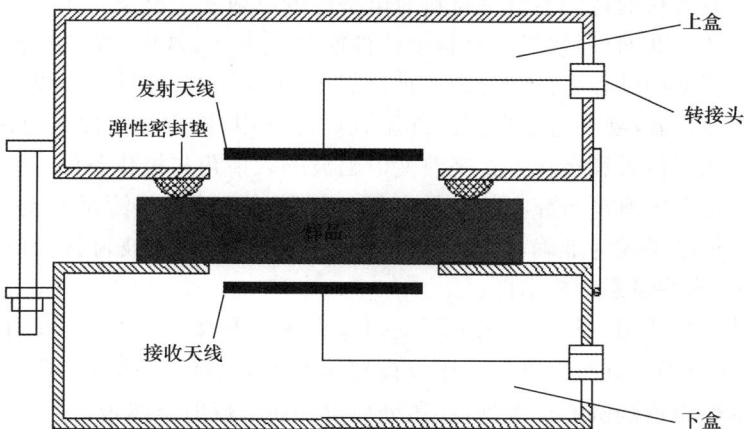

图 2.22　ASTM-ES-7 双盒测试装置

蔽室及其他辅助装置,测量方法简便、快速。然而这种方法也存在以下缺点:盒体谐振频率对测量工作频率影响较显著;测量的可重复性易受弹性指状支撑衬垫导通状态的影响。

2.5.2.2　改进的 MIL-STD-285 法

MIL-STD-285 测量方法能较好地反映材料对近场(磁场)的屏蔽效能,测试装置如图 2.23 所示。该测量方法要求所用导电衬垫应与样片表面、屏蔽室的开孔边缘很好地电磁密封,以确保样片周围不出现明显的电磁泄漏。另外,样片表面电阻的变化、开孔尺寸的大小、屏蔽室与电缆的连接、多次反射等都会影响测试结果的重复性。

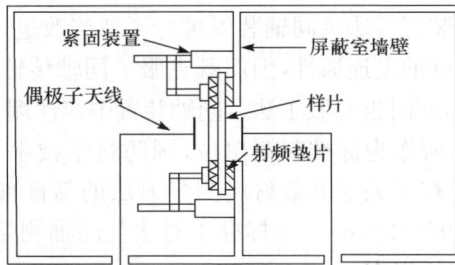

图 2.23　改进的 MIL-STD-285 测试装置

以上两种方法适用于 30 MHz 以下频率范围的屏蔽效能的测试。

2.6　电磁波吸收效能测量

表征吸波材料的特性参数是材料对电磁波的反射率。已发布实施的国家军用标准 GJB5239—2004《射频吸波材料吸波性能测试方法》规定:吸波材料的吸波性能测试方法根据测试频率范围分为三种:低频同轴反射法、波导法和拱形法。相比而言,拱形法较为成熟并且已在国内外得到广泛应用,该方法可以通过改变发射、接收天线的相对位置和极化方式来改变电磁波的入射角与极化条件。

拱形法是美国海军研究实验室最先开发使用的吸波材料测量系统,该方法结构简单且测量结果较为准确,已成为国际上应用最广泛的吸波材料反射率测试方法。图 2.24 为测量系统构造图。

该测试系统使用一竖直的拱形架支撑发射天线和接收天线,天线沿拱形轨道自由滑动,拱形架上标有刻度指示用以设置天线的安装位置和方位角。被测吸波材料置于拱形轨道的圆心位置处,在该处放置一块全反射金属板,发射天线与接收天线的轴线与金属板法线三条线遵循全反射规则。发射天线发射的电磁波以一定

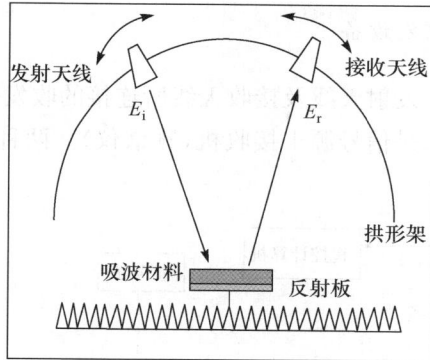

图 2.24　反射率拱形法测试系统

的角度入射到被测材料表面后被部分吸收,其余电磁波被材料表面及下面的金属板反射回接收天线。矢量网络分析仪分别和收发天线相连,用于激励发射天线和存储分析接收信号。在测试系统的地面一定范围内铺设宽频角锥形吸波材料,用于降低背景反射率。

2.6.1　测试系统搭建

拱形法测量系统中除测量仪器外,还包括了拱形架、发射与接收天线、全反射金属样品台、地面吸波材料四个辅助系统。

2.6.1.1　拱形架

1. 尺寸参数

设计拱形架时首先应考虑电磁波经由发射天线、反射试样、接收天线之间的传输距离,该距离应使得收、发天线处于彼此的远场区。根据标准 GJB5239—2004《射频吸波材料吸波性能测试与评价方法》,天线的远场距离由式(2.39)确定:

$$r_a = \frac{2D^2}{\lambda} \tag{2.39}$$

式中,r_a 为天线的远场距离,对于测试系统可近似认为是从发射天线口面中心经全反射金属板法面中心到接收天线口面中心的距离,即 2 倍的拱形测试半径;D 为测试天线的最大口径;λ 为天线在最高工作频率范围内的最小波长。

2. 材料要求

采用对电磁波传输影响较小的非金属材料,且要求材料有较好的强度和尺寸稳定性,通常采用电木、工程塑料或指接木材。

2.6.1.2　电磁波收发设备

拱形法测量系统中,发射天线及接收天线所连接的收发仪器可以有两种形式:一是网络分析仪收发;二是信号源＋接收机(频谱仪)。两种方式的系统构成稍有不同,如图 2.25 所示。

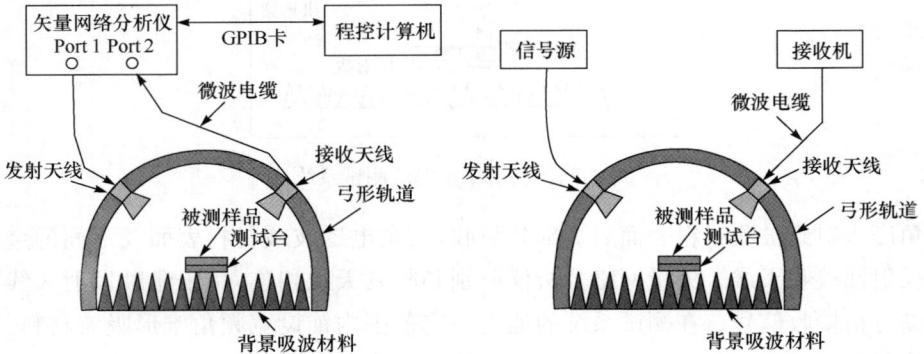

图 2.25　测量系统的收发模式

2.6.1.3　发射与接收天线

天线的选择需要考虑以下几方面的因素。

(1)天线频率范围:天线的有效频率范围直接影响到整个系统的测量频段,目前,采用拱形法测量系统测量吸波材料的频段多为 1～26 GHz,一些单位也能够达到 40 GHz。在这样一个宽频段范围内,需要用多副天线覆盖整个频率范围,一般多采用两副天线,且收发天线的有效频率范围保持一致。

(2)天线尺寸:为保证测量系统能够满足远场测试条件,一般要求天线的尺寸尽可能小,但是天线结构尺寸又与天线的性能密切相关,所以,在选择天线时除天线尺寸外还需要综合考虑天线其他方面的因素。

(3)天线增益及方向图特征:需要采用高增益天线,同时尽可能减小天线副瓣辐射,这样可提高测量系统的动态范围,减少天线耦合干扰,提高测量精度。

(4)天线极化:材料吸波机制大体包括了电场耦合机制、磁场耦合机制两种类型,对于薄尺寸的吸波材料试件,其对入射电磁波的响应特征会因天线极化方式的不同发生一定程度的改变。由于目前拱形法测量系统多采用双脊喇叭天线为收发天线,这类天线为典型的线极化天线,吸波材料对天线辐射电磁波的耦合存在取向性。因此,在测量不同的吸波材料时,应分别考虑水平极化和垂直极化两种极化方式的影响,取最大耦合效果作为测量的极化方式。

　　下面,以一款工作频率为 1~18 GHz、天线尺寸为 155 mm×106 mm 的天线为例,根据式(2.39)计算拱架的测试半径,结果如表 2.3 所示。

表 2.3　天线尺寸和测试半径

频率/GHz	波长/m	天线尺寸/mm	$2D^2/\lambda$/m	测试半径/m
1	0.3000	155×106	0.1602	0.0801
2	0.1500	155×106	0.3203	0.1602
3	0.1000	155×106	0.4805	0.2403
4	0.0750	155×106	0.6407	0.3203
5	0.0600	155×106	0.8008	0.4004
6	0.0500	155×106	0.9610	0.4805
7	0.0428	155×106	1.1212	0.5606
8	0.0375	155×106	1.2813	0.6407
9	0.0333	155×106	1.4415	0.7208
10	0.0300	155×106	1.6017	0.8008
11	0.0273	155×106	1.7618	0.8809
12	0.0250	155×106	1.9220	0.9610
13	0.0231	155×106	2.0822	1.0411
14	0.0214	155×106	2.2425	1.1212
15	0.0200	155×106	2.4025	1.2013
16	0.0188	155×106	2.5627	1.2813
17	0.0176	155×106	2.7228	1.3614
18	0.0167	155×106	2.8830	1.4415

　　由表 2.3 计算数据可知,当拱架半径大于 1.4415 m 时,整个测量频段内均能够满足远场测量的要求,这里取 1.5 m 为该拱形系统的最终测量半径。过大的拱架半径其实是不利于测量的,因为测量半径越大,则电磁波传输路径越长,空间损耗越大,这将直接影响到测量系统的动态范围和测量精度。

2.6.1.4　金属板样品台

金属板样品台提供支撑吸波材料及对入射电磁波进行全反射的作用。为减小入射电磁波的边缘绕射效应,需要对金属板尺寸规格进行规定,显然,较大的样品台有利于减少绕射,但增加了样品制备的难度。GJB5239—2004《射频吸波材料吸波性能测试与评价方法》中统一规定金属板的尺寸为 180 mm×180 mm。相应地,被测吸波材料样件的尺寸也应是 180 mm×180 mm。实际测量时,为避免金属板边缘的反射影响,样件尺寸一般稍大于该规定尺寸。

2.6.1.5　测试环境

环境电磁场对测量结果有很大的影响。环境电磁波一方面来自于环境背景,另一方面来自于地面对发射电磁波的反射,其中,第二种电磁波属于同频干扰,对测量结果影响较大,因此,必须采取有效的措施加以防护。在样品周围的地面铺设高性能的吸波材料角锥能够达到防止地面反射干扰的目的,通常情况下,角锥的高度应大于 1/4 波长。

2.6.2　测试原理

2.6.2.1　吸波效能表征

设接收天线接收到来自于参考金属板的反射电磁波的功率为 P_{m},接收到来自于吸波材料样板的反射电磁波的功率为 P_{r},与发射信号功率成正比的吸波材料样板入射端的参考信号功率为 P_{i},在忽略发射天线和接收天线间的耦合作用的情况下,根据反射系数 Γ 的定义,可以有

金属板的反射系数:

$$\Gamma_{\mathrm{m}} = \frac{P_{\mathrm{m}}}{P_{\mathrm{i}}} \tag{2.40}$$

吸波材料的反射系数:

$$\Gamma_{\mathrm{r}} = \frac{P_{\mathrm{r}}}{P_{\mathrm{i}}} \tag{2.41}$$

则以功率为单位的吸波材料的反射率可表示为

$$\Gamma_P = \frac{\Gamma_{\mathrm{r}}}{\Gamma_{\mathrm{m}}} = \frac{P_{\mathrm{r}}}{P_{\mathrm{m}}} \tag{2.42}$$

以分贝数表示的吸波材料反射率为

$$\Gamma_{\mathrm{dB}} = 10\lg\Gamma_P = 10\lg\Gamma_{\mathrm{r}} - 10\lg\Gamma_{\mathrm{m}} \tag{2.43}$$

同理,以电压为单位的吸波材料的反射率可定义为

$$\Gamma_V = \frac{V_{\mathrm{r}}}{V_{\mathrm{m}}} \tag{2.44}$$

又因 $\Gamma_P=\Gamma_V^2$，则以分贝数、功率、电压为单位的反射率换算式为

$$\Gamma_{dB}=10\lg\Gamma_P=20\lg\Gamma_V \tag{2.45}$$

2.6.2.2　收发天线杂散电磁波耦合抑制

拱形法反射率测试系统的杂散电磁波耦合模型如图 2.26 所示。

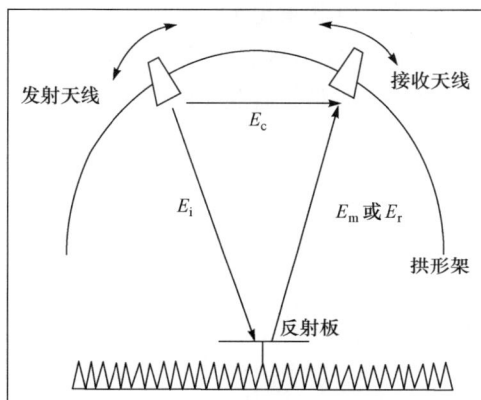

图 2.26　收发天线间的杂散电磁波耦合

E 代表反射到接收天线的平面波场强，在任意时刻 t，该场强的矢量表达式为 $E=|E|\cdot e^{j(\theta+\omega t)}$。

实际测试中，发射天线和接收天线之间存在杂散耦合场强 E_c，E_c 是接收天线接收到的综合场强中不应忽视的一部分，其矢量表达式为 $E_c=|E_c|\cdot e^{j(\psi+\omega t)}$。

在只有金属反射板的情况下，接收天线的总场强表达式为

$$E_{mtotal}=E_m+E_c=|E_m|\cdot e^{j(\theta+\omega t)}+|E_c|\cdot e^{j(\psi+\omega t)} \tag{2.46}$$

式中，E_m 为金属板反射场强。

当放置吸波材料样板后，反射场强矢量表达式为 $E_r=|A\cdot E_r|\cdot e^{j(\theta+\alpha+\omega t)}$。

接收天线的总场强为

$$E_{rtotal}=E_r+E_c=|A\cdot E_r|\cdot e^{j(\theta+\alpha+\omega t)}+|E_c|\cdot e^{j(\psi+\omega t)} \tag{2.47}$$

式中，A 为吸波材料的吸收损耗系数；α 为由于经过吸波材料后路径长度的变化而引起的相位变量。

理论中，反射率应为 E_r 与 E_m 之比，即 $\Gamma=E_r/E_m$，因此，

$$\Gamma=\frac{E_{rtotal}-E_c}{E_{ntotal}-E_c} \tag{2.48}$$

当杂散耦合场 E_c 远远小于反射场 E_r 时，接收天线接收到的总场强可近似为 E_r，这样，吸波材料的反射率可依照理论表达含义直接写为 E_r 与 E_m 的比值。但是，

当杂散耦合场 E_c 与反射场 E_r 相比不可忽略时,总场强就不能够简单近似为反射场 E_r,这种情况下,为保证测试精度,需首先确定杂散耦合场 E_c。可以采用以下两种方法:

(1)将该测试系统中的载物台上下移动各半个波长,在这个过程中,杂散耦合场 E_c 是不变的,而经吸波材料反射所得的反射场 E_r 的相位会发生变化,从而可测得两种情况下不同的合成场强,以此求出 E_c。

(2)利用不同路径的电磁波到达接收天线的时间上的不同,在测试系统控制软件中设计一"时域门",通过该时域门滤除掉收发天线间的杂散耦合信号 E_c,提高测试精度。

第3章 电磁功能纺织材料的纺织材料学基础

普通的纺织材料,具有一定的介电性能,也有一定的静电现象,但其电磁学参数还未能达到如金属或半导体具有的数量级,因此,一般不具有任何电磁功能。随着科学技术的进步,本征导电高分子纤维及织物、金属化纤维及织物、有机导电纤维、金属纤维、磁性纤维等具有显著电学性能和磁学性能的纺织材料的制备技术日益成熟,使得柔性的纺织材料也具备了作为电磁功能材料的可能,这大大拓宽了电磁材料的范围和种类,并赋予传统电磁材料所不具备的柔性、结构多样性和编织灵活性。

电磁功能纺织材料是由具有良好电学和磁学性能的纤维通过纺织加工技术,或者在普通纺织材料上整体施加具有金属特性的物质而获得的一类新型的功能性纺织材料,同时具有纺织材料所特有的结构以及金属材料的电磁特性。了解纺织材料的相关基础,尤其是纺织材料独特的结构及其结构的灵活多变性和部分与电磁相关的性能,对于科学掌握和理解、制备和开发新型电磁功能纺织材料有着重要意义。

3.1 纺织材料的概念及基本分类

纺织材料隶属于材料科学领域,包括纺织加工用的各种纤维原材料和以纺织纤维加工成的各种产品,如一维形态为主的纱、线、绳等;二维形态为主的织物、网、絮片等;三维形态为主的服装、编结物、器具及其增强复合体等。

根据形态,纺织材料可以分为纤维、纱线、平面织物和立体织物等。通常,由纤维经过纺纱获得纱线,然后由纱线经过织造获得织物;或者直接由纤维通过缠结形成非织造织物。因此,常规的织物可具有三个不同层次的结构单元:纤维、纱线及织物。

3.2 纤维及其结构特征

3.2.1 定义与分类

纺织纤维是截面呈圆形或各种异形的、横向尺寸很细、长度比细度大很多倍、具有一定强度和韧性的细长物体。纤维的长径比在 10^3 数量级以上,粗细在几微米到上百微米,有连续长丝和短纤维之分。按材料类别可分为有机纤维和无机纤维。按纤维的来源可分为天然纤维和化学纤维两大类。天然纤维按原料来源分为植物纤维、动物纤维、矿物纤维。其中，植物纤维，又按取得部位分为种子纤维(棉、木棉、椰壳纤维等)、韧皮纤维(苎麻、亚麻、黄麻、苘麻、罗布麻等)、叶纤维(蕉麻、剑麻等)、维管束纤维(竹纤维等)；动物纤维分为毛纤维(绵羊毛、山羊绒、骆驼毛绒、兔毛绒、羊驼毛、骆马毛等)、分泌腺纤维(桑蚕丝、柞蚕丝、蜘蛛丝等)；矿物纤维同时也是天然无机纤维，主要有石棉等。

化学纤维按聚合物来源分为有机再生纤维、有机合成纤维和无机纤维。再生纤维由天然高聚物经过化学纺丝制得，如纤维素纤维、蛋白质和甲壳素纤维等；也可由天然高聚物化学改性后溶解纺丝制得，如铜氨纤维、醋酸纤维等。有机合成纤维是以石油、天然气、煤、农副产品为原料人工合成高聚物纺丝制得的纤维，如聚烯烃、聚乙烯醇等碳链纤维和聚酰胺、聚酯、聚丙烯腈、聚醚酯等杂链纤维。无机纤维是以天然无机物或含碳高聚物纤维为原料，经人工抽丝或直接碳化制得，有玻璃纤维、碳纤维、石墨纤维、金属纤维(铜、镍、不锈钢等)、碳化硅纤维、玄武岩纤维等。

表 3.1 给出了常用纺织纤维的分类及其品种。

表 3.1　纺织纤维的分类

天然纤维	植物纤维	种子纤维:棉、木棉、椰壳等
		韧皮纤维:苎麻、亚麻、黄麻、苘麻、罗布麻等
		叶纤维:蕉麻、剑麻等
		维管束纤维:竹纤维等
	动物纤维	毛纤维:绵羊毛、山羊绒、骆驼毛绒、兔毛绒、羊驼毛、骆马毛等
		分泌腺纤维:桑蚕丝、柞蚕丝、蜘蛛丝等
	矿物纤维	石棉纤维、玄武岩纤维等
化学纤维	再生纤维	人造纤维素纤维:粘胶纤维、铜氨纤维、富强纤维、醋酯纤维等
		人造蛋白质纤维:酪素纤维、大豆纤维、花生纤维、牛奶纤维等
	无机纤维	玻璃纤维、碳纤维、石墨纤维、陶瓷纤维、碳化硅纤维、玄武岩纤维、氧化铝纤维、硼纤维等
		金属纤维:铜丝纤维、镍纤维、铝纤维、不锈钢纤维等
	合成纤维	涤纶、锦纶、腈纶、丙纶、维纶、氯纶、氨纶、芳纶、芳砜纶、聚乙烯纤维等

上述分类中，只考虑了较为常用和普通的纤维，除了金属纤维、石墨纤维、碳纤维、氧化铝纤维、硼纤维等外，基本都是电介质材料，广泛用于各类纺织品中。由于加工技术的进步，出现了更多具有电磁功能的纤维，根据其电磁学性能，大致可以分为有机导电纤维、无机导电纤维、磁性纤维等，具体见表 3.2。这些纤维正逐步应用于纺织加工中。

表 3.2　具有电磁功能的纤维

有机导电纤维	本征导电高分子纤维	聚苯胺、聚吡咯、聚噻吩、聚乙炔等
	添加导电物质的复合纤维	含碳黑的导电涤纶或锦纶纤维、含金属氧化物的导电涤纶纤维等
	表面镀覆金属的纤维	表面镀银的尼龙纤维、表面镀铜的涤纶纤维等
无机导电纤维	金属纤维	铜纤维、镍纤维、铝纤维、不锈钢纤维、紫铜纤维等
	碳化纤维	石墨纤维、碳纤维等
	金属氧化物纤维	氧化铝纤维等
磁性纤维	加入磁性粉体的复合纤维	含有铁、铁氧体、羰基铁等磁性粉体的丙纶或涤纶纤维等
	磁性金属纤维	坡莫合金纤维、铁纤维、钕铁硼纤维等

　　具有电磁功能的纤维,或者这些纤维和常用纺织纤维以一定方式复合的纱线,通过纺织织造加工技术,可以获得具有电磁功能的纺织材料。

3.2.2　纤维的形态结构

　　纤维的结构包括化学结构及形态结构,其中化学结构又包括大分子的链结构和大分子的聚集态结构。纤维大分子的链结构主要指纤维大分子的化学组成、构型、分子量及其分布以及大分子链的统计构象等;纤维的聚集态结构主要指其结晶和取向结构,常用结晶度和取向度来表征。结晶度越高,纤维大分子内部结晶区域越多,纤维结构越致密;取向度越高,大分子沿纤维轴向排列越整齐,纤维强力相对较高。

　　纤维的形态结构分为纤维表面形态结构和纤维内部形态结构。前者是基于宏观尺度的研究,而后者是基于分子或原子尺度的微观研究。纺织纤维的表面形态结构是以纤维轮廓为主的特征,主要包括纤维的长短、粗细、横截面形状与结构、纵向表面形状与结构、卷曲和转曲等几何外观形态。内部形态结构包括纤维内部的形态、尺寸及相互间的排列和组合等。纤维形态结构不仅与纤维的物理性能、纺织工艺性能有着密切关系,而且对纺织制品的使用性能、后道加工性能有直接影响。

3.2.2.1　纤维的纵向表面形态与结构

　　纤维的表面形态结构是指纤维表面是光滑的还是凹凸不平的或者某种规律性形态。不同品种的纤维,纵向形态结构有所不同。普通的化学纤维表面都是光滑的,通过不同手段可以获得具有微穴、微坑、沟槽等表面结构的化学纤维,如

图 3.1 所示的各种不同表面形貌的化学纤维。而天然纤维的表面更为独特和精细，比如毛纤维表面具有鳞片层，棉纤维表面具有天然转曲，麻纤维表面会出现间断性的横节，如图 3.2 所示。这些表面形态结构会影响表面镀层和基体材料的结合力等。

(a)　　　　　　　　(b)　　　　　　　　(c)

图 3.1　化学纤维的表面形态结构

(a)光滑；(b)表面微坑；(c)表面沟槽

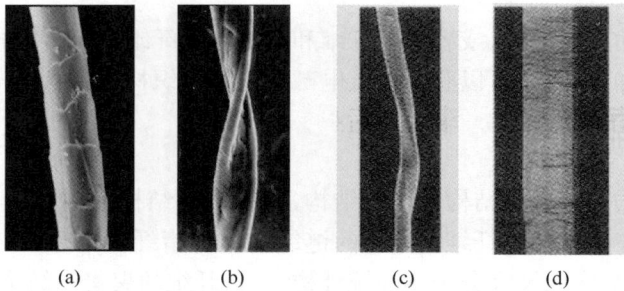

(a)　　　　(b)　　　　(c)　　　　(d)

图 3.2　部分天然纤维的表面形态结构

(a)羊毛纤维；(b)棉纤维；(c)蚕丝纤维；(d)麻纤维

　　细而长的纤维在自然状态下沿纵向一般呈现出伸直、卷曲或转曲的状态，如图 3.3 所示。

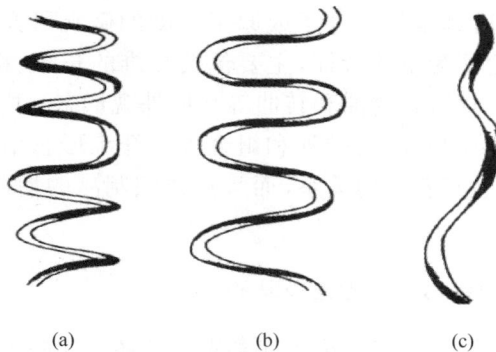

(a)　　　　　　　(b)　　　　　　　(c)

图 3.3　细长纤维纵向卷曲形态

(a)强卷曲；(b)正常卷曲；(c)弱卷曲

3.2.2.2　纤维的截面形状与结构

纤维的截面形状随纤维种类而异。天然纤维具有各自的形态，如棉纤维接近腰圆形，麻纤维为椭圆形或多角形，丝纤维近似三角形，木棉纤维为薄壁大中空的近圆形截面，毛纤维大部分为圆形截面，如图 3.4 所示。除了具有特殊的截面形状外，天然纤维同时具有精细的微细截面结构，如棉纤维的截面由外到内依次可分为表皮层、初生层、次生层和中腔；羊毛纤维截面基本可分为鳞片层、皮质层和髓质层等。

图 3.4　部分天然纤维的横截面形状
(a)棉纤维；(b)苎麻纤维；(c)丝纤维；(d)木棉纤维；(e)绵羊毛纤维

化学纤维可以根据使用需求设计异形喷丝孔，从而获得具有各种异形截面的纤维。非圆形截面的化学纤维称为异形纤维。异形截面主要有三角形、扁平形、十字形、米字形、五叶形等。化学纤维的截面结构相对简单，主要有皮芯结构、中空结构、海岛结构、并列复合结构等，如图 3.5 所示。在化学纤维的生产中，通过不同截面结构设计可以将不同化学组成结合起来，形成具有两种及其以上化学组分的复合或多组分纤维。如由热收缩率存在差异的同系物形成的双组分纤维，具有并列复合结构，受热后发生卷曲，具有弹性。如海岛结构中，海组分可以在后加工中溶解掉，从而使岛组分分离开来，形成超细纤维。通过结构设计，可以巧妙实现力学性能与其他功能的统一。比如，以皮芯结构的芯丝作为力学性能载体，在皮层添加功能粉体如导电粉体、磁性粉体、抗菌剂等，可以获得兼具良好力学性能和其他功能的纤维。

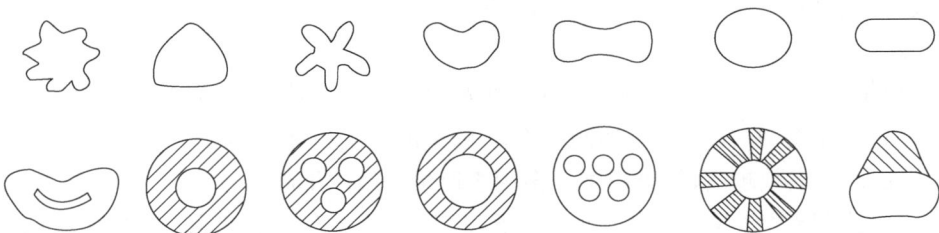

图 3.5　常见异形与中空异形纤维的截面

通过在天然纤维或化学纤维表面上镀覆金属的方法,可以获得兼具金属性能和高分子基材力学性能的各种不同截面的电磁功能纤维。目前,应用最多和最成熟的是表面镀覆银层的尼龙纤维,图 3.6 所示为三叶形和圆形截面的镀银尼龙纤维,其中,内芯为尼龙纤维,外皮为连续的金属银层。

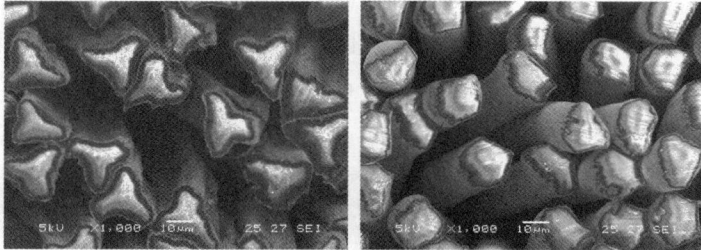

图 3.6　镀银尼龙纤维截面(三叶形和圆形)

3.2.3　纤维的细度及长度

3.2.3.1　纤维细度

纤维细度是指以纤维直径或截面面积大小来表达的纤维粗细程度。由于纤维截面形状不规则或存在中腔、缝隙、孔洞等而无法直接用直径、截面面积来准确表达,习惯上使用单位长度的质量(线密度)或单位质量的长度(线密度的倒数)两种方法来表示纤维细度。

1. 定长制

长度一定的情况下,纤维越重表示纤维越粗的衡量方法,具体有两种单位。

(1) 线密度(T_t):公定回潮率下,1000 m 长纤维的质量。其法定单位为特克斯(tex)。特克斯数越大,纤维越粗。常用于衡量棉、麻、毛等纤维的细度,1 tex＝10 dtex(分特)。

(2) 纤度(N_d):公定回潮率下,9000 m 长纤维的质量。单位为旦(D)。旦数越大,纤维越粗。常用于化纤长丝和蚕丝。

2. 定重制

质量一定情况下,长度越长表示纤维越细的衡量方法,具体有两种单位。

(1)英制支数(N_e):标准回潮率下,1 磅重的纤维长度有多少个 840 码,称为多少英支(s)。支数越高,纤维越细。多用于衡量纱线的细度。

(2)公制支数(N_m):公定回潮率下,1 克重纤维有多少米长,称为多少公支(N_m),同样支数越高,纤维越细。常用来衡量棉、毛纤维的细度。

线密度、纤度和公制支数的数值可以互相换算,关系如下

$$N_m = \frac{9000}{N_d} \tag{3.1}$$

$$T_t = \frac{1000}{N_m} \tag{3.2}$$

$$N_d = 9T_t \tag{3.3}$$

纤维的截面为圆形时,如已知纤维密度,则纤维直径与线密度、纤度或公制支数之间可相互换算。设纤维直径为 $d(\text{mm})$,密度为 $\delta(\text{g/cm}^3)$,则

$$d = \sqrt{\frac{4}{10^3 \pi} \cdot \frac{T_t}{\delta}} = 0.03568 \times \sqrt{\frac{T_t}{\delta}} (\text{mm}) \tag{3.4}$$

$$d = \sqrt{\frac{4}{9 \times 10^3 \pi} \cdot \frac{N_d}{\delta}} = 0.01189 \times \sqrt{\frac{N_d}{\delta}} (\text{mm}) \tag{3.5}$$

$$d = \sqrt{\frac{4}{\pi} \cdot \frac{1}{M_m \cdot \delta}} = 1.2838 \times \sqrt{\frac{1}{N_m \cdot \delta}} (\text{mm}) \tag{3.6}$$

由上式可知,各种纤维由于受到各种密度不同的影响,当线密度、纤度、公制支数分别相同时,其直径并不相同。密度越小,纤维直径越粗。例如,1.50 dtex 的涤纶直径为

$$d = 0.03568 \times \sqrt{\frac{T_t}{\delta}} = 0.03568 \times \sqrt{\frac{1.50 \times 10^{-1}}{1.38}} = 11.763 \times 10^{-3} (\text{mm}) \tag{3.7}$$

1.50 dtex 的丙纶直径为

$$d = 0.03568 \times \sqrt{\frac{T_t}{\delta}} = 0.03568 \times \sqrt{\frac{1.50 \times 10^{-1}}{0.91}} = 1.449 \times 10^{-2} (\text{mm}) \tag{3.8}$$

对于异质复合纤维,比如表面镀金属的纤维或含有碳黑等粉体的纤维,其纤维的密度、直径和细度的计算不能简单套用上述公式。

纤维细度及其离散程度不仅与纤维强度、伸长度、刚性、弹性和形变的均一性有关,而且极大地影响织物的手感、风格及纱线和织物的加工过程。

3.2.3.2　纤维长度

纤维长度是纤维外部形态的主要特征之一。根据长度不同,纤维可分为长丝和短纤维两种。其中,天然纤维的长度根据种类不同,具有各自的长度分布;化学短纤维通常是根据所模仿的天然纤维的平均长度进行等长切断或异长度牵切,如棉型化学短纤维,其长度和棉纤维长度相近;而化纤长丝则不进行切断。一般说来,能够满足纺织加工使用性能要求的纤维,其短纤维的长度 L 与纤维直径 D 之比为 $10^2 \sim 10^5$,具体数值范围见表 3.3。

表 3.3　常规纤维 L/D 的数值范围

纤维	棉	麻(工艺纤维)	羊毛	化纤短纤维	蚕丝	化纤长丝
L/D	2×10^3	10^5	4×10^3	3×10^3	10^8	10^8

3.3　纱线及其结构特征

3.3.1　定义与分类

由纺织纤维平行伸直(或基本平行伸直)排列、利用加捻或其他方法使纤维抱合缠结,形成连续的具有一定强度、韧性和可挠曲性的细长体,称为纱线,是纺织加工的中间产品。通常所说的"纱线",是"纱"和"线"的统称。将许多短纤维或长丝排列成近似平行状态,并沿轴向旋转加捻,组成具有一定强力和线密度的细长物体,称为"纱",又称"单纱"。两根或两根以上的单纱捻合而成的股线称为"线"。特别粗的称为绳或缆。

按照纤维原料组成,纱线可分为纯纺纱、混纺纱和复合纱;根据纱线结构不同,可分为短纤纱(单纱和股线等)、长丝纱(单丝纱、复丝纱、捻丝、复合捻丝和变形丝)和特殊纱(变形纱、花饰纱、花饰线);根据纺纱系统不同,分为精纺纱、半精纺纱、粗纺纱、废纺纱;根据纺纱方法不同,分为环锭纺(普通环锭纺、紧密纺或集聚纺、赛络纺、包芯纺、缆形纺)、走锭纺、自由端纺纱(转杯纺、静电纺、涡流纺、喷气涡流纺、摩擦纺)、非自由端纺纱(自捻纺纱、喷气纺纱、捻合纺纱);根据纱线用途,分为针织用纱、机织用纱、起绒用纱及特种用纱。

作为具有电磁功能的纱线,无论其用途或纺纱方式如何,都是由具有电磁功能的纤维或该纤维及其他纤维以一定结构构成的纱线。纱线结构和纤维性能决定了电磁功能纱线的性能。

3.3.2　纱线的结构

纱线的结构是决定纱线内在性质和外观特征的重要因素,主要指纤维的排列状态、堆砌密度及纤维间的相互作用。纤维及其成纱方式,使纱线在结构上存在很大差异,如纱线的结构松紧程度及均匀性、纤维在纱线中的排列形式、纤维在纱线中的转移轨迹、加捻在纱线的轴向和经向的均匀性、纱线的毛羽及外观形状等。

根据纱线结构不同,主要有短纤纱、长丝纱、长丝/短纤复合纱和花饰纱。

3.3.2.1　短纤纱

短纤维沿纱线轴向平行排列,经过加捻,形成结构相对稳定、具有一定强度的细长纤维集合体,为短纤纱。具有以下基本结构特征:①短纤纱的表面纤维以纱线中心为轴,近似螺旋线形状卷绕在纱线表面;②纱线表面有大量纤维头端露出,形成毛羽。

不同的纺纱方法会导致短纤纱存在结构差异。环锭纺短纤纱的基本结构特征是加捻后纤维内外多次转移,每根纤维多次受到其他纤维包缠,又多次包缠其他纤维;当不同纤维进行混纺时,较粗较短纤维容易分布在纤维外层,会存在纤维优先转移并导致径向分布不匀。当刚度较大的金属短纤维和普通纺织纤维混纺时,刚度大、长度短的金属短纤维有向外转移的趋势,如图 3.7 所示,黑色的为不锈钢短纤维。

图 3.7　不锈钢/棉短纤纱

3.3.2.2　长丝纱

连续的长丝构成的细长纤维集合体为长丝纱。长丝纱的结构相对简单,如图 3.8 所示。其中,无捻长丝纱由几根或几百根长丝平行顺直排列于纱中,但横向结构极不稳定。有捻长丝纱中,多根平行顺直排列的长纤维沿轴向具有一定的捻向和捻度。因加工方法不同,长丝变形纱的结构有所不同。比如,网络长丝纱每间隔一定距离就在纤维之间形成一个缠结点;加弹丝或空气变形丝构成的长丝纱,纱线内单丝会存在微小丝弧。

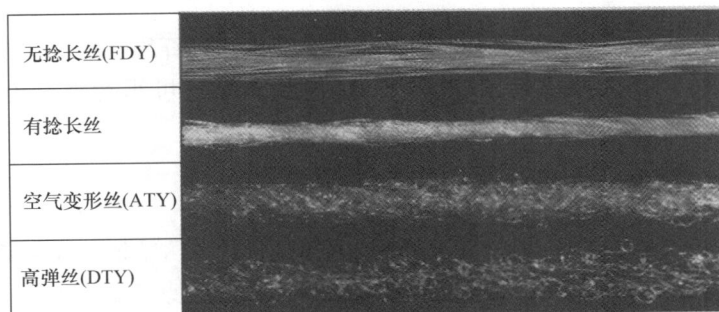

| 无捻长丝(FDY) |
| 有捻长丝 |
| 空气变形丝(ATY) |
| 高弹丝(DTY) |

图 3.8　典型的长丝纱

　　纯金属长丝纤维由于断裂伸长小，一般需要和其他纺织材料复合或并合后用于织造，比如金属长丝和涤纶长丝并合形成复合长丝纱。表面镀覆金属的纤维，如镀银尼龙长丝，由于其具有如图 3.6 所示的"皮芯"结构，其芯部为高分子长丝，皮层为金属镀层，具有韧性，可以形成纯的镀银长丝纱，直接用于织造。

3.3.2.3　长丝/短纤复合纱

　　长丝和短纤维并合后，经过加捻形成的纱线为长丝/短纤复合纱。根据结构，可分为并捻纱、包芯纱、包缠纱等，如图 3.9 所示。其中，包芯纱是以长丝为芯纱，外包其他短纤维形成的纱线，芯丝在轴心平行排列，外包纤维呈和捻度相关的螺旋线排列。并捻纱也叫合股纱，由长丝和短纤维单纱或股线并列加捻形成，长丝和短纤维都呈现和捻度相关的螺旋线排列。根据承受张力大小不同，包缠纱又细分为丝环绕和纱环绕两种不同结构纱线，如图 3.9 所示。承受张力较大的丝或纱位于内芯，相对平直；承受张力较小的作为外包用丝或纱，呈螺旋线包覆在芯丝的外层。

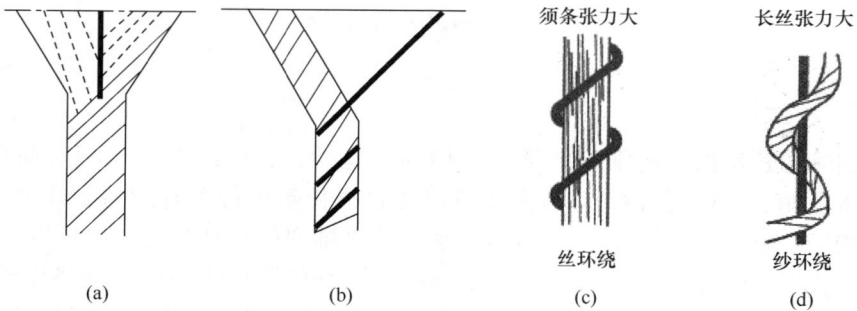

图 3.9　典型的长丝/短纤复合纱
(a)包芯纱；(b)并捻纱；(c)丝环绕包缠纱；(d)纱环绕包缠纱

　　断裂伸长率小的金属长丝通常和普通纺织纤维如棉纤维、涤纶纤维等，通过包芯、并捻、包缠等方式形成长丝/短纤复合纱，获得兼具可织造性和电磁功能的纱线。

3.3.2.4　花饰纱线结构

　　因加工方法多样，花饰纱呈现出极为丰富的结构特征，整根纱线及其中单丝的卷曲形态均各异，堆砌密度、排列及其分布也不同。主要特点是纱线的截面粗细不均、有不同的色彩，纱线呈现环圈形、波浪形、螺旋形、锯齿形等，还有小圈或结子等特殊的外观，如图 3.10 所示。

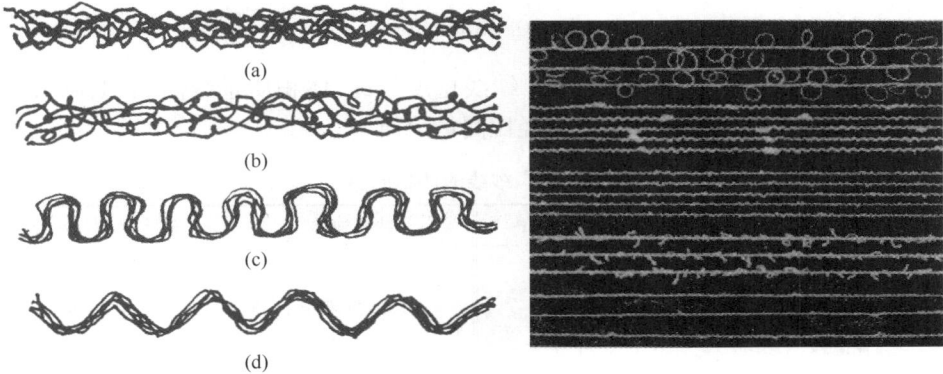

图 3.10　各种变形丝和花饰线
(a)填塞箱变形丝；(b)刀口变形丝；(c)编结拆散变形丝；(d)齿轮卷曲变形丝

3.3.3　纱线的结构参数

描述纱线结构特征的参数主要有 4 个方面：①反映纱线外观粗细特征的细度等；②反映纤维堆砌特征的单位体积质量等；③反映纱线加捻特征的捻度和捻向等；④反映短纤纱表面的毛羽特征，如毛羽量、毛羽长度等。

3.3.3.1　纱线的细度

同纤维一样，由于纱线中具有不同层次的缝隙和孔洞、横截面不规则且容易变形，因此，纱线的细度通常用线密度这一间接指标表示。表征纱线细度的指标和纤维一样，有线密度 T_t、纤度 N_d、公制支数 N_m 和英制支数 N_e。目前，线密度的法定计量单位特克斯(tex)已正式使用，在任何正式文件中只允许使用法定计量单位。它们的定义和换算关系见 3.2.3.1 节。

在定长制细度指标下，股线的线密度数值大于组成股线的单纱线密度。例如，由两根 20 tex 单纱组成的股线线密度应该为 40 tex，记作 20 tex×2。而一根 16 tex 单纱和一根 20 tex 单纱组成的股线的线密度为 36 tex，记作(16＋20)tex。定重制细度指标下，股线的线密度数值小于组成股线的单纱线密度。例如，两根英制支数为 80 的单纱组成的股线的英制支数为 40，记作 80/2。

3.3.3.2　纱线的体积质量

不同种类的纱线，其表观直径的粗细，因为体积质量不同，不能直接用特克斯等线密度指标来比较。相同线密度的纱线，体积质量越小，纱线的实际直径越大。将纱线看作一近似圆柱体，假设纱线直径为 D，mm；线密度 T_t，tex；体积质量 δ，g/cm^3，则

$$D=0.03568\sqrt{\frac{T_t}{\delta}}$$

常见纱线的体积质量见表 3.4。纱线捻度越高,体积质量越高;卷曲越大,体积质量越低。由线密度计算纱线直径比测量简便。

表 3.4　纱线的体积质量

纱线种类	体积质量 $\delta/(g/cm^3)$	纱线种类	体积质量 $\delta/(g/cm^3)$
棉纱	0.78~0.9	生丝	0.9~0.95
精梳毛纱	0.75~0.81	粘胶纤维纱	0.8~0.9
亚麻纱	0.9~1.0	涤/棉纱(65/35)	0.8~0.95
绢纺纱	0.73~0.78	维/棉纱(50/50)	0.74~0.76

3.3.3.3　纱线的捻度和捻向

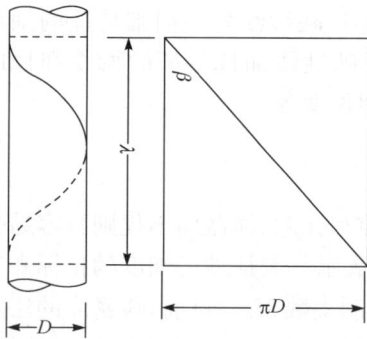

图 3.11　捻回角

纱线的加捻程度和捻向是表征纱线加捻的两个重要特征。

加捻程度用捻度和捻系数表征。捻度是单位长度纱线上的捻回数,即单位长度纱线上纤维的螺旋圈数。粗细不同的纱线,单位长度上施加一个捻回所需的扭矩不同,纱的表层纤维对于纱轴线的倾斜角也不相同。不同细度纱线的加捻程度,需要采用捻回角或捻系数表示。

捻回角是加捻后纱线表层纤维与纱线轴向构成的倾斜角,如图 3.11 所示。由于捻回角测量及计算都很不方便,实际中常采用捻系数表征不同粗细纱线的加捻程度,其计算和推导如下。

设 T_{tex} 为纱线的捻度(捻/10cm);β 为捻回角;λ 为捻距或螺距(mm),D 为纱线的直径(mm)。由图 3.11 可知

$$\tan\beta=\frac{\pi D}{\lambda}=\frac{\pi D\, T_{tex}}{100}=\frac{\pi}{100}\times0.03568\times\sqrt{\frac{T_t}{\delta}}\times T_{tex}=\frac{T_{tex}}{892}\times\sqrt{\frac{T_t}{\delta}} \quad (3.9)$$

则

$$T_{tex}=892\times\tan\beta\times\sqrt{\frac{\delta}{T_t}} \quad (3.10)$$

$$892\times\sqrt{\delta}\times\tan\beta=T_{tex}\sqrt{T_t} \quad (3.11)$$

定义特克斯制捻系数为

$$\alpha_t = 892 \times \sqrt{\delta} \times \tan\beta \qquad (3.12)$$

$$\alpha_t = T_{tex}\sqrt{T_t} \qquad (3.13)$$

由此,捻系数 α_t 与捻回角正切成正比,表征不同线密度纱线的捻紧程度,并能够由纱线捻度 T_{tex} 与线密度 T_t 简单推算,避开捻回角 β 的复杂测量。

纱线加捻时回转的方向称为捻向。单纱中的纤维或者股线中的单纱在加捻后,其捻回的方向由上而下、自右而左的称为 S 捻。自下而上、自左而右的称为 Z 捻,如图3.12所示。

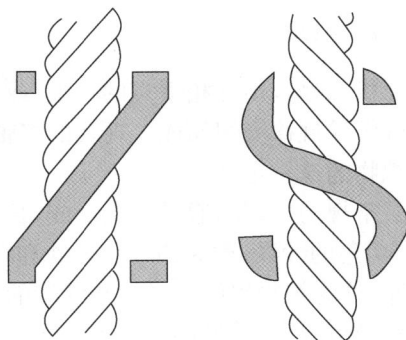

图 3.12　捻向示意图

3.3.3.4　纱线的毛羽

毛羽指纱线表面露出的纤维头端或纤维圈。毛羽分布在纱线圆柱体的各个方向,其长短和形态较为复杂,因纤维特性、纺纱方法、纺纱工艺参数、捻度、纱线的粗细而异。

纱线表面的毛羽过多,会影响加工和服用性能,比如织造过程中的开口不清、服用过程中的起毛起球、刺痒等。含金属短纤维的混纺纱中,如果金属短纤维头端露出较多,会严重影响服用性能。

3.4　织物及其结构特征

3.4.1　定义及分类

由纺织纤维和纱线用一定方法穿插、交编形成的厚度较薄、长及宽度很大的二维物体为平面织物。织物的种类极其繁多,原料、形态、花色、结构、形成方法等千变万化。

按照织物成形方法进行分类,是最主要的分类方式之一。可以分为机(梭)织物、针织物(经编和纬编织物)、非织造织物、编结(织)物。机织物是两组互相垂直排列的经纱和纬纱按一定的组织规律交织形成。针织物是纱线以线圈互相穿套成圈的方式形成。非织造织物又称"非织造布""无纺布",由定向排列或随机排列的纤维网加固而成。

一些非传统的新型织物也不断涌现。如平面三向织物,由三组两两成 $60°$ 夹角的纱线构成。经编间隔织物则能够形成立体的三维结构。起绒或簇绒织物是在基布上形成圈绒或立绒的织物。涂层织物则是在基布的表面涂敷了功能性物质形成。

3.4.2　机织物

机织物是由互相垂直的一组（或多组）经纱和一组（或多组）纬纱在织机上按一定的沉浮规律交织而成。现代的多轴向加工，如三向织造、立体织造等，已突破了机织物的这一定义。

常规的机织物通过织造形成，长度方向上的纱线称为经纱，另一组与经向纱线呈90°角的纱线，称为纬纱。经纱和纬纱以一定的规律沉浮交织，这种沉浮交织的规律，称为织物组织。经纱与纬纱的交叉点，称为组织点。凡经纱浮于纬纱之上的点称经组织点（或经浮点）（图3.13（b）所示的"■"）；凡纬纱浮于经纱之上的点称纬组织点（或纬浮点）（图3.13（b）所示的"□"）。织物组织是依照一定的沉浮规律排列的经、纬组织点所构成。当经组织点和纬组织点的排列规律重现时，就构成一个组织循环，又称一个完全组织，如图3.13中的虚线标出部分。

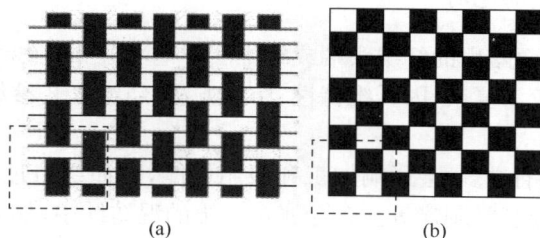

图3.13　机织物结构和组织示意图
（a）结构图；（b）组织图

织物组织种类繁多，基本组织是织物组织中构成其他组织的基础，包括平纹组织、斜纹组织和缎纹组织三种，又称为三原组织。平纹组织是最简单的织纹组织，由两根经纱和两根纬纱组成一个组织循环，经纱和纬纱每隔一根纱线交织一次，是所有组织中交织次数最多的，也是使用最为广泛的。斜纹组织最少要有三根经纱和三根纬纱才能构成一个组织循环，会在织物表面形成由经纱或纬纱浮点构成的倾斜纹路，称为斜纹线。斜纹倾斜的方向有左有右，分别称为左斜纹（以↖表示）和右斜纹（以↗表示）。缎纹组织中，每间隔四根或四根以上的纱线，经纱与纬纱才发生一次交错，且这些交织点互不连续、单独、均匀分布在一个组织循环内。缎纹组织最少要五根经纱和五根纬纱才能构成一个组织循环。

三原组织中，在织物单位长度内纱线根数相同的条件下，缎纹组织的经纬交织点最少，其次是斜纹，平纹交织点最多。三原组织的组织图和结构图如图3.14所示。

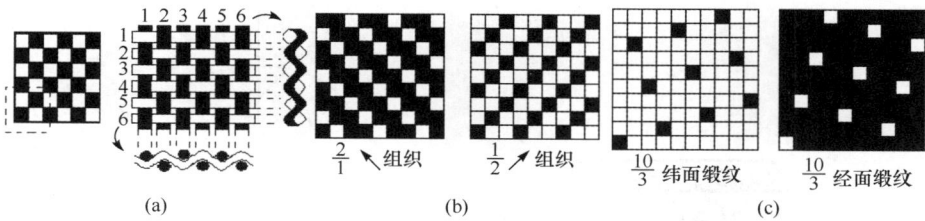

图 3.14　三原组织图

(a)平纹组织;(b)斜纹组织图;(c)缎纹组织图

除上述常规机织物外,还有平面多向及多维机织物。二维平面中,纱线以非垂直交织形成的平面织物为多向机织物,这样形成的织物具有两个结构特点:①织物由两组以上的纱线交织而成;②纱线在其所在的二维平面,可以各种不同角度进行交织。图 3.15 是平面二轴向斜交织物示意图,由两组纱线斜交形成。图 3.16 是平面三轴向织物示意图,由三组纱线斜交组成。

图 3.15　二轴向机织物结构示意图

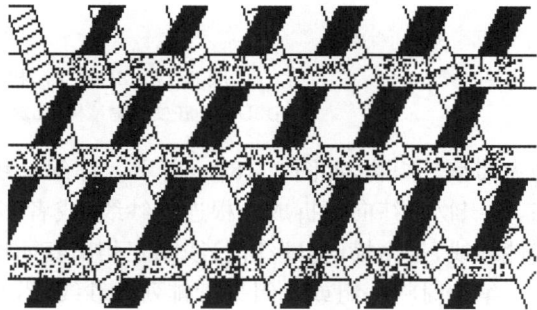

图 3.16　三轴向机织物结构示意图

纱线除了可以在平面中进行交织,还可以在垂直于该二维平面的方向中进行交织,这样形成的就是三维(3D)机织物,或多维机织物。图 3.17 是纱线在三维方向进行交织形成的一种 3D 机织物。这类织物中纱线至少有三个方向,所用纱线可以分为经纱、纬纱和垂纱。垂直于经纱和纬纱的是垂纱,沿垂纱方向交织的层数可以不同,织物的形状可按需要进行设计,如可以织成具有特定截面形状的工程材料,或织成类似于工字钢、十字钢截面的织物。

3.4.3　针织物

针织物由线圈相互串套形成。根据设备类型和编织方法差异,分为经编针织物和纬编针织物。编织时用一根或数根纱线(通常为一根纱线)分别在纬向喂入针织机的工作针上,使纱线在纬向顺序地弯曲成圈并在纵向相互串套,这样形成的织

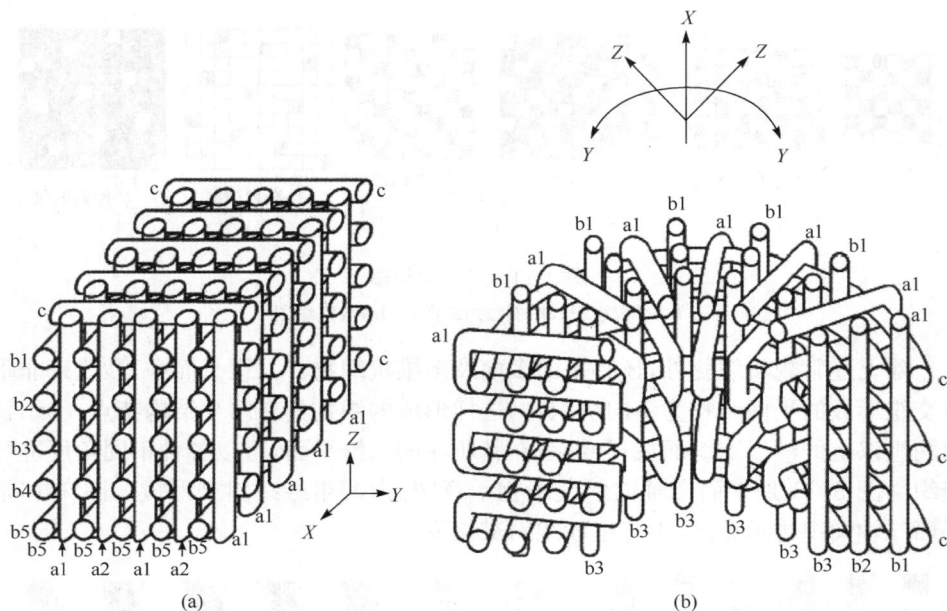

图 3.17　3D(三维)机织物结构

(a)3D 直角正交织物结构；(b)3D 极坐标织物结构

物为纬编针织物,如图 3.18(a)所示。纬编针织物的纱线沿着织物纬向呈连续状态,即织物沿纬向可拆成一根连续纱线,或者多根连续纱线;而在织物纵向没有连续性纱线,是由横向(即纬向)线圈互相串套而形成的连接。

编织时将一组或几组平行排列的纱线,沿经向绕在针织机所有的工作针上,并同时沿经向进行成圈,且线圈纵向互相串套形成横向连接,这样形成的织物为经编针织物,如图 3.18(b)所示。经编针织物沿织物经向可拆成多根连续纱线;而在横向没有任何连续性纱线,只是纵向(即经向)线圈互相串套而形成的连接。

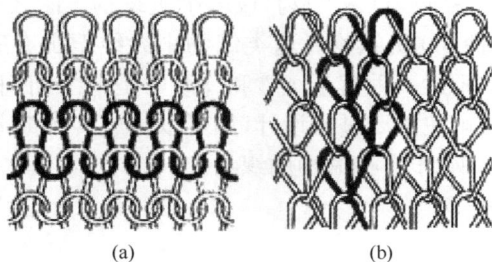

图 3.18　针织物结构示意图

(a)纬编针织物；(b)经编针织物

　　基本的纬编针织物是由纬向的连续纱线构成；经编针织物是由多根经向连续纱线构成。换句话说，基本的纬编和经编针织物只由一个系统的纱线即可形成。这和机织物完全不同，机织物至少由两个系统纱线即经纱和纬纱互相交叉构成。

　　构成针织物的基本结构单元为线圈。针织物中线圈在横向连接的行列称为线圈横列，线圈在纵向串套的行列称为线圈纵行。线圈在横列方向上两个相邻线圈对应点的水平距离 A 称为圈距；线圈在纵行方向上两个相邻线圈对应点的垂直距离 B 称为圈高，如图 3.19 所示。圈距和圈高的大小直接影响针织物组织的紧密程度。

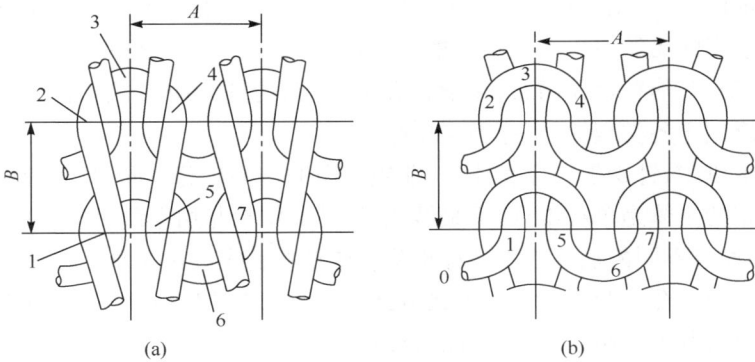

图 3.19　纬编针织物的线圈结构
(a)正面；(b)反面

　　和机织物一样，针织物的组织结构繁多。针织物的组织是指线圈在织物中的排列、组合与连接方式。最基本的组织是原组织，线圈以最简单的方式组合而成，是其他组织构成的基础。如纬编针织物中的纬平针组织、罗纹组织和双反面组织；经编针织物中的经平组织和经缎组织。其中，纬平针组织由连续的单元线圈以一个方向依次串套而成；罗纹组织由正面线圈纵行和反面线圈纵行以一定的组合相间配置而形成；双反面组织由正面线圈横列和反面线圈横列相互交替配制而成，正、反两面都和纬平针织物的反面外观一样。每根经纱在相邻的两枚织针上轮流垫纱成圈的组织，称为经平组织；每根经纱顺序地在三根或三根以上的针上垫纱成圈，然后再顺序地返回原位过程中，逐针成圈而织成的组织，称为经缎组织。这些原组织的结构示意图如图 3.20 所示。

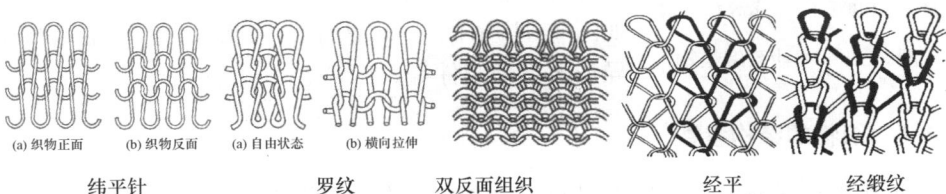

(a) 织物正面　　(b) 织物反面　　(c) 自由状态　　(d) 横向拉伸

　　　纬平针　　　　　　　　罗纹　　　双反面组织　　　　　经平　　　　经缎纹

图 3.20　纬编和经编针织物的原组织

3.4.4　非织造布

非织造布又称无纺布,由单纤维状态的散纤维通过一定的方式形成纤维网,并对纤维网进行加固形成。即先将单纤维形成不同的松散网状,然后对形成的松散结构进行加固,获得稳定结构。

根据成网方式和加固方式不同,非织造布有不同的分类。从成网技术而言,大体上分为干法成网、湿法成网和聚合物挤压成网法三大类。从加固技术而言,可以分为机械加固、化学粘合和加热粘合加固三大类。成网技术和加固技术互相结合,形成门类众多的无纺布生产技术。根据生产工艺差异,无纺布一般分为针刺无纺布、水刺无纺布、热粘合无纺布、化学粘合无纺布、纺粘无纺布、熔喷无纺布等。该类织物广泛用于各类絮片、医疗卫生用品等。

和传统机织、针织纺织品相比较,非织造布的结构显著不同,具体表现在:①构成非织造布的主体是单纤维,而不是纱线等;②其结构是由单纤维构成的网络状结构;③必须通过不同的加固手段使纤维集合体结构稳定。由于加固方式差异,纤维网中纤维之间会存在两种不同的连接方式:①纤维之间互相穿插,形成无规缠结,比如针刺或水刺无纺布;②纤维之间会存在一个个热熔粘合点或化学粘合点,如纺粘无纺布、热粘合无纺布、熔喷无纺布等。

3.4.5　编结物

编结物,又称编织物,是最早的纺织品,如网、席、草帽等。编结是编和结的统称与组合,其中,由纤维或纱线材料透过对角线交叉排列组合而成,称为"编";利用纤维材料或绳辫以手工或棒针钩编相结合,称为"结"。编结物中,没有织造织物中的经纱和纬纱的概念。近几十年来,由于复合材料的发展和高模量一次成形结构材料的需要,编结技术得到了迅速发展。

图 3.21　轴纱系编结物

按编结形状可分为圆形编结和方形编结;按厚度可分为二维平面编结和三维立体编结。二维编结物如图 3.21 所示。一般用于生产鞋带、绳索、服装用的异型薄壳预制件等。

3.4.6　织物的结构参数

织物由纱线或纤维通过不同的结合方式构成。机织物是连续的经纱、连续的纬纱交织形成,针织物是连续的纬纱沿经向串套,或者连续的经纱沿纬向串套形成,编结物由纱线互相编结或勾连形成,非织造织物由纤维或纱线纠缠、粘结形成。
这些织物既有共同的结构参数,又有其特殊性。常用的织物参数有机织物的结构
相、织物密度、单位面积质量、盖覆系数及未充满系数等。

3.4.6.1　机织物的结构相

结构相是指经纬纱在织物中交织时的结构状态。用屈曲波高描述纱线在同一
平面中发生的屈曲状态,屈曲状态不同,单位织物长度内经纱和纬纱的实际长度
不同。

织物结构相的分析是基于以下假定:织物中的纱线可以任意弯曲,并具有同样
的截面形状,相互交织的纱线间互相紧贴。以平纹织物为例,说明经纬纱的屈曲
波高。

图 3.22(a)、(b)分别为织物的纬向和经向剖面图。经纬纱直径分别用 d_j、d_w
表示,设经纬纱直径之和为 $d_j+d_w=D$。定义纱线截面中心线屈曲波的波峰与波
谷之间的垂直距离,为纱线的屈曲波高。h_j 为经纱的屈曲波高,h_w 为纬纱的屈曲
波高。当织物内经纱平直、无屈曲时,$h_j=0$,$h_w=d_j+d_w=D$;当纬纱平直、无屈曲
时,$h_w=0$,$h_j=d_j+d_w=D$。在满足关系式 $h_j+h_w=d_j+d_w$ 的前提下,在两个极端
的情况之间,h_j 与 h_w 可以有各种不同的数值。

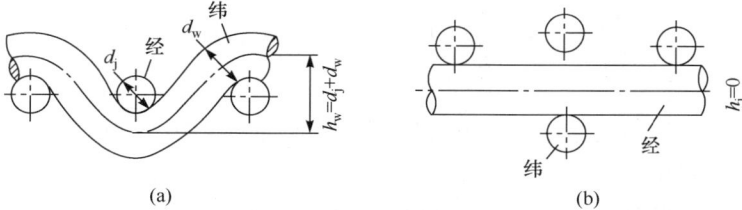

图 3.22　平纹织物第 1 结构相的经纬向切面图
(a)纬向切面;(b)经向切面

通常把织物的结构相,按织物中经纬纱的屈曲波高比 $\left(\dfrac{h_j}{h_w}\right)$ 分成九种阶序的结

构相,相邻阶序之间的阶差为 $\dfrac{h_j}{h_w}=D/8$。织物的九个结构相见表 3.5 所示。

表 3.5　织物结构相的参数特征

阶序(结构相)	1	2	3	4	5	6	7	8	9	0
经纱屈曲波高 h_j	0	$\frac{1}{8}D$	$\frac{1}{4}D$	$\frac{3}{8}D$	$\frac{1}{2}D$	$\frac{5}{8}D$	$\frac{3}{4}D$	$\frac{7}{8}D$	D	d_w
纬纱屈曲波高 h_w	D	$\frac{7}{8}D$	$\frac{3}{4}D$	$\frac{5}{8}D$	$\frac{1}{2}D$	$\frac{3}{8}D$	$\frac{1}{4}D$	$\frac{1}{8}D$	0	d_j
$\dfrac{h_j}{h_w}$	0	$\frac{1}{7}$	$\frac{1}{3}$	$\frac{3}{5}$	1	$\frac{5}{3}$	3	7	8	$\dfrac{d_w}{d_j}$

　　结构相对织物性能和风格影响很大。例如,第 8 结构相,经纱屈曲显著,织物表面主要为纬纱,单位面积内经纱的实际长度要大于纬纱,因此,在经纬纱电阻率一样的情况下,经纬尺寸一样的周期结构内,经纱的电阻大于纬纱;同时,经纱的性能将显著影响织物表面光泽、毛羽、起毛起球等性能。

3.4.6.2　机织物的密度与紧度

　　机织物的密度,有经向和纬向密度之分,简称经密和纬密。经密指沿纬向单位长度内经纱排列根数,纬密指沿经向单位长度内的纬纱排列根数。通常以 10 cm 宽度内经纱或纬纱根数表示,记为"根/10cm"。织物经纬密度以两个数字中间加符号"×"来表示。例如,230×190 表示织物经密为 230 根/10cm,纬密为 190 根/10cm。不同织物的密度,可在很大范围内变化,和织物组织结构及所用纱线细度密切相关。密度的倒数,即为相邻纱线中心之间的间距。经纬密度不同,纱线在织物经向和纬向的排列间隔距离不同。

　　在平行光投影下,织物被纤维或纱线覆盖的面积与总面积的百分数,为织物的紧度,又称覆盖系数。机织物的紧度包括经向紧度 E_j、纬向紧度 E_w 和总紧度 E_z。

　　经向紧度指经纱直径与两根经纱平均中心距离的百分数,根据定义如图3.23 所示。

$$E_j = \frac{d_j}{\frac{100}{P_j}} \times 100 = d_j \times P_j; \quad E_w = \frac{d_w}{\frac{100}{P_w}} \times 100 = d_w \times P_w \quad (3.14)$$

式中,E_j、E_w 为经、纬向紧度(%);P_j、P_w 为经、纬向纱线密度(根/10cm);d_j、d_w 为经、纬纱线直径(mm);

　　当棉纱的单位体积质量 $\delta=0.93$ g/cm^3 时,棉纱直径 $d=0.037\times\sqrt{T_t}$。

$$E_j = 0.037 \times \sqrt{T_{t_j}} \times P_j; \quad E_w = 0.037 \times \sqrt{T_{t_w}} \times P_w \quad (3.15)$$

式中,T_{t_j}、T_{t_w} 为经、纬纱线的线密度数(tex)。

　　织物的总紧度 E_z 为

$$E_z = E_j + E_w - 0.01 \times E_j \times E_w \quad (3.16)$$

当 E_j 或 E_w 大于 100%,说明织物中经纱或纬纱有挤压或重叠;若 $E_z>100\%$,仍只能表示相当于 $E_z=100\%$,说明织物平面完全被纱线覆盖,纱线间没有空隙。

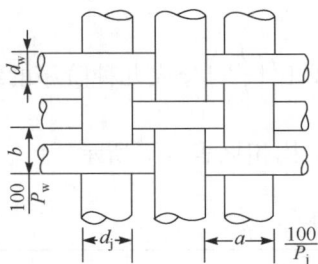

图 3.23　计算织物紧度的图解

3.4.6.3　针织物的密度与未充满系数

　　用 5 cm 内的线圈数表示针织物的密度。横向密度为 5 cm 内沿横向排列的线圈纵行数,纵向密度为 5 cm 内沿纵行排列的线圈横列数。由于针织物在加工过程中容易产生变形,所以在测量密度前,需要先让针织物所产生的变形得到充分恢复,使之达到平衡状态,再进行测量。

当针织物密度相同而纱线粗细不同时,针织物的紧密程度是不同的。定义线圈长度 l 与纱线直径 d 的比值为针织物的未充满系数 K_n,表示针织物的紧密程度。

$$K_n = \frac{l}{d} \tag{3.17}$$

可知,当线圈长度一定时,纱线越粗,则针织物的未充满系数 K_n 越小,针织物越紧密。反之,纱线直径 d 越小,则 K_n 越大,针织物越稀疏。

3.4.6.4　织物的单位面积质量

织物的单位面积质量,又称面密度,统一规定为公定回潮率下织物单位面积的质量,单位为 g/m²,是用于表征所有织物规格的一项基本参数,包括机织物、针织物、编结物、非织造织物,也是织物设计和选用的主要参数。

公定回潮率下单位面积质量的计算如下:

$$G_K = \frac{G_0 \times (100 + W_K)}{L \times B} \times 100 \tag{3.18}$$

式中,G_K 为公定回潮率下的单位面积质量(g/m²);G_0 为试样干重(g);L 为试样长度(cm);B 为试样宽度(cm);W_K 为试样的公定回潮率(%)。

3.4.6.5　织物厚度

织物厚度是指一定压力下织物的绝对厚度,以毫米(mm)为单位。织物厚度与纱线细度、织物组织结构及纱线在织物中的弯曲程度有关。以平纹组织为例,如图 3.24 所示,假定纱线为圆柱体,且无变形,经纬纱线直径相同($d_j = d_w$),织物厚度可在 $2d \sim 3d$ 范围内变化。织物厚度多通过直接测量获得。

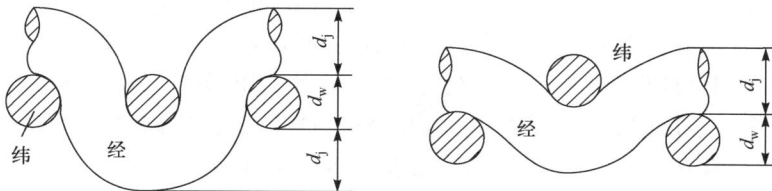

图 3.24　织物厚度的示意图

3.5　纺织材料的吸湿性

纺织材料的吸湿性是指材料吸收、放出气态水的能力。通常用回潮率(W)或含水率(M)，表示纺织材料吸湿性大小。

$$W = \frac{G-G_0}{G_0} \times 100\% ; \quad M = \frac{G-G_0}{G} \times 100\% \tag{3.19}$$

式中，G表示纺织材料的湿重；G_0表示纺织材料的干重。

由于纺织材料的吸湿性随周围环境的温湿度而变化，为正确比较各种纺织材料的吸湿性，规定在标准大气条件下(温度(20 ± 3)℃，相对湿度(65 ± 3)%)，将纺织材料放置一段时间，然后测其回潮率，所测得的值称为标准回潮率。标准回潮率测试数据可信度高，但测试时间长且麻烦。因此，在商业上，基本不采用标准回潮率，而采用公定回潮率，所谓公定回潮率是为了贸易上计价方便，对各种纺织材料的回潮率作的统一规定。各常用纤维的回潮率如表 3.6 所示。

表 3.6　常用纤维的标准和公定回潮率

纤维种类	标准回潮率/%	公定回潮率/%	纤维种类	标准回潮率/%	公定回潮率/%
原棉	7~8	8.5	涤纶	0.4~0.5	0.4
洗净毛	15~17	15	锦纶	3.5~5.5	4.5
山羊绒	15~17	15	腈纶	1.2~2	2
桑蚕丝	11	11.1	维纶	4.5~5.0	5
苎麻	12~13	12	氯纶	0	0
亚麻	12~13	12	丙纶	0	0
粘胶纤维	13~15	13	氨纶	0.4~1.3	1

纺织纤维的化学结构和形态结构的不同，会导致纺织材料吸湿性能的差异。比如，棉纤维分子结构的每个链节都含有 3 个羟基，可和空气中的水分子以羟基的形式结合，且水分可以通过棉纤维的多孔结构向其内部的非结晶区渗透，因此，其公定回潮率相对较高，为 8.5%。涤纶纤维为对苯二甲酸乙二醇酯，分子主链中没有可以和水分子形成有效结合的基团，且结构致密，水分子难以进入，因此，回潮率相对较低，只有 0.4%。纤维的回潮率越高，越容易吸收空气中存在的水分子，纤维的尺寸和导电性能也会发生改变。

纺织材料的吸湿性也受到大气条件的影响。具有一定回潮率的纺织材料，放到一个新的大气条件下，将立刻放湿或吸湿，经过一段时间后，其回潮率逐渐趋向一个稳定的值,这种现象称为吸湿平衡,所达到的回潮率为平衡回潮率。纺织材料从放湿状态达到的平衡回潮率要高于从吸湿状态达到的平衡回潮率。我国南北方湿度差异明显,同一种纺织材料,从南方运到北方,要从一个高湿环境到低湿环境,往往需要通过放湿达到平衡。

纺织材料的吸湿性和其静电现象息息相关。吸湿性好的材料,不容易发生静电现象,比如棉、麻等天然纤维。大部分合成纤维都容易发生静电现象。

第4章 电磁功能纺织材料的制备

4.1 纺织材料的电磁功能化思路

日常的纺织材料通常是不具备电磁功能特性的,因此,要实现纺织材料的电磁功能化,就必须在制备过程中引入一些特殊的材料和/或采用一些特殊的方法、流程。从材料角度来说,需要在纺织材料中引入一定的导电或者导磁性成分,例如,金属粉体、金属镀层、碳黑、碳/石墨纤维、本征导电高分子、铁氧体磁性粉体等。从纺织技术角度,则需要在纺织制品制备工艺流程的特定阶段,通过多种不同途径,赋予纺织材料一定的电磁功能。通常所说的纺织材料包括了纤维、纱线及织物三个不同的形态。因此,在纺丝加工、纺纱加工、织造加工及制成织物后都可以通过一定途径分别实现纤维、纱线及织物的电磁功能化。

基于以上分析,从纤维—纱线—织物的逻辑层次出发,纺织材料电磁功能化的可能途径如下。

(1)纤维的电磁功能化。对于纤维材料,可以通过改变纤维本体材料、纺丝过程中添加和在纤维基体上复合等三种途径赋予其电磁功能特性。

普通纺织用纤维一般是由不导电、非磁性的高分子材料制成。采用具有本征电磁功能的金属纤维、碳/石墨纤维或者本征导电高分子纤维代替或者部分代替普通纺织纤维,可实现相应织物的电磁功能化。

另外,纺丝过程中,采用复合的方式,通过注射方法向高聚物纺丝液中加入具有电磁功能的粉体,设计一定的纤维结构,形成具有电磁功能的纺织纤维。比如,在涤纶纺丝熔体中,加入导电碳黑粉体,并使该粉体集中分布在纤维截面的某些区域以提高局部的碳黑浓度,形成有机导电涤纶纤维;在丙纶纺丝熔体中,加入具有磁性的铁磁粉体,经过纺丝获得具有磁性能的丙纶纤维。

对于已经成形、不具备电磁功能的普通纺织纤维,则可以通过电镀、化学镀、磁控溅射、涂敷等手段,在纤维表面包覆一层金属涂层或磁性粉体,进而使其具有电磁功能。已经商业化的尼龙镀银纤维,如 X-Static®、亨通®,就是在尼龙纤维表面镀覆了一层金属银,并进行了防氧化处理。

(2)纱线的电磁功能化。在纺纱过程中可以加入金属纤维、金属化纤维、磁性纤维等电磁功能纤维,和普通纺织纤维一起以不同方式结合,制得具有电磁功能的纱线。

金属纤维等具有电磁功能的纤维通常存在伸长率低、韧性差等缺陷,不易单独用于织造。常常需要与普通纺织纤维通过混纺、包芯、并线、赛络菲尔纺等纺纱方式构成含金属纤维的纱线。比如,不锈钢/棉混纺纱、不锈钢/棉包芯纱、镀银长丝和棉纱合股并线纱、镀银长丝和毛纱的赛络菲尔纱等。

此外,也可以利用纺纱工艺特点和纱线结构巧妙构造出具有一定特殊结构的电磁功能纱线。比如,以磁性纤维为芯丝,将导电纤维以包缠方式包覆磁性纤维构成的纱线,具有类似电感线圈的结构,可以作为感应传感器和电磁激励器的部件。

(3) 织物的电磁功能化。在织物成形过程中引入电磁功能化的纱线、纤维,或者在织物成形后通过电磁功能整理的方法,均可实现最终织物的电磁功能化。

在机织物或针织物的成形过程中,通过直接织入电磁功能化的纱线,例如,含金属短纤维的纱线、金属化长丝或纱线、有机导电长丝等,可以形成具有电磁功能的织物。比如,嵌织有机导电长丝的抗静电织物、含不锈钢纤维的各类电磁屏蔽织物、含镀银纤维的各类电磁屏蔽织物及织物电极等。

在非织造织物的成形过程中,直接加入电磁功能化的纤维单独或者和普通纺织纤维混合后一起成网,并经过加固处理,可形成具有电磁功能的非织造织物。

对于由普通纺织纤维形成的织物,和纤维的电磁功能化一样,可以通过电镀、化学镀、磁控溅射、涂敷等手段,在织物表面涂敷一层金属涂层或磁性粉体,或者可以通过刺绣方式将金属纤维等绣在织物表面,从而实现织物的电磁功能化。

综上所述,在织物制备工艺流程的各个阶段均可以通过纺织加工技术引入具有一定电磁功能特性的材料,从而最终获得具备不同电磁功能和效用的电磁功能纺织材料。

本章将简要介绍不同形态的电磁功能纺织材料的制备加工技术,叙述逻辑上将遵从纤维—纱线—织物的层次关系,内容涉及金属纤维、有机复合电磁功能纤维、碳/石墨纤维等电磁功能纤维的制备技术、电磁功能纤维的织造技术、以及织物的电磁功能整理。电镀、化学镀、磁控溅射、涂敷等方法,可同时应用于纤维和织物电磁功能化,为避免重复,主要归类于织物的电磁功能整理进行论述。本征导电高分子虽然可以用于制备电磁功能纤维,但是由于其纺丝困难等缺点,此处也将其主要作为织物电磁功能整理的涂敷材料,介绍其镀覆/涂敷方法。至于纺丝、纺纱及织造的具体工艺技术,读者可以在相关纺织专业书籍中看到,本章只做简要介绍。通过本章对各种制备技术的介绍,希望能够使读者对于电磁功能材料的制备技术与纺织材料的纺织技术有一个整体的了解,以便于充分结合这两种技术,实现各种不同性能的电磁功能纺织材料的制备和开发。

4.2　电磁功能纤维的制备

4.2.1　金属纤维

　　金属纤维是以金属或者合金为原料经过一定工艺加工制得的纤维状材料。为与"金属化纤维"相区分,本节中提到的金属纤维仅指全部采用金属及其合金材料制成的纤维。金属纤维具有一些金属本身固有的优点,例如,优良的导电性、导热性、导磁性以及烧结性等;同时它还秉承了纤维材料所具有的柔韧性、可纺性好等优点。由于工艺过程中的加工硬化,金属纤维还具有较高的强度和耐磨性。除此之外,金属材料纤维化后,其内部应力、显微结构的变化会进一步影响其电阻率、磁性以及其他性能,使其显示出与一般体材料所不同的性能。

　　金属纤维可以利用金属材料良好的可塑性以及可加工性,通过拉拔或者切削方法制备;也可以通过金属的熔体拉丝得到。目前,通常采用的金属纤维制备方法有以下几种。

4.2.1.1　线材拉拔法

　　线材拉拔法是将较粗的金属线材在拉伸作用下通过拉丝模孔,使其发生塑性变形,以制备较细纤维的加工方法。根据拉拔线材的数量,线材拉拔法又分为单丝拉拔法(single-drawing)和集束拉拔法(bundle-drawing)两种。其中,单丝拉拔法是将单束金属线材通过孔径递减的超硬质合金或者金刚石的拉丝模具,使其多次连续拉拔,从而得到要求细度的纤维。这种方法得到的金属纤维表面光滑,尺寸精度高,丝径均匀,连续性好,可用于高精度筛网。但这种方法工序烦琐,效率低,成本高;同时,单束纤维的强度较低,在多级拉拔过程中易断裂,这样也限制了纤维细度的降低。通常用来制备直径为 20 μm 左右的不锈钢纤维,或者直径为 150~380 μm 的铜、铝、钨、钼等纤维[1]。

　　针对单丝拉拔法成本高、易断裂的缺点,集束拉拔法将多束(例如上万束)金属线材集为一束,外加包覆材料使其同步接受拉拔。这种方法可以增加总拉伸强度,既减少了单根细线断裂几率,也扩宽了金属纤维细度范围,可用于生产比单丝拉拔法更细的纤维;同时也使拉拔次数大幅减少,进而降低了成本,加速了金属纤维的应用进程。集束拉拔法使用的包覆材料应与被拉伸线材有相似的变形特性,例如,常用此方法制备的不锈钢纤维通常可用中碳钢作为包覆材料,因为两者具有类似的加工硬化行为,方便在加工完后去除。此外,为了防止纤维之间由于塑性变形发生的粘着,线材表面常涂有铜等物质,待拉拔结束后,采用化学方法清洗去除。集束拉拔法主要用于不锈钢纤维、高温合金纤维等高强、超细纤维的生产,具体纤维种类包括 316L 不锈钢、Inconel 601 合金铁-铬(FeCr)合金、哈氏合金、钛(Ti)、铜

（Cu）、镍（Ni）等，纤维最小直径可达 $1\sim 2~\mu m^{[1]}$。

此外，线材拉拔法，无论是单丝拉拔法还是集束拉拔法，在拉伸的过程中均存在加工硬化和残余应力问题，因此，需要在多次或者多级拉拔过程中根据实际情况进行退火处理，以消除应力。

4.2.1.2　熔融纺丝法

熔融纺丝法（melt-spinning）是将金属或者合金材料熔融成熔体后，通过一定工艺使其形成液流并迅速冷却，从而制备金属纤维的一种方法。这一方法与传统有机纤维或玻璃纤维的制备方法原理相近，但是熔融金属的密度远大于常规高聚物，其表面张力更是后者的几十至数百倍，而其黏度则比高聚物低三个数量级以上[2,3]。因此，金属熔体更倾向于形成液滴而非线流，这样就使得金属熔融纺丝时不易形成稳定液流，难以制备具有一定长度的金属纤维，纺丝困难较大。

针对这一问题，可能的解决方法有[4]：①用间接物理方法使液流稳定；②通过外加手段改变液流的表面状态；③增大纤维的冷却速度，在液流液滴化之前使其凝固。基于这样的原理，研究者们发展了一系列具体的金属熔融纺丝方法，例如，熔体飞出纺丝法、熔体激冷纺丝法、玻璃包覆熔体纺丝法、熔体拉丝法、悬滴熔体抽丝法、坩埚熔体抽丝法等。

4.2.1.3　机械切削法

机械切削法是以固态金属为原料，采用特制刀具直接切削成金属纤维的加工方法。该方法与其他方法相比，工艺方法简单，生产周期短，成本低，且不需要特殊装置。这使得其成为制备金属纤维最简易的方法，也是目前广泛使用的金属纤维制造方法。采用该方法制备的金属纤维种类繁多，适用于不同金属如低碳钢、不锈钢、铸铁、铜、铝以及相应合金等材料的纤维制备，并且既可制备短纤维也可制备长纤维。但是，与线材拉拔法相比，该方法得到的纤维截面不规则，表面粗糙，直径不均匀，通常应用于一些对纤维表面质量要求不高的领域，或者应用于某些复合增强材料，粗糙的表面可增加与基体材料的附着性，提高复合材料的结合性和力学性能。

切削法按切削方式不同可分为铣削法、刮削法、约束成型剪切法以及车削法。铣削法是采用螺旋齿圆柱铣刀铣削低碳钢钢板以制备金属纤维的方法；刮削法则是利用具有一定形状的刮刀刮削钢丝形成连续的金属纤维；剪切法的原理是利用动剪刀片和静剪刀片剪切薄钢板而得到异型钢纤维；车削法包括卷材车削法、旋转切削法、振动切削法等，其中以振动切削法为代表[5]。

4.2.1.4　其他方法

上述传统制备方法通常可以制备微米级以上的金属纤维,而随着纳米技术的发展,纳米金属纤维展现出来的独特性能不断被发现,相应的微纳米金属纤维的制备方法也不断被广大研究者探索和发展出来。目前纳米金属纤维的制备方法主要有有机凝胶-热分解法、模板法、物理/化学气相沉积法以及静电纺丝法等。其中,静电纺丝法原本是一种传统的制备有机纤维的方法,其主要原理是利用聚合物溶液或熔体在强电场作用下形成喷射流进行纺丝加工。近年来,静电纺丝法作为一种可制备超细金属纤维的新型加工方法,引起研究者的广泛兴趣。这种方法的具体工艺如下:①配制合适浓度的聚合物和无机金属盐的前驱体混合溶液;②通过静电纺丝制备出聚合物/无机金属盐的复合前驱体纤维;③对前驱体纤维进行焙烧、还原等处理制得金属纳米纤维。静电纺丝法虽然被认为是一种批量制备连续微纳米金属纤维的简单易行的方法,但目前仍存在生产效率较低、收集和处理较困难等缺点,仍然需要进一步研究。

4.2.2　碳纤维及石墨纤维

碳纤维(carbon fiber)是由有机纤维在惰性气氛中经高温碳化及石墨化处理而得到的纤维状微晶石墨材料,其组织结构为沿纤维轴向高度取向的二维片状石墨微晶堆砌而成的"乱层"结构。化学组成中碳元素占总质量的 90% 以上,其中含碳量高于 99% 的碳纤维称为石墨纤维。碳纤维具有高强度、高模量、低密度、低热膨胀系数、耐高温、耐腐蚀、抗蠕变、抗疲劳、良好的传热导电性等一系列优异特性,主要应用于航空航天、军事工业、体育用品、汽车部件等领域的轻质增强材料;同时碳纤维也可通过改性或复合用作电磁屏蔽材料以及吸波材料。

目前制备碳纤维的原料已经扩展到聚丙烯腈、纤维素、沥青、聚酰亚胺、聚乙烯醇、酚醛树脂、聚苯并噻唑等多种前驱体;不过,取得工业化生产的主要有三种:聚丙烯腈(PAN)、沥青(pitch)以及粘胶(rayon)。其中,以 PAN 基碳纤维综合性能最好,并且生产工艺较简单,碳化收率高,力学性能优异,因而成为当前市场的主流,产量最大、应用最多,占碳纤维生产总量 90% 以上,是结构材料的主要增强纤维。沥青基碳纤维虽模量高,但强度较低;并且制备过程中,需先将原料转化为中间相沥青,脱除杂质及不溶物,成本较高,技术难度较大,其发展远逊色于 PAN 基碳纤维,主要应用于高导热率、耐摩擦部件。粘胶基碳纤维具有优异的耐烧蚀特性,在军事工业和航天领域有特殊价值,但却存在碳化收率低、热解反应复杂、加工过程长和能耗高等缺点,其发展趋势也远不及 PAN 基碳纤维。

PAN 基碳纤维的制备工艺流程较长,主要分为聚合、纺丝、预氧化、碳化、石墨化、表面处理、上浆等多个步骤,具体工艺流程图如图 4.1 所示。

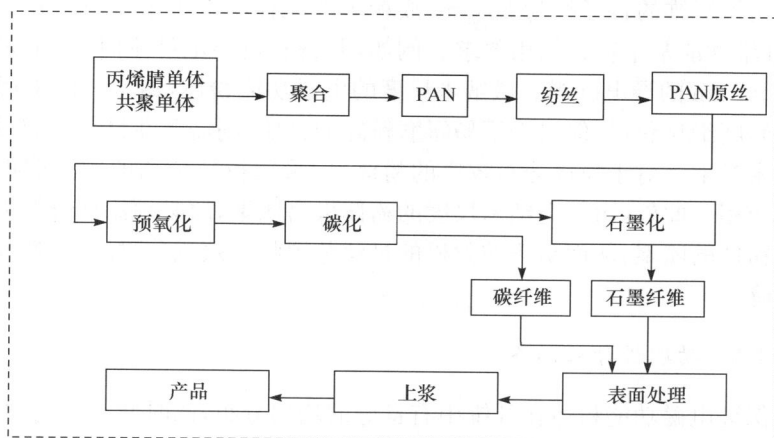

图 4.1　PAN 基碳纤维制备工艺流程图

4.2.3　有机复合电磁功能纤维

与金属纤维、碳纤维等均一材质的导电纤维不同,还有一类电磁功能纤维材料是在有机合成纤维中共混导电、磁性等电磁功能显著的粉体材料而制得的有机复合电磁功能纤维。这类复合纤维保持了普通有机纤维的优点,同时使普通纤维具备了某种电磁功能。

采用熔纺法制造有机电磁功能纤维的典型技术路线为:电磁功能材料微纳米化加工—与成纤高聚物共混制备功能性母粒—在纺丝机上进行纺丝加工。其具体工艺过程如下。

4.2.3.1　成纤高聚物的选择

首先,根据使用时的材质要求和容纳功能性粉体的能力,确定熔纺成纤高聚物的材质。涤纶、锦纶、丙纶等熔纺合成纤维,通常难以容纳大量的功能性粉体,当添加量超过 5%～7% 时,即难以保证纺丝加工的顺利进行。目前在技术上比较成熟的有机导电纤维,其材质主要采用尼龙(PA)或涤纶(PET),两者均可共混碳黑或导电金属氧化物作为导电物质,纺丝顺利,但需要根据使用场合来选用基材品种,以便保证其染色性能与织物的主体纤维材料相一致。

4.2.3.2　功能性粉体粒径及分散性能控制

为制得导电纤维,通常需要在纤维中添加导电碳黑或金属氧化物,可分别制得灰黑色纤维或乳白色纤维;为制得吸波纤维,需选用铁氧体、羰基铁粉等能吸收电磁波的粉体;为制得磁性纤维,需要共混添加 Fe、Co、Ni 等金属粉体或钕铁硼粉体。由于纺织纤维的直径约为 20 μm,故粉体的粒径应该小于 1 μm,方可保证纺丝顺利、纤维性能基本符合使用要求。例如,制备有机导电纤维时,通常采用平均粒径约为 90 nm 的导电碳黑。微纳米尺度的电磁功能粉体,通常可以采用球磨等方法进行研磨细化获得,但对于不易碾磨粉碎的材质,则需要在材料合成过程中直接制成纳米粉末。对于粒径分布较广的粉体,应采用粒径分离的方法取得较细的粒径加以应用。此外,由于微纳米尺度的粉体极易团聚,故必须添加分散剂以减少电磁功能粉体的团聚,从而防止纺丝机的过滤装置将有效成分过滤掉、造成纺丝加工效率下降。

4.2.3.3　功能性母粒制备

为了保证电磁功能粉体在纤维中有良好的均匀分布,同时便于控制添加量,需要将添加功能性粉体的成纤高聚物预先制成功能性母粒。功能性母粒的制备通常采用双螺杆挤出机进行共混合造粒,并在母粒载体中适量增加熔点稍低于成纤高聚物的同系高聚物(例如在 PET 中加 PBT 或 PTT),使之在受热后率先熔融,改善流动性,降低螺杆旋转运动的阻力,便于功能性粉体的均匀分布。经双螺杆挤出机制得的丝条经冷却、切粒得到的功能性母粒,应具有规整的形貌和一致的粒径,避免出现粉末。这样可以保证采用体积剂量方式添加到成纤高聚物中的时候,不会因为功能性母粒的堆积密度的差异而导致添加量不匀。

4.2.3.4　有机复合电磁功能纤维的纺丝技术

最后,功能性母粒通过计量泵的剂量进入纺丝机进行共混纺丝。通过计量泵进入纺丝机的功能性母粒的含量根据需要而定。有的纤维需要尽量高的功能性粉体含量,例如吸波纤维;而有的纤维只要施加相对较少的功能性粉体即可实现其电磁功能,例如导电纤维,施加的导电碳黑含量只要在导电部位达到 20% 以上即可突破逾渗阈值,实现较高的导电率。大量功能性粉体的加入势必影响纤维的使用性能。因此,对于某些不需要形成体效应的有机电磁功能纤维(例如有机导电纤维,只要形成导电通道即可实现抗静电功能),往往通过制备特殊形状的喷丝板进行复合纺丝,在纤维截面的某几个部位设置导电区域,即可达到使用要求。例如,在圆形截面内均匀分布三个内切圆,这三个内切圆区域为含 20% 以上碳黑的导电区域,而其他区域则为成纤高聚物基体,不含有导电碳黑。采用导电区域与纤维外周呈内切关系的布置,有利于在纤维表面形成三条侧向导电通道,起到对静电荷集流,进而导通逸散的作用,要比同心圆结果有更好的抗静电效果。

以上所述为熔纺合成纤维共混功能性粉体制备有机电磁功能纤维的典型方式。事实上,在普通化纤长丝表面涂覆并固化含功能性粉体的树脂,也是制得有机电磁功能纤维的有效方法。对于有机导电纤维而言,采用这种方法由于功能性粉体集中在纤维外周,往往能得到导电性能优于内部共混合复合结构的有机导电纤维。

另一方面,对于需要包容更多功能性粉体的有机复合电磁功能纤维,可采用湿法纺丝技术。当功能性粉体的粒径不大于 1 μm,并通过施加分散剂保证不发生团聚时,可以将功能性粉体的含量提高到 20%~22%。因此,对于吸波纤维、磁性纤维等有机电磁功能纤维而言,这种纺丝技术有显著的性能优势。

4.3　电磁功能纤维的织造技术

一般而言,织物的制备过程由"纤维—纱线—织物"这三个层面构成。电磁功能纤维通常先要通过纺纱获得含电磁功能纤维的纱线,再通过纱线以各种织物结构形式织造成织物。当然,非织造织物则可以由纤维直接成网构成。本节主要介绍一下前者的织造过程。

4.3.1　电磁功能纤维的成纱

具有电磁功能的纤维可以分为五类:纯金属纤维、表面镀覆金属的金属化纤维、纺丝过程中加入了电磁功能粉体的纤维(简称有机复合电磁功能纤维)、无机导电纤维(碳/石墨纤维等)、本征导电高分子纤维。其中,本征导电高分子纤维虽然有不少研究,但是实际应用较少。

根据纤维长短,这些纤维都可以分为短纤维和长丝两种。对于短纤维,纺成纱后通过织造技术可以获得织物,也可以直接用于非织造加工。对于长丝,除了金属纤维外,金属化纤维和有机复合电磁功能纤维的长丝通过简单的加捻或网络等获得长丝纱后,可以直接作为织造用纱,而金属长丝多需要和其他普通纺织纤维成纱后再织入织物。常用的成纱方式有以下几种。

4.3.1.1　短纤维纯纺

纯纺短纤维纱线中只含有同一种短纤维材料。纯金属纤维,如通过各类金属丝生产工艺可获得细度在几十微米左右的铁纤维、不锈钢纤维、铜纤维、铝纤维等,由于不具有纺织纤维必须的延伸性能,不能够直接用于织造,因此,很少采用纯纺纱方式获得纯金属纱线。金属化纤维、有机复合电磁功能纤维和本征导电高分子纤维都是以高聚物为载体或主体,织物织造过程中需要的强力、柔韧性等由高聚物决定。理论上来说,都可以采用纯纺纱方式成纱。但是,实际应用中,考虑到成本、功能以及部分纤维自身性能,也鲜见纯纺纱的应用。

4.3.1.2　短纤维混纺

混纺是将电磁功能短纤维和其他纺织短纤维以一定比例混合后,梳理成条,通过并条、牵伸、加捻的成纱方式。图 4.2(a)为不锈钢短纤维和棉纤维的混纺纱,其中,黑色为不锈钢短纤维,数根金属短纤维均匀分布于纱线中。根据环锭纺的纱线转移理论,刚度大、长度短的纤维在纱线中有向外层转移的趋势,刚度小、长度长的纤维在纱线中有向内转移的趋势。由于同样细度的金属短纤维普遍比纺织纤维刚硬,因此,混纺纱中,金属短纤维有分布在外层的趋势。

采用不锈钢和涤纶、棉或竹炭等短纤维混纺,是获得该类机织物的常用纱线制备途径[6]。铜线、镀覆银层的纤维也是用以混纺的常用纤维[7,8]。混纺是将电磁功能短纤维和常规纺织短纤维有效结合的途径,但不适合长丝。因此,大部分情况下,五种电磁功能纤维可以和普通纺织纤维混纺成纱,经过织造和染整加工后获得各类机织物和针织物;也可以通过纤维成网及加固技术直接获得无纺织物。

4.3.1.3　长丝并线

并线是将电磁功能长丝和其他长丝纱或短纤维纱并合后加捻的成纱方式,适合于各类金属长丝及其他电磁功能长丝在织物上的应用。通常是将金属丝(如铜、不锈钢)和各类纤维(如棉纤维、锦纶长丝)并线[9,10]。并线纱中,金属长丝以螺旋型加捻方式在纱线外层,如图 4.2(b)所示,不锈钢长丝和棉纤维单纱的并线纱中,白色的不锈钢长丝和棉纤维单纱以一定捻度互相包缠。但是当加入一定含量的金属长丝后,会使得织物手感变硬,导致服用性能不好。因此,为进一步改善手感,可采用普通纺织纤维包覆金属长丝的包芯纱织造电磁屏蔽织物。

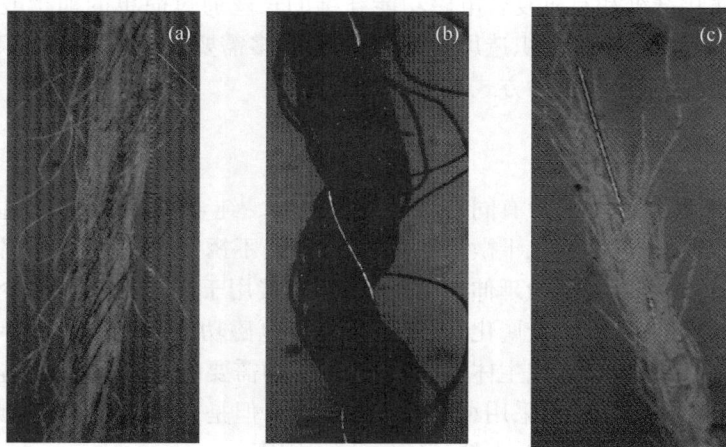

图 4.2　不锈钢/棉纱线

(a)混纺纱;(b)并线纱;(c)包芯纱

4.3.1.4　包芯

包芯是以长丝作为芯丝,外包短纤维或长丝后加捻的成纱方式,这种方式多用于金属长丝。图 4.2(c)为棉包不锈钢长丝纱线,白色的棉短纤维包围在不锈钢芯丝外层。包芯纱也可用于其他电磁功能长丝,比如锦纶长丝包裹铜纤维和不锈钢芯丝纱线[11]、棉/铜包芯纱、玻璃纤维/棉包芯纱织物[12-14]、腈纶包覆废铜丝铜线等[15,16],而利用摩擦纺可获得铜丝含量高达 33%的棉/铜包芯纱[17]。这些织物都具有一定的屏蔽效能,且织物结构、金属纤维直径及含量、织物密度、盖覆系数、加入方式等对屏蔽效能都有影响。

除了以上成纱方式外,还有各种花式纱线纺纱技术也在开发中,比如不锈钢/涤纶特种花式纱线[18]。

4.3.2　电磁功能纱线的织造

具有电磁功能的纤维或者纱线,理论上,可以采用任何纺织织造技术获得现有各类织物,如机织物、针织物、非织造织物、编结物等。同时,也可以采用刺绣等特殊方式获得具有电磁功能的织物。下面简单介绍几种常用织造方式。

4.3.2.1　机织

在织机上,把垂直配置的经纱与纬纱按照组织规律交织成形的过程叫机织。具有一定强力和伸长的电磁功能长丝纱,可以作为纬纱或经纱直接织入织物,如镀银尼龙长丝作为纬纱织入[19]。金属纤维大多数需要通过混纺、并线、包芯等方式获得和普通纺织纤维的复合纱后,再作为经纱或纬纱进行机织;但是也有金属长丝直接织入织物的报道,如铜单丝直接织入针织物[20],或者不锈钢和涤纶纤维直接交织获得织物[21]。

4.3.2.2　针织

针织分为纬编和经编两种。其中,将纱线由纬向喂入针织机的工作织针上,使纱线沿织物纬向顺序地弯曲成圈并相互穿套而形成针织物的方法为纬编。经编是将一组或几组平行排列的纱线于经向喂入针织机的工作织针上,同时成圈并相互穿套而形成针织物的一种方法。将具有电磁功能的纱线作为针织用纱,通过不同针织技术,即可获得具有电磁功能的针织物。如采用镀银纤维针织获得的频率选择表面织物等[22]。

4.3.2.3　非织造

非织造技术是直接以纤维作为原料,然后通过成网、纤网加固成形的技术。将纤维和其他原料混合后,在成网工序中,将单纤维集合体形成松散的纤维网结构。纤网形成后,采用不同的工艺方法将处于松散状态的纤维网进行加固,赋予纤网一定的物理机械性能和外观。如可以将镀银纤维和其他纤维混合后,通过针刺成网技术形成非织造织物等。

4.3.2.4　刺绣

刺绣是将金属纤维结合在织物上的方式之一,且可以通过电脑设计及控制,在基体织物表面获得不同结构形状的金属性结构单元,是制备频率选择表面织物的方法之一。如将导电纤维以刺绣的方式附着于涤纶和亚麻织物上,或者在多层亚麻无纺布、亚麻和聚丙烯混纺无纺布中植入开口谐振环,均可以获得具有良好电磁屏蔽作用的纺织品[23,24]。

4.3.2.5　三维织物织造

除了上述平面织物织造方式外,采用间隔织物制备方法,还可以获得立体结构的电磁功能材料。比如镀银锦纶长丝织成绒毛长度 8 mm 的导电毛绒织物,加工时镀银长丝在地组织上固结,成为基本直立的 U 字形导电体,在广泛的频率范围内,大多数入射电磁波进入到绒毛之间,进行多次反复的反射而消耗能量。类似地,在玻纤-环氧基板上以 5 mm 间距打孔、两块间距为 10 mm 的有孔基板间穿过棉/不锈钢纱线,从中剖开形成毛绒长度 5 mm 的立绒织物,其反射率在 −5 dB 以下的频宽可达 10 GHz,与相同衰减水平的吸波材料相比,质量有大幅度减轻。

以镀银锦纶长丝为间隔纱线,以聚酯长丝为两端面原料,并将间隔纱线固结在两个端面形成三维立体结构间隔织物。其中,导电间隔纱线成组排列,每一组导电间隔纱线均成圆形;且在间隔织物底面,间隔纱线在较小的圆周上固结;在间隔织物顶面,间隔纱线在较大的圆周上固结;由此,间隔纱线组成一个个向上开放的、比较平坦的锥台,便于电磁波向更广的范围散射,以降低特定方向的反射率。根据上述思路设计的间隔织物,反射率峰值可达到 −20～−30 dB,反射率在 −5 dB 以下的带宽可达 20 GHz,是一般吸波材料不可能实现的[25]。

4.4　织物的电磁功能整理

与在织造过程中引入电磁功能性成分相比,直接在织造好的织物涂敷电磁功能性涂层的方法显得更加简便。这层电磁功能性涂层通常是金属,因此,这就是一个织物金属化整理的问题。织物镀覆金属的方法有很多种,大致可以分为化学制备方法和物理制备方法。本节主要介绍化学镀、电镀、真空蒸镀法、溅射法和涂敷法,其中,前两种是化学制备方法,后三种是物理制备方法。如前所述,这几种方法也适用于纤维材料的表面金属化,在此一并介绍。

此外,织物表面镀覆的电磁功能性涂层也可以是本征导电高分子。虽然本征导电高分子的镀覆方法与金属化整理的化学镀、电镀和涂敷法在原理上是一致的,但其具体工艺过程多有不同。因此,本节中本征导电高分子整理技术作为单独部分进行介绍。

4.4.1　化学镀

化学镀是一种常见的金属镀覆工艺方法,也是实现纺织品表面金属化的重要方法。与电镀相比,化学镀是在无外加电源的情况下,金属离子在还原剂的作用下通过可控制的氧化还原反应在有贵金属催化表面的镀件上还原成金属,并在镀件表面上获得金属沉积层的过程,也称无电解镀或自催化镀。催化剂一般为钯、银等贵金属离子。

与电镀相比,化学镀工艺有其独特的优点:首先,电镀法只能在导电基体表面上镀覆金属,而化学镀可用于各种基体,包括金属、半导体和非金属,如塑料、玻璃、陶瓷及半导体材料表面进行,所以化学镀工艺是非金属表面金属化的常用方法,也是非导体材料电镀前做导电层的重要方法,这也是化学镀作为织物金属化工艺方法多见于电镀的原因;其次,化学镀获得的镀层厚度均匀,镀液的分散力好,无明显的边缘效应,无论镀件多么复杂,只要溶液能深入的地方即可获得厚度均匀的镀层,且很容易控制镀层厚度,因此,特别适合形状复杂工件、深孔件、盲孔、腔体件、管件内壁等表面金属化;最后,工艺设备简单,不需要电源、输电系统及辅助电极,操作时只需把工件正确悬挂或浸没在镀液中即可。能够采用化学镀法进行镀覆的金属种类繁多,包括金、银、镍、铜、锌、铁镍合金以及其他各种合金。

织物化学镀工艺流程的重点工艺步骤包括脱脂(粗化)、活化(敏化)、化学镀及后处理。

4.4.1.1　脱脂(粗化)

化学沉积的金属与织物纤维仅是表面的机械咬合,是一种抛锚效果,因此,用于化学镀的织物纤维不能过于光滑。织物进行化学镀之前,必须经过充分前处理,以去除油脂、污垢等杂质,使纤维表面呈多孔状。对于表面光滑的纤维,例如熔融纺丝法制得的合成纤维,必须用化学方法蚀刻纤维,使其表面粗糙,同时还要清洁纤维表面,使化学还原沉积的金属能与之牢固结合,增强镀层的结合力。而对于湿法纺丝获得的合成纤维,不需粗化处理,仅作表面清洁即可。

常用的脱脂方法有有机溶剂脱脂、化学脱脂以及超声波脱脂等[26]。一般织物脱脂通常用化学脱脂法。化学脱脂是利用热碱溶液对油脂进行皂化和乳化作用,以除去皂化性油脂;同时利用表面活性剂的乳化作用,除去非皂化性油脂。碱性脱脂溶液通常由以下组分配置而成：氢氧化钠（NaOH）、碳酸钠（Na_2CO_3）、磷酸三钠（Na_3PO_4）、焦磷酸钠（$Na_4P_2O_7$）、硅酸钠（Na_2SiO_3）以及其他表面活性剂等。

粗化是化学镀工艺中非常关键的一个工序。目前织物粗化方式主要采用化学粗化。铬酸—硫酸溶液是目前使用效果最好的粗化液，但存在对人体有害、污染环境等问题。而非铬酸型粗化液主要有 NaOH 溶液和强氧化剂溶液（比如高锰酸钾溶液）。可根据不同纤维类型进行选择。

化学粗化的主要作用是强酸、强碱或者强氧化剂对织物纤维产生化学侵蚀，使其高分子结构的化学键产生氧化或断裂，从而在织物表面形成细小的凹槽或微孔，使得织物表面变得粗糙；同时，氧化作用可以使表面产生较多的亲水性极性基团，可以提高织物表面的亲水性。

化学粗化还可直接去除基体上的油污和氧化物及其他的黏附或吸附物，使基体露出新鲜的活化组织，提高对活化液的浸润性，有利于活化时形成尽量多的分布均匀的催化活性中心。此外，相对纤维而言，同一材料的织物宜在高浓度低温条件下进行粗化处理。

4.4.1.2　活化（敏化）

活化是在非金属基底（织物）上均匀牢固地吸附一定量具有催化活性的粒子，作为催化剂诱发化学镀过程中的金属沉积。织物表面上吸附的催化剂的致密程度很大程度上影响化学镀速率及镀层质量。从理论上说，Cu、Ni、Au、Ag 和 Pd 等金属都可以作为催化剂，但由于吸附能力和活化能力的原因，仅有少量贵金属元素，如 Au、Ag、Pd 等，被用于化学镀工业，其催化能力从大到小顺序为 Pd＞Ag＞Au。目前，通常使用的活化液主要有二价贵金属盐活化液、敏化—活化两步法活化液、胶体钯活化液、离子钯活化液、浆料钯活化液、贱金属活化液等。

通常采用的敏化—活化两步法是将织物先浸入含有敏化剂（如 $SnCl_2$）的敏化液中，使织物表面吸附还原性的敏化剂，然后再将其浸入含有活化剂（如 $PdCl_2$）的活化液中，使得敏化剂与活化剂发生氧化还原反应，活化剂被还原成具有催化活性的贵金属胶粒，沉积在织物表面，成为化学镀的催化中心。

实践证明，敏化—活化两步法成本较低，原料配制简单，但操作过程复杂，活化液使用寿命较短，不适合自动线生产。与敏化—活化两步法相比，胶体钯活化法属一步活化法。它以原子钯的胶体溶液为活化液，无需敏化，其催化活性远优于敏化—活化两步法，且镀层与基体的结合力也比较好。

对于采用胶体钯活化的样品，其表面上吸附的是胶态的钯微粒。胶体外围的胶膜保护了原子态的钯胶核，但同时对钯的催化作用起到了阻碍作用。这种微粒无催化作用，不能成为化学镀金属的形核中心，必须将钯离子周围的二价锡离子水解胶层除去，露出具有催化活性的金属钯微粒，以达到活化的功效，这一处理过程叫解胶。用盐酸溶液进行解胶是最为常用的一种方式。不过解胶的时间不能过长，否则 Sn^{2+}、Sn^{4+} 水解胶层溶解充分，就会使得钯微粒周围没有二价/四价锡离子包围，一方面降低了钯微粒与织物的结合力，另一方面过量的盐酸会继续与钯微粒反应生成氯化钯，从而降低胶体钯的催化活性。

4.4.1.3　典型金属化学镀

化学镀溶液一般由金属离子、还原剂、缓冲剂、络合剂和稳定剂等组分组成。织物镀覆金属不同，所采用的镀液以及镀覆工艺条件也不同。因此，此处介绍几种常见的金属化学镀工艺。

1. 织物化学镀铜

化学镀铜是一个自催化反应，反应可持续进行。因此，可以通过调控反应的速度和时间来控制铜镀层的厚度和性能。其主要的化学反应为

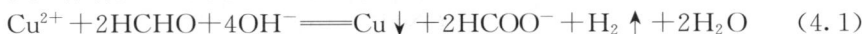
$$Cu^{2+} + 2HCHO + 4OH^- \rightleftharpoons Cu\downarrow + 2HCOO^- + H_2\uparrow + 2H_2O \tag{4.1}$$

该式可以分解成两部分：

阴极反应为

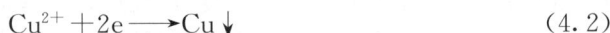
$$Cu^{2+} + 2e \longrightarrow Cu\downarrow \tag{4.2}$$

阳极反应为

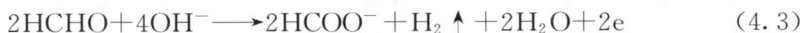
$$2HCHO + 4OH^- \longrightarrow 2HCOO^- + H_2\uparrow + 2H_2O + 2e \tag{4.3}$$

除上述主反应之外，还会发生如下副反应

$$2Cu^{2+} + HCHO + 5OH^- \rightleftharpoons Cu_2O\downarrow + HCOO^- + 3H_2O \tag{4.4}$$

$$Cu_2O + H_2O \rightleftharpoons Cu\downarrow + Cu^{2+} + 2OH^- \tag{4.5}$$

反应(4.4)所产生的氧化亚铜在碱性液中还会发生反应(4.5)的歧化反应而形成铜原子。氧化亚铜和金属铜分散在镀液中将成为镀液自发分解的催化核心，这是化学镀铜液不稳定的根本原因。反应(4.4)是难以避免的，加入适当的络合剂可使一价铜成为可溶性的络合物，避免氧化亚铜的存在和歧化反应(4.5)发生。

2. 织物化学镀镍

化学镀镍与化学镀铜一样，也是自催化反应。同样，化学镀镍之前也需要进行脱脂、粗化、敏化和活化等前处理工艺。但化学镀镍所得到的金属镀层，不是纯金属镍层，而是镍磷合金，其中磷含量为 $3\% \sim 15\%$。化学镀镍的还原剂通常为 NaH_2PO_2，其主要化学反应为[27]

$$H_2PO_2^- + H_2O \rightleftharpoons HPO_3^{2-} + H^+ + 2H（表面催化） \tag{4.6}$$

$$4H + Ni^{2+} \rightleftharpoons 2H^+ + Ni\downarrow + H_2\uparrow \tag{4.7}$$

两式可以合并为

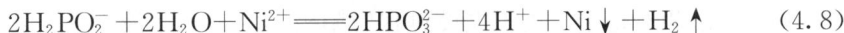
$$2H_2PO_2^- + 2H_2O + Ni^{2+} \rightleftharpoons 2HPO_3^{2-} + 4H^+ + Ni\downarrow + H_2\uparrow \tag{4.8}$$

这一反应过程是原子态氢理论的推断，该理论认为，次磷酸根离子在催化剂的催化作用下会释放出具有很强活性的原子态氢。这些原子态氢一部分将镍离子还

原为镍原子;另一部分结合为氢气逸出,降低了次磷酸根离子的利用率;还有一部分原子态氢与次磷酸根离子反应产生单质磷,从而与还原出来的镍一起沉积在织物上形成合金,这也就是化学镀镍得到的涂层实际为镍磷合金的原因。

　　3. 织物化学镀银

　　化学镀银织物是出现最早的金属化织物之一。早在 20 世纪 70 年代初,研究者就利用古老的"银镜反应",制备出了化学镀银织物。该镀银织物也很快被广泛应用于电磁辐射防护领域。其主要反应是用甲醛或还原糖与银氨络盐,发生氧化还原反应,将银颗粒还原出来,沉积在织物表面形成一薄层银镀层。其主要反应为

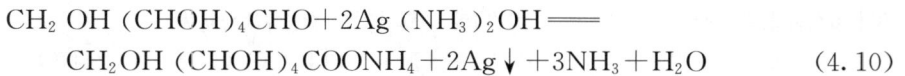

$$HCHO + 2Ag(NH_3)_2OH = HCOONH_4 + 2Ag\downarrow + 3NH_3 + H_2O \quad (4.9)$$

$$CH_2OH(CHOH)_4CHO + 2Ag(NH_3)_2OH =$$

$$CH_2OH(CHOH)_4COONH_4 + 2Ag\downarrow + 3NH_3 + H_2O \quad (4.10)$$

　　由于化学镀银不是自催化反应,因此,每次施镀仅能镀一薄层银。为了达到屏蔽性能所要求的厚度和表面平整度,可通过多次施镀来实现。在化学镀银时,沉积速率非常关键。如果沉积速率太慢,银的沉积率不高,同时与基体的结合力也比较弱;如果镀速过快,镀液则很容易分解,同样会影响沉积率和与基体的结合力。利用超声波辅助化学镀银,可以提高银镀层的沉积速率和均匀性[28]。

4.4.1.4　后处理

　　化学镀的后处理通常出于两个目的:一是增加镀层强度和结合力;二是保护镀层,防止氧化。对于前者,通常会在真空中对化学镀织物进行热处理,使得金属镀层组织均匀、晶粒长大、内应力减小,同时使镀层与织物结合力增加,提高织物的电导率;而后者通常是针对一些易氧化的金属镀层,通过表面涂敷树脂涂层来保护金属镀层,防止镀层氧化,同时也能增加镀层与织物的结合力。

4.4.2　电镀

　　电镀是利用电解原理在某些导电基体上镀覆一层金属或者合金薄层的工艺方法,具体工艺为:以待镀金属作为阳极,以镀覆基体为阴极,置于待镀金属的盐溶液中,通以直流电后,阳极的金属会氧化(失去电子),溶液中的阳离子则在阴极还原(得到电子),形成金属微粒,沉积在阴极表层,得到所需要的金属镀层。这种方法是各种金属镀覆的重要方法,其优点在于:

　　(1) 镀液相对稳定。由于电镀过程中阳极不断补充镀液中的阳离子,在电化学反应平衡状态下,镀液的成分相对稳定。

（2）电镀效率高，沉积金属的化学纯度高，结晶细致紧密。由于电镀有外加的电源和阳极，其镀覆的沉积速率高，得到的镀层致密。

（3）能较准确地控制织物表面金属镀层的厚度。可以通过调节电流大小来控制镀层厚度。不过，如果织物的面积大，还必须注意大面积沉积金属的均匀性问题。

然而，电镀法在织物金属化方面有很大的局限性。这是因为电镀的镀覆基体必须是导电体，而织物大部分是不导电的。因此，直接使用这种方法进行金属镀覆只适宜于碳纤维和石墨纤维等导电纤维材料。

通过与化学镀相配合，电镀也能在织物金属化方面显示自己的优势。通常的方法是先用化学镀的方法在织物表面镀覆一层金属，使其作为导电层，然后再利用电镀方法进行镀覆。

不少研究者进行了化学镀-电镀复合工艺的研究。例如，铁镍系软磁合金，又称为坡莫合金，是一种具有良好磁学性能的软磁合金材料。其化学镀-电镀的主要工艺为：首先，采用化学镀方法在化纤织物表面沉积一层铜，再用电镀方法在镀铜织物上沉积一层铁镍合金。电镀时，镀液置于有机玻璃镀槽内，并用水浴加热。以铁板和镍板作为双阳极，镀铜织物作为阴极，并采用空气搅拌。铁镍合金镀液配方主要由硫酸镍、硫酸亚铁、硼酸、氯化钠、柠檬酸钠以及一些光亮剂组成。通过调整硫酸亚铁的添加量来获得不同铁镍含量比的镀层。获得的金属镀覆织物呈银灰色，并具有均匀的金属光泽，镀层附着性好，无明显缺陷，织物的手感较其处理前的硬一些，但仍具有织物的柔韧性。其织物表面的 SEM 照片如图 4.3 所示[29]。

图 4.3　Fe-Ni 合金化学镀-电镀织物的 SEM 照片[29]
(a)单根纤维包覆情况；(b)织物总体微观包覆情况

4.4.3　真空蒸镀法

真空蒸镀法是研究较早的织物金属化的物理手段之一,目前仍为人们广泛应用。这种方法镀膜速度快,制得的金属膜有优良的防辐射功能及抗油污功能,但膜层很薄,同织物的结合力较弱,容易脱落,镀膜后必须施加保护层,而且真空蒸镀只局限于少数金属,主要是铝。如果镀膜前对织物进行表面处理(如烘干、控制回潮率、表面电净处理等),能提高屏蔽效果。

4.4.3.1　真空蒸镀原理

顾名思义,真空蒸镀法是在高真空条件下,通过一定的方法,例如电阻加热、电子束轰击、高频感应加热,使待蒸镀金属或合金的原子蒸发,气化逸出形成蒸气流,蒸气在织物表面凝结沉积,形成固态金属薄膜层的方法。它属于物理气相沉积的一种方法。

图 4.4 为真空蒸发镀膜原理示意图[30]。蒸镀装置的主要部分有:①真空室,真空蒸镀过程发生所处的真空环境;②蒸发源或蒸发加热器,放置蒸发材料,即待蒸镀金属或合金,并对其进行加热;③基板,此处即织物,用于接收蒸发物质并在其表面形成固态蒸发薄膜;④基板加热器及测温器等。

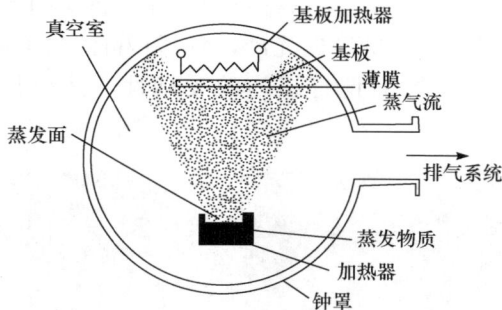

图 4.4　真空蒸发镀膜原理示意图

真空蒸发镀膜包括以下三个基本过程。

(1) 加热蒸发过程。采用一定的加热方法,例如电阻加热、电子束轰击、高频感应加热等,使金属或合金由凝聚相转变为气相。对于合金来说,不同的金属组元在不同温度时有不同的饱和蒸气压,这将影响真空蒸镀法所得到的镀层的最终组分。

(2) 金属蒸气原子的飞行过程。金属蒸发形成的蒸气流在蒸发源与织物之间有一定传输距离。这一过程中蒸气原子与真空室内残余气体分子发生碰撞的次数,取决于蒸发原子的平均自由程以及从蒸发源到基片之间的距离。

（3）蒸发原子在织物表面上的沉积过程，即蒸气凝聚、成核、核生长、形成连续薄膜的过程。由于织物处的温度远低于蒸发源温度，因此，金属蒸气原子在织物表面将直接发生从气相到固相的相转变过程。

上述过程都必须在高真空环境中进行。否则，待蒸镀金属原子将与大量空气分子碰撞，使膜层受到严重污染，甚至形成氧化物；或者蒸发源被加热氧化烧毁；或者由于空气分子的碰撞阻挡，难以形成均匀连续的薄膜。

4.4.3.2　织物真空蒸镀基本工艺过程

真空蒸镀法的基本工艺过程包括织物轧光、低温等离子体处理、高温真空烘燥、真空蒸镀以及施加保护膜。

轧光是为了增加织物平整度，进而提高镀层的均匀性。织物轧光处理后可作进一步的低温等离子体处理。主要目的是通过等离子体处理，对织物表面产生刻蚀作用，增加织物纤维的表面粗糙度，提高织物与铝膜等金属镀层的结合牢度。真空蒸镀前，还要对织物进行高温真空烘燥处理，以除去织物上的游离水、吸附水和部分结合水，使织物保持干燥状态。在真空蒸镀之后，为提高镀覆层与织物基体间的结合力，通常也会进行烘焙等热处理过程。在这一过程中，织物纤维可能会发生大分子链转动，而镀覆层金属原子将会发生重新排列，使得蒸镀层形貌发生变化，镀层更加光滑，结合性更好，镀覆织物的耐久性能也有所提高。蒸镀好的织物通常最后需要涂上一层透明树脂的保护膜，保护蒸镀金属层，以增加织物使用耐久性。

与上述工艺过程相类似，还有一种方法叫做转移法。转移法的本质也是真空蒸镀法，只是工艺过程略有不同。其过程分为两步：首先，在一种基质表面，例如塑料薄膜，采用真空镀膜的方法制成金属膜；然后，借助化学助剂将金属膜层掀下来，转移到纺织品上。这种方法大多应用在金属铝膜转移上。其优点是能获得外观上良好的金属化效果，有较高的反射率；但其缺点在于工艺方法复杂，功能性不如直接镀膜，而且大面积转移，特别是满幅转移质量不稳定，膜层面易断裂。目前，这种方法主要应用于针织品装饰用材料。

4.4.4　溅射法

溅射法是目前应用较多的织物金属化的物理方法。这种方法形成的金属膜较蒸镀方法均匀，外观与金属十分相似，又能保持纺织品的原有风格。由于溅射材料原子具有较大的动能，因而溅射膜的附着力远远超过真空蒸镀膜，膜层与织物的结合牢度强。此外，这种方法能溅射的金属不受局限，几乎所有的金属及合金都能实现。

磁控溅射是目前应用较多的一种溅射方法，其工作原理如图 4.5 所示[30]。将磁控溅射靶材放置于真空室内，在阳极（真空室）与阴极靶材（待溅射金属）之间施

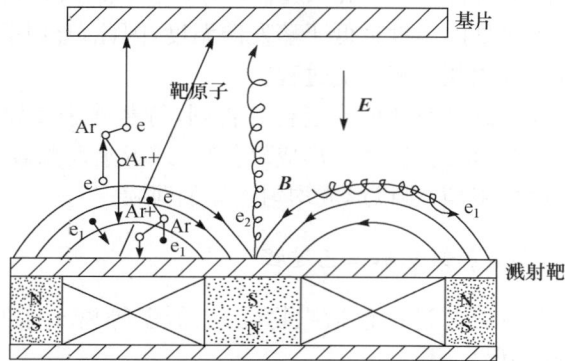

图 4.5　磁控溅射镀膜原理示意图

加足够大的电压,形成一定强度的静电场 E,然后在真空室内充入氩气。在电场 E 的作用下,电子在飞向基板过程中与氩原子发生碰撞,使其电离出 Ar^+ 和一个新的电子,称为二次电子 e_1,电子飞向基片,Ar^+ 在电场作用下加速飞向阴极靶,并以高能量轰击靶材表面,使靶材发生溅射。在溅射粒子中,中性的靶原子则沉积在基片(织物)上形成金属薄膜。二次电子 e_1 一旦离开靶面,就同时受到电场和磁场的作用。为了便于说明电子的运动情况,可以近似认为:二次电子在阴极暗区时,只受电场作用;一旦进入负辉区就只受磁场作用。于是,从靶面发出的二次电子,首先在阴极暗区受到电场加速,飞向负辉区。进入负辉区的电子具有一定速度,并且是垂直于磁力线运动的。在这种情况下,电子由于受到磁场 B 洛伦兹力的作用,而绕磁力线旋转。电子旋转半圈之后,重新进入阴极暗区,受到电场减速。当电子接近靶面时,速度即可降到零。以后,电子又在电场的作用下,再次飞离靶面,开始一个新的运动周期。电子就这样周而复始、跳跃式地朝着 E(电场)$\times B$(磁场)所指的方向漂移,简称 $E \times B$ 漂移。电子在正交电磁场作用下的运动轨迹近似于一条摆线。若为环形磁场,则电子就以近似摆线形式在靶表面作圆周运动。二次电子在环状磁场的控制下,运动路径不仅很长,而且被束缚在靠近靶表面的等离子体区域内,在该区中电离出大量的 Ar^+ 用来轰击靶材,从而实现了磁控溅射淀积速率高的特点。

　　随着碰撞次数的增加,电子 e_1 的能量消耗殆尽,逐步远离靶面,并在电场 E 的作用下最终沉积在基片上。由于该电子的能量很低,传给基片的能量很小,因此,造成的基片温度升高也较低。另外,对于磁极轴线处的 e_2 类电子来说,由于磁极轴线处的电场与磁场平行,电子 e_2 将在电场作用下直接飞向基片,不受磁场作用,但是在磁极轴线处离子密度很低,所以 e_2 电子很少,对基片温升作用也很小。

　　综上所述,磁控溅射的基本原理,就是以磁场来改变电子的运动方向,束缚和延长电子的运动轨迹,从而提高了电子对工作气体的电离几率,有效地利用了电子的能量。因此,不仅使正离子对靶材轰击所引起的靶材溅射更加高效,同时由于受正交电磁场束缚的电子只能在其能量要耗尽时才沉积在基片上,也有效地降低了电子轰击基板造成的温度升高。这就是磁控溅射具有"低温""高速"两大特点的原因。

目前,磁控溅射法广泛应用于织物的金属化。例如,研究者研究了采用磁控溅射法溅射 Cu[31]、Ni[32] 等金属镀层后织物的电磁屏蔽特性,发现其屏蔽效能可达 70 dB 以上,具有良好的应用前景。为解决溅射法得到的镀层较薄的问题,周菊先[33]采用先磁控溅射后化学镀的复合镀技术进行镀膜。这样,织物真空溅射金属后,具有自发催化作用,省去了化学镀的敏化、活化过程,可以直接进行化学镀覆。她通过等离子体前处理、真空溅射镀膜、化学镀膜及添加吸波材料等多种技术复合的方法,得到了在 1~18 GHz 范围内、屏蔽效能高于 90 dB 的电磁屏蔽织物。

不过,磁控溅射法并不太适合于铁磁性金属的溅射。如果溅射靶材是由高磁导率的材料制成,磁力线会直接通过靶的内部,发生磁短路现象,靶材表面的磁场达不到正常磁控溅射时要求的磁场强度,从而使磁控放电难于进行。为了解决这一问题,人们进行了一系列的改进,例如,靶材的设计与改进(靶材厚度减薄、靶材留有缝隙等),减低靶材磁导率(升高靶材温度)等。另一方面,也可以采用等离子体束溅射等非磁场约束的溅射方法[34]。

4.4.5　涂敷法

涂敷法是在涂层整理剂中加入分散好的作为电磁波吸收剂或者导电磁性物质的金属颗粒或者片状粉末,在织物表面进行涂层整理,经过热处理固化后,形成一层具有电磁性能的薄膜。这种方法的金属用量较少,所以其产品的重量轻,与普通纺织品非常接近,具有轻质的优点;但金属与纤维间的结合力较小,所以涂层容易脱落,加工性差。同时,该方法容易涂敷不均匀,屏蔽效能一般,不透气,手感差,耐久性不佳,因此,这种方法的应用前景并不被看好,此处仅简单介绍一下其基本情况。

目前涂敷法研究的金属材料主要有铝、镍、铜等。通常用的铝粉为片状,它在涂层浆中的含量可高达 60％以上,经涂抹后,能使织物表面产生铝的光泽。陈颖等[35]采用涂敷工艺,以纯棉织物为基布,制得双面电磁屏蔽涂层织物。研究表明,镍粉的质量百分比为 70％、体积百分比为 19.1％时导电性能优异,含有质量百分比为 1.2％某助剂的双面屏蔽涂层织物屏蔽效能最优,在 30~1500 MHz 范围内可以保持在 62.0~47.1 dB,而且织物手感柔软,生产工艺简单。

一般情况下,任何一种织物都可以作为涂敷法金属化的基体。不同的基体织物需要采用不同的涂敷工艺。与真空蒸镀法相似,涂敷法也有两种不同的涂敷工艺:直接涂敷法和涂层转移法。一般采用直接涂敷工艺,但如果基体织物对张力敏感(如针织品),则应采用涂层转移工艺。

4.4.6 本征导电高分子整理技术

本征导电高分子(intrinsic conducting polymer,ICP),又称结构型导电高分子,是由具有共轭 π 键的高分子经化学或电化学"掺杂",使其由绝缘体转变为导体的一类高分子材料。同时具有高分子聚合物和导电体的性质,属于分子导电物质。

本征导电高分子的导电性及其制备技术的成熟,引发了其原位聚合于各类纤维和织物表面的研究热潮。表 4.1 为一些导电聚合物的导电率和可织造性,聚苯胺(PANi)、聚吡咯(PPy)和聚噻吩(PTh)这三大类 ICP 在纤维和织物上的应用研究最多[36]。

表 4.1　部分导电高分子的性能

聚合物	室温电导率/(S/cm)	稳定性(掺杂态)	可织造性
聚乙炔	$10^{-10} \sim 10^5$	差	差
聚吡咯	$10^{-8} \sim 10^2$	好	良好
聚苯胺	$10^{-10} \sim 10^2$	好	良好
聚对苯撑	$10^{-15} \sim 10^2$	差	差
聚对苯撑乙烯	$10^{-10} \sim 10^2$	差	差
聚噻吩	$10^{-8} \sim 10^2$	好	优秀

但是,ICP 普遍存在成本高、不易加工、自身带有颜色等问题,其规模应用开发受到限制,仍处于实验室研究或小批量试制阶段。此外,由于 ICP 纺丝困难,且获得的纤维力学性能等不够完善,因此,更多的研究集中于采用原位化学聚合、电化学聚合、表面涂层的方法,使本征导电高分子涂敷于各类织物表面,获得具有导电性的织物。

4.4.6.1　原位化学聚合法

在有机介质或水溶液中,用氧化剂使有机单体发生氧化聚合,获得 ICP 的方法为化学聚合法。常用的氧化剂有过硫酸盐、重铬酸盐、双氧水、高氯酸盐等,水溶液一般是含有硫酸、盐酸、氟硼酸或高氯酸的酸性溶液。单体的浓度、氧化剂的性质、氧化剂与单体的比例、聚合温度、聚合气氛、掺杂剂的性质及程度等都会影响化学聚合 ICP 的性质。为了提高导电率,化学掺杂是必不可少的,其实质是一种在共轭结构高聚物中发生的电荷转移或氧化还原反应。化学掺杂有 p 型掺杂和 n 型掺杂。如聚苯胺的质子酸化学掺杂,碱式聚苯胺共轭链上的氮原子可以与质子酸中的质子相结合,使质子上的正电荷离域到聚苯胺的共轭链上形成 p 型掺杂的聚苯胺链,同时质子中的阴离子成为对阴离子。常用的质子酸掺杂剂有盐酸、苯磺酸、樟脑磺酸和十二烷基丙磺酸之类的磺酸基酸等。化学聚合方法简单,可以直接得到导电高聚物粉末。

使 ICP 的化学氧化聚合发生在纤维或织物表面,是目前制备 ICP 导电纤维及织物最常用的一种方法,称为原位化学聚合法。该方法既可保持导电耐久性,又可较好地保持基体纤维或织物的物理机械性能。

以锦纶或涤纶为基质,采用原位化学聚合法,使苯胺在基质纤维表面发生氧化聚合反应,聚苯胺均匀地沉积在基质纤维表面,并能有效渗入纤维内部,使纤维导电性能持久良好[37,38]。将表面聚合有聚苯胺的纤维进行纯纺或与普通纤维交织混纺获得织物。但是,该类纤维脆性大、成形困难,且对溶剂和纺丝设备要求很高,限制了应用。

将织物浸入单体溶液中,再滴加氧化剂瞬间引发在织物表面的化学聚合,可以获得 ICP 类导电织物。例如,在单体吸附和氧化剂引发聚合阶段引入两次机械挤压制得聚苯胺/涤纶织物[39],多次浸轧方法制备的层层自组装聚苯胺/尼龙/聚苯胺/纯棉复合导电织物[40],采用化学聚合方法获得的聚苯胺电致变色织物[41]等。但是,在溶液中聚合反应会比较剧烈且不易控制,氧化剂容易对单体造成过氧化,破坏导电聚合物的共轭结构,影响导电性;且导电聚合物和织物的结合牢度也有待提高。

利用气相化学聚合法制备的聚吡咯导电织物,导电膜表面光滑、均匀,导电性好[42]。但该方法只适用于像吡咯这种易挥发的单体,且反应时间比较长,设备要求不如液相原位聚合法那样简单经济。

4.4.6.2　电化学聚合法

电化学聚合法是在电场作用下电解含有单体的溶液,而在电极表面获得导电高分子的制备方法。在电化学聚合中,单体分子在阳极的氧化作用下,发生氧化偶联聚合反应。该方法反应条件容易控制、产品纯度高、机械性能和导电性能良好,应用最多的有循环伏安法、恒电位法、恒电流等。和化学聚合一样,需要通过电化学掺杂提高导电性。共轭高聚物在高电位区发生电化学 p 型掺杂/脱掺杂过程,在低电位区发生电化学 n 型掺杂/脱掺杂过程。

将基体织物放在电化学反应的阳极上,使电解质溶液中的单体在织物表面发生氧化聚合反应,生成黏附于织物表面的聚合物薄膜或是沉积在织物表面的聚合物粉末,从而获得 ICP 导电高分子织物。其中,电解质溶液的酸度、溶液中阴离子种类、单体的浓度、电极材料、聚合反应温度等都会影响织物的导电等性能。

以甲苯-2-磺酸作为掺杂剂、氯化铁作为氧化剂,采用电化学沉积方法制备聚吡咯/聚酯复合材料;通过电化学法制备的蒽醌-2-磺酸掺杂的聚吡咯/涤纶纤维[43]以及聚吡咯/尼龙 6[44]等。由于电化学方法制备导电织物对设备有一定的要求,且产量低,目前只适合实验室研究,难以工业化生产。

4.4.6.3　涂层法

涂层法即前面所述的涂敷法,是纺织品获得功能表面层常用的方法。一般是将功能性粉体或溶液,加入黏合剂、增稠剂,获得一定黏度的胶状物,然后利用涂层设备,如刮刀、滚筒等,将功能物质附着于织物表面。借鉴该方法,可将通过化学或电化学方法制备得到的本征导电高分子通过涂层的方式施加到织物表面,获得ICP 导电织物。如将聚苯胺、聚吡咯、聚噻吩粉末等和丙烯酸酯、聚氨酯类黏合剂,并加入调节黏度的增稠剂混合后涂敷于织物,烘干后得到黏附于织物表面的导电涂层。利用改性的碳纳米管为模版合成纳米管状聚苯胺,将其与有机黏合剂复配成稳定的导电织物涂层整理剂,导电性能优异并且放置两个月未发生任何变化[45]。

这种涂层制备方法的难点,一方面在于导电聚合物分散液性能的选择;另一方面,由于涂层只是覆盖在基体织物表面,其表面涂层均匀性的控制、涂层导电性与结合牢度、透气率、硬挺度等其他性能的优化控制也是工艺难点。

4.5　电磁功能纺织材料制备技术的发展趋势

由近十几年以来的金属化纺织材料或电磁纺织品相关的文献可知,制备导电化织物的途径主要有:一是将金属和纺织材料有效结合;二是将导电高分子和纺织材料有效结合。前者已经达到了商品化的阶段,尤其是通过混纺、交织、刺绣及磁控溅射等技术手段将金属和纺织材料结合,均可以获得性能良好的金属特性。后者还处于实验室阶段,且存在固有颜色、结合牢度差、不易制备、成本高等缺点,需要进一步研究。

多层复合平面状织物为电磁纺织品的发展拓宽了更多的实现途径。从织物结构设计出发,将织物的金属性能和三维立体、二维周期性结构有效结合,开拓了电磁纺织品设计的另一个新视野,并且已经在雷达吸波材料、兼具舒适性和电磁屏蔽性能的屏蔽织物、频率选择性透通织物、信号拦截织物等方面显示出极好的效果和应用前景。但是还有诸多的研究工作需要完成。

通过在纤维纺丝过程中添加磁性粉体获得磁性纤维的研究也日益增多,利用纺织纱线特有的螺旋线圈结构开发磁性器件则提供了一个全新的视野。比如,以磁性纺织纤维为轴心,包覆含平行导电纤维的织物,构筑纺织磁性线圈,可作为感应传感器和电磁激励器的部件。采用漆包铜线缠绕不锈钢线,可以减弱电动势、磁化不锈钢。

开发高磁导率的复合金属线也是未来的研究重点。例如,具有高磁导率的

FeBiSn 金属线,可作为 10 GHz 以上的吸波剂填料[46]。

　　总之,在单一性能的纤维、纱线制备基础上,利用纱线结构、纺织材料自身特有的丰富的平面和立体结构及其制备方法,将大大拓宽电磁功能纺织材料的研发思路。

参 考 文 献

[1] 庾莉萍. 金属纤维的特性及其开发应用[J]. 金属制品,2009,35(3):45-49.

[2] 姚守堪. 发展中的金属纤维[J]. 上海金属,1981,3(3):65-70.

[3] 陈衍夏,肖红艳,施亦东,等. 金属纤维材料的改性及应用新进展[J]. 产业用纺织品,2010,241(10):1-7.

[4] 刘古田. 金属纤维综述[J]. 稀有金属材料与工程,1994,23(1):7-15.

[5] 刘海洋,刘慧英,王伟霞,等. 金属纤维的发展现状及前景展望[J]. 产业用纺织品,2005,181(10):1-4.

[6] Cheng K B,Lee M L,Ramakrishna S,et al. Electromagnetic shielding effectiveness of stainless steel/polyester woven fabrics[J]. Textile Research Journal,2001,71(1):42-49.

[7] Palamutcu S,Ozek A,Karpuz C,et al. Electrically conductive textile surfaces and their electromagnetic shielding efficiency measurement[J]. Tekstil Ve Konfeksiyon,2010,20(3):199-207.

[8] 张丽娟. 基于镀银纤维的防电磁辐射纺织品开发与测试研究[D]. 石家庄:河北科技大学硕士论文,2010.

[9] Bedeloglu A,Sunter N,Bozkurt Y. Manufacturing and properties of yarns containing metal wires[J]. Materials and Manufacturing Processes,2011,26(11):1378-1382.

[10] Rajendrakumar K,Thilagavathi G. Electromagnetic shielding effectiveness of copper/pet composite yarn fabrics[J]. Indian Journal of Fibre & Textile Research,2012,37(2):133-137.

[11] Chen H C,Lee K C,Lin J H,et al. Comparison of electromagnetic shielding effectiveness properties of diverse conductive textiles via various measurement techniques[J]. Journal of Materials Processing Technology,2007(92):549-554.

[12] Perumalraj R,Dasaradan B S. Electromagnetic shielding effectiveness of doubled copper-cotton yarn woven materials[J]. Fibres & Textiles in Eastern Europe,2010,18(3):74-80.

[13] Perumalraj R,Dasaradan B S,Nalankilli G. Copper,stainless steel,glass core yarn,and ply yarn woven fabric composite materials properties[J]. Journal of Reinforced Plastics and Composites,2010,29(20):3074-3082.

[14] Perumalraj R,Nalankilli G,Dasaradan B S. Textile composite materials for emc[J]. Journal of Reinforced Plastics and Composites,2010,29(19):2992-3005.

[15] Ceken F,Erdogan U H,Kayacan O,et al. Electromagnetic shielding efficiency of nonwoven insulation panels designed with recycled textiles and copper wires[J]. Journal of the Textile Institute,2012,103(6):669-675.

[16] Ceken F,Kayacan O,Ozkurtt A,et al. The electromagnetic shielding properties of some conductive knitted fabrics produced on single or double needle bed of a flat knitting machine [J]. Journal of the Textile Institute,2012,103(9):968-979.

[17] Ramachandran T,Vigneswaran C. Design and development of copper core conductive fabrics for smart textiles[J]. Journal of Industrial Textiles,2009,39(1):81-93.

[18] 段亚峰,张才前,顾俊晶. 不锈钢纤维/涤纶特种花式线及其电磁波屏蔽织物的开发[J]. 产业用纺织品,2009,(10):21-26.

[19] 谢勇,杜磊,邹奉元. 纬向嵌织镀银长丝机织物的电磁屏蔽效能分析[J]. 丝绸,2012,V(1):37-40.

[20] Ceken F,Kayacan O,Ozkurt A,et al. The electromagnetic shielding properties of copper and stainless steel knitted fabrics[J]. Tekstil,2011,60(7):321-328.

[21] Shyr T W,Shie J W. Electromagnetic shielding mechanisms using soft magnetic stainless steel fiber enabled polyester textiles[J]. Journal of Magnetism and Magnetic Materials,2012,324(3):4127-4132.

[22] Tennant A,Hurley W,Dias T. Experimental knitted,textile frequency selective surfaces[J]. Electronics Letters,2012,48(22):1386-1387.

[23] Michalak M,Kazakevicius V,Dudzinska S,et al. Textiles embroidered with split-rings as barriers against microwave radiation[J]. Fibres & Textiles in Eastern Europe,2009,17(1):66-70.

[24] Michalak M,Brazis R,Kazakevicius V,et al. Nonwovens with implanted split rings for barriers against electromagnetic radiation[J]. Fibres & Textiles in Eastern Europe,2006,14(5):64-68.

[25] 施楣梧,肖红,王群. 纺织品电磁学研究及电磁纺织品开发[J]. 纺织学报,2013(2):76-84.

[26] 屠振密,李宁,安茂忠,等. 电镀合金实用技术[M]. 第一版. 北京:国防工业出版社,2007.

[27] 赵亚萍,蔡再生. 化学镀在织物金属化处理中的应用[J]. 印染,2008,(12):39-42.

[28] 张辉,詹建朝,沈兰萍. 涤纶织物超声波辅助化学镀银[J]. 表面技术,2006,35 (5):38-39.

[29] 沈冬娜. 化学与电化学沉积电磁屏蔽织物技术与性能研究[D]. 北京:北京工业大学硕士论文,2003.

[30] 杨邦朝,王文生. 薄膜物理与技术[M]. 成都:电子科技大学出版社,1994.

[31] 陈文兴,杜莉娟,等. 磁控溅射法制备电磁屏蔽织物的研究[J]. 真空科学与技术学报,2007,27(3):264-268.

[32] 陈长文,李长龙. 金属增重率对溅射 PET 织物性能的影响[J]. 安徽工程科技学院学报,2008,23(2):15-18.

[33] 周菊先. 电磁波屏蔽织物的溅射/化学复合镀膜技术[J]. 印染,2008,5:1-6.

[34] 孟灵灵,黄新民,王春霞. 溅射镀膜技术在织物金属化中应用[J]. 天津纺织科技,2009,188:25-27.

[35] 陈颖,高绪珊,童俨,等. 涂覆法制备电磁波屏蔽织物的研究[J]. 上海纺织科技,37(1):6-11.

[36] 孙铠,沈淦清.中国纺织品整理及进展[M].北京:中国轻工业出版社,2013:230-234.

[37] Kuhn H H,Kimberell W C,Gergory R V. Conductive textiles[J]. Synthetic Metals,1989,(28):823-835.

[38] 潘玮,黄素萍,龚静华.聚苯胺涤纶导电纤维的制备及其织物抗静电性能研究[J].合成纤维,2002 ,30 (1):30-32.

[39] 周兆爵,赵亚萍,蔡再生.原位聚合法制备涤纶/聚苯胺复合导电织物[J].印染,2009,(5):1-5.

[40] 李戎,刘红玉,刘高峰,等.一种层层自组装聚苯胺/尼龙复合导电织物的制备方法[P].中国专利:CN101613943.2009.

[41] 代国亮,肖红,王昊,等.聚苯胺基反射型柔性电致变色器件的制备与工艺研究[J].高分子学报,2011,(11):1280-1286.

[42] 韩阜益,庄勤亮.聚吡咯导电织物的制备及其性能研究[J].产业用纺织品,2008,(8):40-41.

[43] 白林翠.本征型导电高聚物织物的研究与应用[J].上海纺织科技,2011,(8):1-5.

[44] Kim S H,Jang S H,Byun S W. Electrical properties and EMI shielding characteristics of polypyrrole-nylon 6 composite fabrics[J]. Journal of Applied Polymer Science,2003,87(12):1969-1974.

[45] 王进美,朱长纯,戴慧敏.纳米管状聚苯胺合成与导电织物涂层整理研究[J].纳米科技,2004,1(6):12-16.

[46] 肖红,施楣梧.电磁纺织品研究进展[J].纺织学报,2014,35(1):151-157.

第5章 抗静电纺织材料

电荷的产生和积累导致物质带有静电。自古以来,在自然界及生产、生活环境中的静电现象是极为普遍的。但随着合成纤维等电荷不易逸散的高分子材料的大量使用,导致静电现象更加严重;并随着耐受静电压能力极其薄弱的微电子器件的广泛应用,静电导致微电子器件损毁并产生二次灾害的现象屡有发生,且对火工品、油品的安全也形成威胁;纺织材料的静电干扰也影响到纺织品的生产和使用。因此,纺织材料的抗静电性能成为影响纺织材料加工和纺织品使用的重要性能。

5.1 抗静电的理论基础

材料受到各种能量的激发会导致电子脱离原子核的束缚而逸出。电子克服原子核的束缚,从材料表面逸出所需的最小能量,称为逸出功。不同材料或相同材料处于不同状态下具有不同的逸出功,故两者接触时会产生电子的净迁移量,获得电子的一方呈负电性,失去电子的一方呈正电性,由此产生静电现象。因此,抗静电的基本原则就在于选用逸出功相同的材料,尽量减少接触和分离动作,以及加速已产生的静电荷的逸散。

5.1.1 静电现象

静电现象古已有之。公元前585年古希腊哲学家塔勒斯(Thales)首次记录了琥珀经丝绸摩擦后可吸引轻小物体的静电吸附现象。公元初年我国东汉王允在《论衡》中提到"顿牟掇芥",即琥珀或玳瑁甲壳吸引芥菜籽等轻小物体的静电现象;公元3世纪晋朝张华在《博物志》中记载:"今人梳头,解著衣,有随梳解结,有光者,亦有咤声",记录了头发因摩擦起电发出的闪光和噼啪之声。16世纪地中海水手发现暴雨即将来临时桅杆尖上会出现火光,水手们把它称之为圣·埃尔摩火(StEllmo's Fire),用来象征他们所信仰的圣徒埃尔摩的保护,实际上是静电的尖端放电现象。18世纪诸多科学家就是从研究静电现象开始、陆续发现了电磁感应、化学电池以及电流的力学、热学应用。

静电现象也是到处存在的普遍现象。自然界本身就存在着静电场,地球本身就带有约90万库仑的负电荷,距地球4万米高空电离层的对地电位达到+36万伏,在晴天海平面的静电场强度达120 V/m。闪电和雷击就是最自然的静电放电现象。穿着普通服装在绝缘地面行走时使人体静电电位可达到3000 V以上,外衣静电电位可达到 8000 V 以上。

静电的产生源于两种作用机制：一种是两种物质间的电荷再分配，导致两种物体分离后出现静电场；另一种是物体在某物理作用下产生静电电荷，从而出现静电场。

在人类的生产和生活中，只要发生两种不同物体的接触，甚至是处于两种不同状态的同一种物质的接触和分离，即可引发静电。即接触导致电荷迁移，分离导致静电场产生及静电电压升高。通常所说的"摩擦"起电就是"接触—分离"过程导致静电的产生。显然，在任何生产加工及作业过程、任何生活活动过程中均无法避免不同物体的接触和分离，故静电问题的普遍性是可想而知的。

与摩擦起电相类似，材料的断裂、分离、吸附、剥离、碰撞、冲流等动作也会造成电荷转移，从而产生静电。

材料在其他物理条件作用下产生辐照、感应、极化、压电、热电、光电等效应，也会使材料产生电荷或造成电荷分布的不均匀，从而产生静电。

静电现象包括静电吸引现象、静电排斥现象和静电放电现象三大类。从防静电的角度看，首先会看到这些静电现象带来的坏处；而从静电应用的角度看，静电又可以成为造福人类的技术和资源。

（1）静电吸引现象。带有异种电荷的两个相近物体在静电吸引力作用下相互靠近、吸附和纠缠的现象。静电吸引现象会导致被加工的轻小物体吸附于机件，例如，纺纱加工中纤维吸附纠缠于皮辊罗拉，印刷加工时纸张吸附于机件，胶片生产中尘埃吸附于胶片，微电子器件生产加工和使用过程中尘埃吸附于器件表面，降落伞布与骨架吸引导致开伞不良等；在生活中，也会因为裙子和腿脚带有异种电荷而导致裙子裹腿的现象发生。上述现象均会导致加工困难，产品质量下降，以及影响生活。但也可以利用静电吸引现象实现静电复印、静电植绒、静电除尘等加工，为人类服务。

（2）静电排斥现象。带有同种电荷的两个相近物体在静电排斥力作用下相互分离、移位、不受控制的现象。静电排斥现象会导致加工对象无法整齐码放、位置失控等问题，例如，纺纱加工中须条蓬松、抱合不良、纱线起毛，印刷加工中纸张码放不齐，生活中带有同种电荷的裙子远离腿脚甚至倒翻到上身等问题。但这种静电排斥现象也可以用来进行静电喷雾等加工，使带电微粒在静电场中均匀分布，达到一定的加工目的。

（3）静电放电现象。具有不同静电电位的物体互相靠近或直接接触引起的电荷转移现象，通常伴随着静电电荷的瞬间转移而导致光、电效应及人体电击效应。

静电放电造成的规模最大的危害在于导致雷管、炸药等火工品爆炸，以及汽油、航油等油品爆炸。1969 年，某化工厂因传送带摩擦产生静电放电引起火药爆炸，导致死 27 人、重伤 35 人、轻伤 200 余人的群死群伤事故；1969 年 12 月，荷兰一艘 20.8 万吨级油轮、美国一艘 20.8 万吨级油轮、挪威一艘 21.9 万吨级油轮因高压海水喷射冲洗船舱,发生静电积累,导致爆炸。但在现有的抗静电技术及火工品、油品管理制度下,因静电导致的恶性事故已不多见,即只要严格遵守火工品和油品的管理规定,现有抗静电技术已经可以解决一般性的静电问题,避免因静电放电导致的爆炸事故。

静电放电带来最大经济损失的是导致微电子器件的损坏、失效以及由此带来的事故。微电子器件随着集成度的提高,对静电放电的耐受程度下降,甚至在几十伏静电压下即可导致毁坏,并由此导致计算机、通信设备、航空航天器的电子设备出现运转故障、信号丢失、产生误码和误动作,甚至导致意外事故。1971 年,曾因静电放电导致计算机误动作,使"欧-2"火箭发射失败。在微电子行业,静电危害是导致器件失效的最主要因素,因此,也对抗静电纺织品提出了最严格的抗静电要求。

静电放电也导致人体产生电击感。特别在北方干燥气候下,人体在活动中积聚静电后接触门把手等金属部件时极易产生电击现象。

20 世纪中期,随着合成纤维、塑料、橡胶等电绝缘性高分子材料的迅速推广,以及轻质油品、电火工品、固态电子器件等静电敏感性材料的生产和使用,使静电的危害日益突出。因静电造成的事故日益增多,由此引起了各国研究机构和学术组织的重视。1953 年,在伦敦召开了第一届静电学国际会议,我国自 20 世纪 60年代起开始静电安全技术研究。至今已经在抗静电理论、技术和材料方面取得了突破,在一般场合已经较好地解决了抗静电问题。

5.1.2　抗静电机理和途径

高分子材料的抗静电机理,包括减少静电产生、中和异性电荷、加速静电逸散三类。

从静电产生的原因考虑,抗静电的途径应该是对接触部件选用逸出功相近的材料,降低摩擦强度和频次,避免材料接受辐照、感应、极化等产生静电的外界条件。但无论是在生产中还是在生活中,物体之间的摩擦是不可避免的,且在材料选择和环境选择方面会受到加工和使用要求的限制。

采用"离子风"等荷电气体吹拂的方法中和材料表面的异种电荷,在一部分加工环节可以抑制材料和制品的静电,但不具有普适性。

采用提高材料的导电性能来加速静电逸散的方法,是对材料实施抗静电效果的主要途径。并且,静电电荷的逸散包括了向其他物体放电、向大地放电,以及静电电荷集中于导电纤维后在导电纤维的尖端向空气放电等方式,也包括异种电荷在逸散流动过程中的中和,从而减少静电电荷净含量的方式。

加速纺织材料静电逸散的第一种途径是施加表面活性剂,使纤维利用表面活性剂中亲水基团的极性,吸引空气中的水分子,降低纤维表面比电阻,从而提高静电电荷的逸散能力。表面活性剂的施加方法包括对纤维表面的喷洒及在纤维加工过程中的共混。

加速纺织材料静电逸散的第二种途径是在纤维中以共混、复合、原位聚合等方式施加炭黑、纳米碳管、金属氧化物以及导电高分子等导电性能好的材料,制得导电纤维,以降低静电电荷在纤维材料中的积聚程度,实现不同区域异种电荷的中和,以及对空气和其他物体(包括大地)的放电泄漏。

加速纺织材料及制品的静电逸散的第三种途径是采用金属纤维、导电纤维等纤维形态的导电体与普通纤维混纺,或在普通织物中嵌织添加导电纤维,或在普通织物表面通过化学镀、电镀、导电粉末涂层整理、金属元素的离子溅射,以及导电高分子的原位聚合等方法,使纺织品特别是合成纤维织物的电阻率下降,提高静电电荷的流动、中和、逸散及电荷释放的能力。

5.2　纺织材料抗静电技术

与上一级所述抗静电机理及途径相对应,纺织材料的抗静电技术也包括了抗静电纤维的制备与应用、导电纤维的制备与应用、纺织品的导电化处理等几方面技术。

5.2.1　抗静电纤维的制备及应用

常规纤维材料的电阻率均在 10^{10} Ω・cm 以上,所产生的电荷不易逸散。纤维素纤维加工中静电现象尚不明显;蛋白质纤维的静电干扰就较严重。毛纤维虽然有较高的平衡回潮率,但其质量比电阻在天然纤维中达到最高。回潮率普遍较低的涤纶、锦纶、腈纶、丙纶等合成纤维的电阻率高达 10^{14} Ω・cm,电荷积聚现象更加显著。因此,纺纱厂常采用对纤维施加表面活性剂的办法,使纤维能从环境中吸收水分子,降低纺纱中的静电干扰。

采用表面活性剂直接对合成纤维及制品表面进行抗静电处理的方法始于 20 世纪 50 年代,适合于各种纤维材料。作用原理为表面活性剂分子疏水端吸附于纤维表面,亲水性极性基团指向空间,形成极性表面,吸附空气中的水分子,降低纤维的表面电阻率,加速电荷逸散。所用表面活性剂包括阳离子型、阴离子型和非离子型,其中以阳离子表面活性剂的抗静电效果为最好,以高分子量非离子型表面活性剂的抗静电效果耐久性为最好。采用的施加方法有喷洒、浸渍、涂敷等。此法的优点为简便易行,特别适合于消除纺织加工过程中的静电干扰;缺点为抗静电效果的耐久性差,表面活性剂易挥发,更不耐洗涤;且在北方干燥环境中因空间的水分子含量过低,即使施加了表面活性剂也难以解决纤维和面料的静电干扰问题。

　　为制备效果相对耐久的抗静电纤维,可采用将表面活性剂添加到成纤高聚物中进行共混纺丝的方法,以及在成纤高聚物中共混亲水性单体或聚合物,或在成纤高聚物中采用嵌段共聚或接枝改性的方法添加亲水基团,来获得耐久的吸湿性,从而获得抗静电性能。

　　在成纤高聚物中添加表面活性剂制成的抗静电纤维,利用表面活性剂从内向外的不断迁移扩散,使纤维表面长期含有表面活性剂。表面活性剂的极性应与成纤高聚物有适当的差异,如极性相似,则二者相容性好,共混纺丝后表面活性剂难以迁移,纤维内部的表面活性剂未吸收水分而不起作用;如极性相差过大,则很难相容,共混纺丝后表面活性剂很快渗析到表面,影响抗静电效果的耐久性。由于表面活性剂的迁移是在纤维的非晶区依靠布朗运动向纤维表面迁移的,这种运动在纤维的玻璃化温度 T_g 以上时比较活跃,而在 T_g 以下时难以进行,故表面活性剂内部添加型抗静电纤维只适用于 T_g 处于室温的成纤高聚物,并且对于结晶度高的高聚物,应增加表面活性剂的用量。但添加量过大则影响纺丝性能。

　　此外,还有用黏合剂将表面活性剂固着于纤维表面,或使表面活性剂在纤维表面交联成膜等方法,其效果类似于在塑料表面涂刷抗静电清漆。

　　采用亲水性单体或聚合物与成纤高聚物共混、共聚或接枝改性方式制得的抗静电纤维,其抗静电功能的耐久性优于表面活性剂添加型抗静电纤维。在 PA、PAN、PET 等基体中添加聚亚烷基二醇类聚合物进行共混纺丝的研究始于 20 世纪 60 年代。硫酸铜混入腈纶纺丝液中,纺丝凝固成形后再经含硫还原剂处理,可提高导电纤维的生产效率,提高导电性能的耐久性。

　　除普通成纤高聚物与亲水性聚合物共混的典型共混纺丝方式外,还有聚合过程中加入亲水性聚合物,形成微多相分散体系的共混方式。例如,将聚乙二醇加入到己内酰胺反应混合物中,聚乙二醇以原纤状分散于 PA6 之中。同时聚乙二醇也有少量端羟基与己内酰胺开环后生成的氨基己酸中的羟基反应,提高了抗静电性能的耐久性。当聚乙二醇的加入量为 0%、2%、5% 时,PA6 纤维的静电半衰期分别为 73600 s、16 s、5.2 s;经 20 次皂洗后分别为 73600 s、36.3 s、18.3 s,可见有较明显的作用。但在加入量大于 6% 时,效果渐不明显,且影响聚合物体系的流变性,纺丝困难。PET 与聚氧乙烯醚的嵌段共聚物和 PET 共混纺丝,也可显著提高PET 的抗静电性能。

　　用共聚合的方式将亲水性极性单体聚合到疏水性合成纤维主链上,例如在PET 大分子中嵌入聚乙二醇,也可提高纤维的吸湿性和抗静电性能。PP 中嵌入4.5%~5% 的高分子季铵盐,可使 PP 纤维的平衡回潮率提高到 5.9%~7.1%,电阻率下降 6 个数量级,达到纤维素纤维的水平。

　　采用化学引发、热引发、高能射线和紫外线辐照引发的接枝改性方法,将亲水性单体接枝于纤维表面,可有效地改善合成纤维的吸湿性,且亲水性单体的用量远少于其他方法,耐久性好。例如,PE 纤维以二氯甲烷为膨胀剂,表面接枝丙烯酸后可提高吸湿性能、抗静电性能和染色性能,在接枝率为 0%、5.3%、9.2% 时,织物静电半衰期分别为 405 s、0.5 s、0.5 s;经 5 次皂洗后的半衰期为 405 s、14 s、0.5 s。聚酯纤维通常采用乙烯基吡啶、丙烯酸、丙烯酸钠、甲基丙烯酸、甲基丙烯酸钠、甲基丙烯酸羟乙基酯等单体或聚乙二醇二甲基丙烯酸酯、聚乙二醇二丙烯酸酯等活性低聚物进行接枝改性,形成抗静电纤维。接枝率通常在 10% 以下。

以上两类抗静电纤维仍以提高纤维的亲水性来加速电荷的泄漏,其抗静电效果均与环境湿度有密切关系。例如,含 5% 聚乙二醇(PEG)的 PET 纤维在 75% 相对湿度时的表面比电阻为 10^8 $\Omega \cdot cm$,而在 35% 相对湿度时达到 10^{10} $\Omega \cdot cm$。

抗静电纤维通常与普通纤维混纺使用,且需要有较高含量的抗静电纤维方可达到比较可行的抗静电效果,具体比例须考虑所采用的普通纤维的电阻率大小,以及制品的最终使用环境和要求。但随着有机导电纤维的普遍使用,抗静电纤维的应用领域已经逐渐缩小。

5.2.2 导电纤维的制备

导电纤维因其电阻率小于抗静电纤维,故具有更加显著的抗静电效果,且添加量远小于抗静电纤维,只要添加千分之几到百分之几的导电纤维,即可达到面料的抗静电要求。

导电纤维根据其材质和结构特点,分为金属纤维、碳纤维、导电聚合物等导电物质均一型导电纤维;合成纤维外层涂覆碳黑等导电成分的导电物质包覆型导电纤维;以及碳黑或金属化合物与成纤高聚物复合纺丝得到的导电物质复合型导电纤维。静电导电材料的电阻率应该小于 10^4 $\Omega \cdot cm$,但静电耗散材料的电阻率即使达到 10^{11} $\Omega \cdot cm$,也具有抗静电效用。用于纺织材料抗静电功能的导电纤维的电阻率一般低于 10^7 $\Omega \cdot cm$,其中金属导电纤维的电阻率甚至小到 $10^{-4} \sim 10^{-5}$ $\Omega \cdot cm$。导电纤维的应用使纺织品抗静电效果显著、耐久而不受环境湿度的影响,并可应用于防静电工作服等特种功能性纺织品。

5.2.2.1 金属纤维的制备及应用

金属纤维出现于 20 世纪 60 年代,最早由美国 Bekaert 公司推出商品化不锈钢纤维 Bekinox。金属材料的纤维化方法包括拉伸法(单丝拉伸法、集束拉伸法,直径 8～35 μm)、熔融纺丝法(直径 8～35 μm)、切削法(直径 15～300 μm)、结晶析出法(直径 0.2～8 μm)等,使用最多的金属材料为不锈钢,也有铜、铝、镍等。通常制成短纤维,与普通纺织纤维混纺织造,用于防静电地毯和工作服面料。金属纤维的特点是导电性能好($10^{-4} \sim 10^{-5}$ $\Omega \cdot cm$),耐热,耐化学腐蚀,但抱合力小,可纺性能差,制成高细度纤维时价格昂贵,成品色泽受限制。

同样属于导电物质均一型导电纤维的碳纤维和导电高分子纤维,因前者断裂伸长极小,颜色为黑色或深灰色,不适合常规纺织面料使用;后者加工困难、耐热水性差、成本高,且通常也带有绿色、褐色等颜色,并不适合于普通纺织品使用。

5.2.2.2　有机导电纤维的制备

合成纤维外层涂覆碳黑等导电成分的导电物质包覆型导电纤维,以及碳黑或金属化合物与成纤高聚物复合纺丝得到的导电物质复合型导电纤维,因纤维主体为有机高分子材料,故合称为有机导电纤维。

导电物质包覆型有机导电纤维产生于 20 世纪 60 年代末期,日本帝人公司和德国 BASF 公司率先开发了表面涂覆碳黑的有机导电纤维。此后以普通合成纤维为基体,通过物理、机械、化学等途径在纤维表面涂敷固着金属、碳、导电高分子等导电物质的方法出现过许多。此类导电纤维可获得较低的电阻率,导电成分都分布在纤维表面,放电效果好,但在摩擦和反复洗涤后皮层导电物质较易剥落。目前应用较广的碳黑涂敷型有机导电纤维的电阻率通常在 10^3 $\Omega \cdot cm$。

(1) 化学镀、电镀法和真空蒸发吸附法。合成纤维编织成针织物后经化学镀、电镀或真空镀膜,再解编制成导电纤维。美国 Rohm and Haas 公司用化学镀层方法在尼龙纤维表面镀银制成导电纤维 X-Static,东洋纺公司用低温熔融态金属浸渍制成具有金属皮层的导电纤维。Statex 公司的 Ex-Stat 则是采用非电解镀银技术制成的导电纤维。表面金属化导电纤维的电阻率可达到 10^{-4} $\Omega \cdot cm$,但耐久性、可纺性和染色性能较差,应用范围受到限制。

(2) 缝隙式机械涂敷法。金属粉末或碳黑添加于黏合剂(白乳胶、丙烯酸树脂、环氧/PA 树脂等),黏合剂定量注射到隙缝上,纤维连续通过隙缝时涂敷于表面。固化后经防水处理,制成导电纤维。电阻率可达 $10^{-2} \sim 10^{-3}$ $\Omega \cdot cm$。日本帝人公司的"梅塔莱安"即以聚酰胺为基材,以此法涂碳黑粉末制得。

(3) 嵌碳法。采用皮芯复合结构的合成纤维为基材,皮层有较低的熔点。纤维在与碳黑相接触的状态下加热,当皮层软化时碳黑嵌入纤维表面。英国 ICI 公司曾以 PET、PA 为基材用此法生产导电纤维。

(4) 渗入法。日本菱田三郎将涤纶置于含 Na_2S 和 HCl 的混合溶液的密闭容器中,然后再经含硫化铜和还原剂的混合溶液处理,在 Na_2S 和 HCl 反应产生的 H_2S 气体高压作用下使 Na_2S 渗入纤维内部,使涤纶获得耐久的导电性。

(5) 络合法。1977 年波兰 Okoniewskim 等将腈纶浸于铜盐溶液,使其吸附二价铜离子,再用还原剂使二价铜离子还原为一价铜离子,一价铜离子与腈纶纤维上的氰基络合并生成铜的硫化物,在纤维表面形成导电层。20 世纪 80 年代出现基体纤维在处理液或特殊气氛环境中进行化学反应,在纤维表面形成金属化合物的方法,例如,日本蚕毛染色公司采用 PAN 纤维制造的桑达纶"SSN",日本帝人公司在 PET 纤维上形成 CuI 导电层的"T-25"($10^7 \sim 10^8$ Ω·cm),我国以 PAN、PA 为基体生产的 EC-N 导电纤维。

(6)吸附法。以普通合成纤维为基体,经氧化剂处理后吸附苯胺单体,并引发聚合反应,形成有良好导电性能的聚苯胺导电层。1987 年日本菱田三郎等将 PET 纤维经碘及碘化钾处理后置于吡咯蒸气中,并引发聚合反应,在 PET 表面形成经掺杂的聚吡咯层,纤维的电阻率达 1.7×10^{-2} Ω·cm。

以上各种导电物质包覆型有机导电纤维的共同特点就是:可以达到较小的电阻率,但耐久性较差、色深,且为粗旦单丝,手感较硬。图 5.1 所示为导电碳黑包覆型有机导电纤维的截面、未经染整加工的纤维表面及经染整加工后的表面的电镜照片,该纤维的细度为 24.4 dtex/1f,表面的导电碳黑由黏合剂包覆于聚酰胺纤维的表面上,形成导电性能良好的导电层,其电阻率为 2.86×10^0 Ω·cm;以 2.5 cm 间距经向单根嵌织于涤纶织物后,织物原始的电荷面密度为 1.0 $\mu C/m^2$,经 50 次洗涤后织物的电荷面密度达到 3.3 $\mu C/m^2$;图中也可以看出经染整加工后的导电纤维表面已经产生导电碳黑脱落的现象。[1]

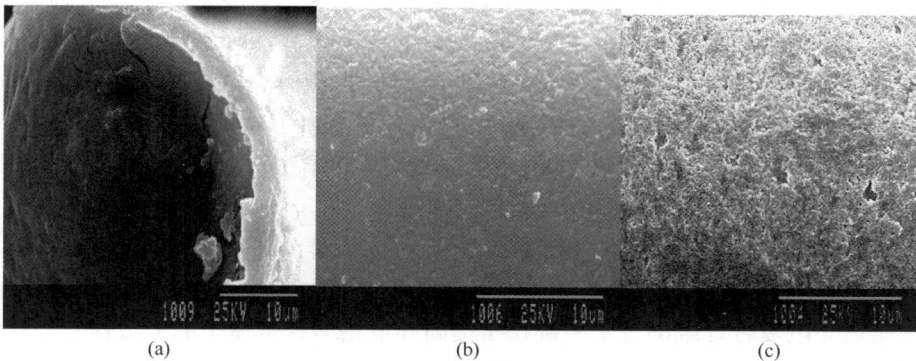

(a)　　　　　　　　　　(b)　　　　　　　　　　(c)

图 5.1　导电碳黑包覆型有机导电纤维的形貌
(a)原样截面;(b)原样表面;(c)经染整加工后的表面

而导电物质复合型导电纤维将在色泽和耐久性方面优于前者,并可以加工成细旦复丝。

1974 年美国 DuPont 公司率先开发了以含碳黑的 PE 为芯,以 PA66 为鞘的皮芯复合导电纤维 Antron Ⅲ;1978 年日本东丽公司生产了以含碳黑的聚合物为岛、PAN 为海的海岛型导电纤维"SA-7",此后各大化纤公司纷纷开始含碳黑复合导电纤维的研究与开发,到 20 世纪 80 年代末期,日本碳黑复合型导电纤维的年产量达到 200 t。1987 年日本武田敏之研制了"芯-中间层-鞘"结构的复合导电纤维,其中芯、鞘层含聚乙二醇、间苯二甲磺酸钠等亲水性物质,中间层为含 35% 碳黑的 PA。碳黑复合型有机导电纤维的电阻率通常在 10^5 Ω·cm。[2]

由于碳黑复合导电纤维通常呈灰黑色,虽然色深程度已远低于碳黑包覆型导电纤维,但仍然不适合于浅色纺织品,故其应用范围受到限制。曾对碳黑复合导电纤维采用增加含消光剂皮层的方法屏蔽碳黑的黑色,但效果有限;采用普通合成纤维长丝和碳黑复合导电纤维长丝做成混纤丝的方法可降低灰度,但导电能力受到影响。20 世纪 80 年代开始了导电纤维的白色化研究,以粒径约 1 μm 的铜、银、镍、镉等金属的硫化物、碘化物或氧化物为导电物质,复合纺丝制得适合各种染色要求的白色导电纤维。例如,Rhone-poulence 公司利用化学反应制成 CuS 导电层的 Rhodiastat 导电纤维;帝人公司制成表面含有 CuI 的导电纤维 T-25;钟纺公司制成 ZnO_2 导电的 Belltron 632、Belltron 638;尤尼吉卡公司开发了 Megana。1989年日本押田正博以含 CuI 的 PE 为芯、PET 为皮,制得导电涤纶,其电阻率随 CuI 的粒度减小而减小。当 CuI 的粒度从 1.5 μm 下降到 0.9 μm 时,纤维表面电阻率从 5.4×10^{10} $\Omega \cdot cm$ 降至 4.2×10^{8} $\Omega \cdot cm$。金属化合物复合导电纤维的导电性能较碳黑复合导电纤维差,其电阻率通常在 $10^{8} \sim 10^{10}$ $\Omega \cdot cm$。

复合纺丝法制得的有机导电纤维中导电组分沿纤维轴向连续,易于电荷逸散。各种成纤高聚物均可作为复合纺丝法导电纤维的基体。导电组分由导电物质、高聚物和分散剂等助剂组成。导电物质的含量视聚合物基体种类、导电物质类型和分布方式而异,一般在导电组分中占 20%～65%,其中以导电炭黑为导电材料时,可以以较低的含量达到逾渗阈限,即使未在高分子材料中真正建立导电通道,但已经能通过导电点之间的渗透,实现电子的迁移。并且有研究表明,所采用的导电粉体粒径有一定的分布时,更易建立逾渗效果。

在工程上提高导电物质的含量和粒度有利于纤维的导电性能,但导电物质在聚合物基体中难以均匀分散,易导致纺丝液流动性差、纺丝困难,纤维力学性能恶化。制造导电复合纤维的技术关键在于提高导电物质在基体中的分散性。复合结构有皮芯结构、单点或多点内切圆结构、三明治式夹心结构、共混结构等结构形式,其中导电物质在纤维表面有局部外露的截面结构(即内切圆结构在相切处有局部外露),有利于电荷的逸散,在相同的导电物质含量下有更好的抗静电效果。而碳黑或金属化合物主体在复合结构中受到保护,故有良好的耐久性,是目前应用最广的结构形式。其中碳黑复合纺丝时有较低的电阻率,金属化合物复合纺丝得到的纤维呈乳白色,有较好的品种适应性。

5.2.3 有机导电纤维的结构与性能

在纺织工程中应用最广的抗静电材料是有机导电纤维,其中以碳黑为导电物质、以复合纺丝方式生产的碳黑色有机导电纤维的应用最为广泛。此外,由碳黑外包到合成纤维外面形成的碳黑包覆型有机导电纤维,以及以金属氧化物为导电物质,采用复合纺丝方式生产的有机导电纤维,因分别具有高导电性和接近白色的浅色色调，也得到比较广泛的应用。

在纤维形态上，有机导电纤维有长丝也有短纤维，但从加工便利性、添加量和成本考虑，多优先采用在普通织物中嵌织有机导电长丝的方法，可以以较少的用量、较低的成本即达到抗静电要求。

现以有机导电长丝为例说明其力学性能、耐化学试剂性能和电学性能。

表5.1所示为8种有机导电长丝的规格、截面结构及物质组成[1]。其中1#～4#和7#长丝以碳黑为导电物质，5#和6#以金属氧化物为导电物质，8#为碳黑包覆型有机导电测试。表中所列的生产厂商也基本上代表了该类产品的先进制造水平。目前，国内的中国纺织科学研究院等机构已有成熟的有机导电纤维生产能力，也能生产出 PA 基、PET 基的灰色和白色有机导电纤维。

表 5.1　有机导电长丝的规格和结构特性

编号	规格/(dtex/f)	纤维基材	导电物质	颜色	截面	生产厂商
1	20/3	PA66	碳黑	深灰		美国首诺
2	26.7/4	PA66	碳黑	深灰		美国首诺
3	22.3/3	PA6	碳黑	深灰		日本钟纺
4	21.7/6	PET	碳黑	黑		日本钟纺
5	22.2/3	PET	金属氧化物	白		日本钟纺
6	22.2/3	PA6	金属氧化物	白		日本钟纺
7	27.8/3	PA6	碳黑	浅灰		日本帝人
8	24.4/1	PA6	碳黑	黑		德国 BASF

8种有机导电长丝的物理机械性能列于表5.2。从电阻率来看，8#纤维即采用碳黑包覆结构的有机导电纤维，具有最低的电阻率，而 4#、5#和 6#纤维具有

相对较高的电阻率,其中 5♯ 和 6♯ 是以金属氧化物为导电物质的,可知一般而言,以金属氧化物为导电纤维的白色导电纤维通常有较高的电阻,静电电荷泄漏和逸散相对较困难,抗静电性能较差。

表 5.2　8 种有机导电长丝的物理机械性能

编号	细度 /(dtex)	条干 CV /%	电阻 /(Ω/cm)	电阻率 /(Ω·cm)	强度 /(cN/dtex)	断裂伸长率 /%	沸水收缩率 /%
1	23.2	6.29	2.12×10^6	3.77×10^1	1.57	243.74	0.0
2	29.6	6.50	6.44×10^6	1.74×10^2	1.66	224.78	3.8
3	24.7	4.54	2.33×10^7	6.50×10^2	2.74	62.67	8.8
4	24.7	1.29	2.75×10^8	5.88×10^3	3.44	43.22	8.9
5	24.0	2.12	2.05×10^8	3.89×10^3	3.21	36.65	9.9
6	26.3	1.74	5.93×10^8	1.53×10^4	3.26	57.08	8.5
7	30.6	6.35	1.59×10^7	4.29×10^2	1.54	60.06	9.0
8	26.3	6.54	1.09×10^5	2.86×10^0	4.16	43.29	6.1

有机导电长丝多采用全拉伸(FDY)工艺生产,且因添加大量导电粉体后不易牵伸,故通常具有 50% 左右的断裂伸长率。但也有少数纤维采用预取向(POY)工艺生产,如 1♯ 和 2♯,故保留了 200% 以上的断裂伸长率,其沸水收缩率也低于 FDY。

另外还可以看出,有机导电长丝因细度较细,断裂强度较低,故在使用时多采用与一根普通化纤长丝并合使用的方法,以减少加工过程中的断头现象,提高使用性能。

有机导电长丝在纺织品的染整加工中会接触到酸、碱、氧化剂等加工条件。表 5.3 表明这些有机导电长丝虽然结构和材质各异,但均未见诸显著降强,可以耐受一般的染整加工。其中强度变化为正,即强度有所提高的样品,实际上是因为纤维在该试剂条件下有收缩,导致纤维细度增加而引起的。

表 5.3　8 种导电丝经化学试剂处理 30 min 后的强力变化　　(单位:%)

编号	10%H_2SO_4	5%HCl	1%NaOH	2%H_2O_2
1	−3.76	−19.36	−1.12	−2.71
2	−3.74	−16.5	−5.10	−5.87
3	−1.49	−10.31	−1.76	−1.49
4	11.1	10.8	12.2	12.0
5	11.0	11.46	−3.60	7.38
6	−0.78	−12.9	2.24	0.204
7	−6.45	−14.9	−4.22	−3.39
8	−2.56	−12.56	−1.17	−5.81

　　如表 5.4 所示,这 8 种有机导电长丝分别以经向间隔 2.5 cm 嵌织 1 根的方式施加到纯 PET 织物中,与未施加有机导电长丝的 0♯ 相比,均体现出了较好的抗静电效果,电荷面密度值($\mu C/m^2$)均有明显的下降,并具有良好的洗涤耐久性。但 8♯ 因电阻率低,电荷面密度的初始值小于其他样品;但经多次洗涤后,抗静电效果与其他样品类似;而采用金属氧化物为导电物质的 5♯、6♯ 的抗静电效果也较差,并且虽然是采用碳黑为导电物质的 4♯,因其电阻率最高,抗静电效果最差。

表 5.4　导电丝织入后织物的电荷面密度(平均值/最大值)　　　(单位:$\mu C/m^2$)

编号	初始	洗 10 次	洗 30 次	洗 50 次
0	>20	14.6/16.8	9.2/11.4	15.3/15.9
1	2.0/2.6	2.7/3.1	2.7/3.6	3.4/3.9
2	2.5/3.1	2.6/3.1	2.9/3.6	3.3/4.2
3	3.0/3.8	2.9/3.4	3.3/3.9	3.6/4.6
4	8.9/9.7	9.4/9.9	9.8/10.3	9.9/10.7
5	2.5/2.9	2.7/3.2	3.1/3.6	4.4/5.0
6	3.3/3.8	4.4/5.2	4.0/4.7	5.0/5.8
7	2.8/3.5	2.6/3.1	3.2/4.0	3.9/5.1
8	1.0/1.3	2.3/2.7	3.2/4.1	3.3/4.2

　　显然,织物中的有机导电长丝的嵌织间距是影响织物抗静电性能的主要因素。图 5.2 以 1♯ 有机导电纤维为例,展示了在不同嵌织间距,以及不同洗涤次数下的织物的电荷面密度($\mu C/m^2$)。防静电工作服面料的电荷面密度指标常要求低于 7 $\mu C/m^2$。可知采用 1♯ 有机导电长丝,即使在较宽的嵌织间距下,也有较低的电荷面密度值,特别在洗涤以后。这种现象的原因是:1♯ 有机导电长丝的截面中有

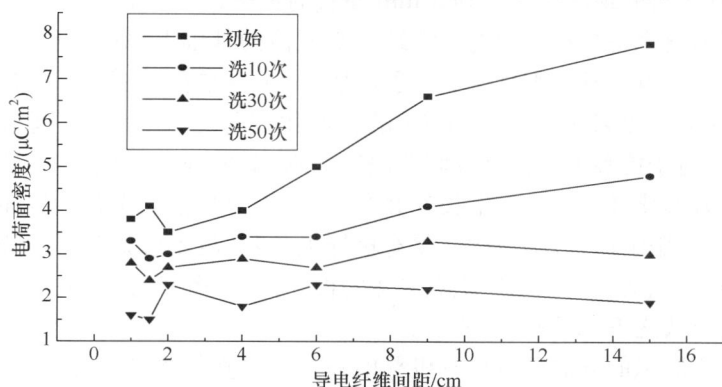

图 5.2　1♯ 有机导电长丝以不同间距织入聚酯织物后的电荷面密度

三处含导电碳黑的小圆与纤维圆形截面内切,洗涤以后,相切处的成纤高分子材料会发生脱落,进一步暴露出导电成分,在纤维外壁形成3条导电物质外露的导电母线,故具有更强的逸散电荷的能力,使织物的电荷面密度进一步下降。图5.3所示为1♯有机导电长丝暴露导电母线的外观。

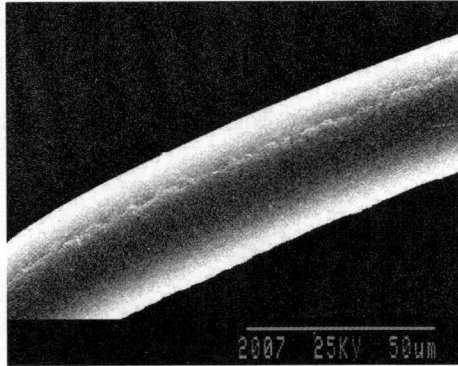

图5.3　1♯有机导电纤维外壁的导电母线

5.2.4　有机导电纤维的应用

有机导电纤维的应用包括长丝嵌织和短纤维混纺两种方式[3]。

将有机导电长丝嵌织到织物的一个方向(通常为经向)或两个方向(经、纬向),是最常用且最经济高效的实现抗静电功能的方法。因为只需要添加千分之几的有机导电长丝,即可达到服装的一般抗静电效果,甚至达到微电子器件加工环境或超净工作室的抗静电工作服的性能要求。如前所述,微电子器件加工环境下使用的抗静电工作服通常具有最严格的抗静电要求,此时可以采用经纬向同时嵌织有机导电长丝,甚至将嵌织间距缩短到5 mm左右的水平。

"嵌织"的概念是指在正常的经纬纱交织规律的基础上,额外嵌入有机导电长丝。因为有机导电长丝的细度较细(通常为20 dtex左右),不能抵御加工过程中的外力,故通常需要采用55~83 dtex的普通化纤与之并合(甚至通过吹络或加捻)再使用。对于抗静电工作服等职业服装面料,需要强化其抗静电功能,故有意采用黑色的普通化纤与有机导电长丝并合,在织物上显示其黑色的纵条或方格图案;但对于普通服装而言,不希望暴露有机导电长丝,故不应该与易暴露的颜色的长丝并合,且在织法上因采用组织点遮盖的设计技巧,将带色的有机导电长丝掩盖在相邻的长浮线之下,如图5.4所示。

尽管采用嵌织的方法可以将有机导电长丝隐藏在织物的主体纱线之下,但在环境干燥、灰尘较多且织物本身呈深色时,含有机导电长丝的抗静电面料,有时会

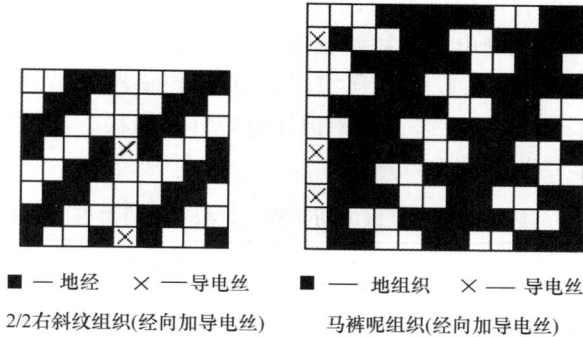

■ — 地经　　× — 导电丝　　　　　　■ — 地组织　　× — 导电丝

2/2右斜纹组织(经向加导电丝)　　　　马裤呢组织(经向加导电丝)

图 5.4　斜纹组织和马裤呢组织沿经向嵌织导电丝

将织物因摩擦而产生的电荷汇聚到有机导电纤维的导电组分上。虽然经过异种电荷间的中和会降低有机导电长丝所在处的静电场的强度,但在尚未将静电电荷通过放电和泄漏完全释放出去之前,会导致有机导电长丝所在处出现吸灰现象。因此,采用嵌织有机导电长丝的方式,且缺乏配套使用适当的抗静电剂的前提下,是反而会导致面料产生吸灰痕迹的。

因此,尽管采用有机导电长丝嵌织的方法具有简便、有机导电长丝用量少、成本低的优势,但仍然需要在某些面料上采用有机导电短纤维。

将有机导电长丝集束成大丝束后,可切断制成棉型导电短纤维、中长型导电短纤维,或经牵切成条后制成导电纤维条。有机导电短纤维或纤维条可以与其他短纤维混纺成纱,再由含有机导电短纤维的纱线制成织物,获得永久的抗静电性能。

采用短纤维混纺方式施加有机导电纤维时,有机导电纤维的添加量通常在2％左右,即可达到面料抗静电的一般要求。采用短纤维混纺方式,面料表面没有集中的导电丝所在处,不会因为导电丝积聚静电荷而导致吸灰现象。但有机导电短纤维相对光滑,抱合力弱,容易在纤维梳理时被梳掉而造成浪费;且因为有机导电纤维多呈灰色,对于浅色织物不太适用,而采用白色导电短纤维时电阻率较高、价格较贵。

此外,因有机导电纤维中存在导电物质,其介电常数与普通纺织纤维有较大差异。当有机导电纤维以较小的比例进入混纺纱体后,在纱线中的分布是不均匀的。因此,会在以电容原理测量纱线条干均匀度的测试仪器中出现条干均匀度失常的测试结果,并在同样以电容原理确定纱疵并切断重新打结的自动络筒机上出现原理性误操作。

对嵌织导电长丝的织物采用手工逐根按计划切断导电长丝的方法逐步减短导电纤维的长度,检测其相应的织物电荷面密度,可得到导电纤维长度与织物抗静电性能的相互关系[4]。实验所采用的织物为纯涤纶仿毛马裤呢,经向嵌织 BASF 公司生产的碳黑涂敷型有机导电长丝,间距 2.5 cm。导电长丝的切断采用逐次"一分为二"的方法,即首先测出试样初始状态的电荷面密度,然后分别将试样中导电纤维长度切断为 1/2、1/4、1/8、1/16、1/32(即导电丝累计被切断 1、3、7、15、31次),使导电丝在织物中不连续,达到模拟导电短纤维的状态,再依次测试织物的电荷面密度值。实验结果如表 5.5 所示。

表 5.5　织物中导电纤维的切断程度与织物电荷面密度的关系

每根导电丝的切断点个数	电荷面密度/$(\mu C/m^2)$	
	平均值	最大值
0	2.1	2.8
1	2.4	3.1
3	2.7	3.4
7	3.0	3.4
15	3.8	4.4
31	4.5	5.0

　　显然,当织物中的导电纤维被切断后,导电丝中和因摩擦产生的异种电荷的能力被消弱,通过导电纤维所形成的通道向低电位、大电容的物体释放电荷的能力也被消弱,故织物的抗静电性能有显著的下降。由此可见,织物在导电纤维用量相同的情况下,采用导电短纤维时的抗静电效果将远远低于导电长丝。

　　这一实验也可以说明,织物上的静电电荷的主要逸散途径,并不是对空间实施放电。如果织物的静电荷主要以空间放电方式逸散,则将织物中的导电纤维切断,导电纤维头端数量增多时,应该局部更多的放电机会,从而降低电荷面密度。而实验结果并非如此。

5.3　抗静电性能的测试评价

　　纺织材料的抗静电性能应能表达纺织材料是否容易产生静电电荷,是否容易逸散静电电荷,是否易于引发火工品、油品和易燃易爆化学品的燃烧爆炸,是否易于导致微电子器件的击穿损毁,以及是否容易造成着装者产生吸附和电击等不舒适现象。

　　我国现行国家标准和纺织行业标准中与纺织品抗静电性能有关的产品标准有GB/T 12014《防静电工作服》;与纺织品抗静电性能有关的测试方法标准有 GB/T 12703《纺织品 静电性能的评价》,包括静电压半衰期、电荷面密度、电荷量、电阻率、摩擦带电电压、纤维泄漏电阻、动态静电压等 7 类指标,分别对纤维、织物和服装的抗静电指标规定了测试方法。

5.3.1　静电性的特征参数

纺织材料有关静电性能的特征参数包括:导电性指标;摩擦起电的带电电压、电荷量或电荷面密度;感应起电的静电电压及半衰期等参数。

导电性指标是材料的基本电学性能指标,直接影响材料中已经产生的静电电荷的逸散和中和能力,故直接与抗静电性能紧密相关。可以看出,静电问题的解决,无非是提高纺织材料整体的导电能力,或在普通纺织材料中混用小部分导电性能显著改善的导电纤维。

纺织材料的导电性通常用电阻或电阻率表示,例如导电长丝单位长度的电阻(Ω/cm);纤维材料的体积比电阻 ρ_v(电阻率,$\Omega \cdot \mathrm{cm}$)、表面比电阻 ρ_s(Ω)、质量比电阻 ρ_m($\Omega \cdot \mathrm{g}/\mathrm{cm}^2$)、泄漏电阻($\Omega$)等;织物的表面比电阻(方阻,$\Omega/\square$)、点对点电阻($\Omega$)等。

面料在特定磨料和设备条件下摩擦产生的带电电压,反映面料是否容易产生静电的性能。因微电子器件容易在低电压(几十伏,甚至几伏)下被击穿,故摩擦带电电压适合判断纺织材料损伤微电子器件的可能性;面料在特定磨料和人工固定手法摩擦起电,并由法拉第筒测得电荷面密度,或服装在特定磨料及设备条件下摩擦起电,并由法拉第筒测得电荷量,也用来表达面料或服装是否容易产生静电的性能。但因为放电时电荷量的多少直接与释放的能量有关,而易燃易爆化学品需要超过其最小着火能量方可引爆,故纺织材料的电荷量或电荷面密度指标比较侧重于反映其因静电而导致易燃易爆品燃烧爆炸的风险大小。

感应起电的静电压,与摩擦起电的静电压一样,也反映面料是否容易产生静电,但摩擦起电静电压不能连续测量其电压值的下降过程,而感应起电的静电压在达到一定量值后将用来产生感应静电的高压电源关闭,进而测量感应静电压的衰减过程,并计算得到电压半衰期。故半衰期反映的是面料上已经产生的静电荷的释放速率,即静电现象下降的快慢程度。

此外,还有一些半定量试验方法甚至是定性的试验方法,来粗略描述纺织材料的静电特性。例如,吸灰试验是对经摩擦后的织物是否容易吸引烟灰等轻质细小物体,来评价其静电性能;张帆试验或吸附金属片试验用来粗略评价织物经摩擦后静电现象的严重程度。

5.3.2　静电性的测试方法

因纺织材料的静电性能直接受纤维回潮率的影响,故静电性的测试通常在低湿度环境下进行。多数测试方法标准规定其调湿和试验用大气的环境条件为温度(20 ± 2)℃,相对湿度(35 ± 5)%,环境风速 $0.1\ \mathrm{m/s}$ 以下。

由于我国幅员辽阔,南方环境湿度普遍较高,静电实验室通常需要对空气去湿,达到 40%RH 以下方可进行调湿和试验,而北方,特别是冬季,需要对实验室加湿到 30%RH 以上方可开始试验。如果南、北方实验室均不以将相对湿度调到 35%为操作要求,会导致同一个样品在南方和北方测得的抗静电性能存在比较显著的测量误差。

5.3.2.1　电阻或电阻率的测量

有机导电长丝的抗静电性能通常采用测量其单位长度的电阻值的方法,来得到电阻值(Ω/cm)。在此基础上可根据纤维的直径或细度(tex 数)及密度,换算得到体积比电阻 ρ_v(电阻率,$\Omega \cdot cm$)或质量比电阻 ρ_m($\Omega \cdot g/cm^2$)。

有机导电长丝单位长度电阻值的测量采用固定标尺两端加导电胶,用导电胶连接固定长度的有机导电纤维,采用高阻表测量。

短纤维的体积比电阻测试通常按照 GB/T 14342—1993《合成短纤维比电阻试验方法》,以一定质量的纤维(例如 30 g)经一定的手法开松并调湿平衡后纳入一定的空间并以固定的加压机构加压,空间两侧由电极组成,在一定的电压(例如 100 V)下测得其体积比电阻(电阻率,$\Omega \cdot cm$)。这一方法无论是普通纤维还是有机导电纤维均可采用,并主要用于纤维可纺性的预估。

短纤维的泄漏电阻也对固定质量的纤维样品,采用一个带有电极的定压容器进行,但配以一个可调电阻,分档切入 $10^6 \sim 10^{12}$ Ω 的电阻,利用一个已经充电的固定电容对纤维样品放电,根据放电完毕所需时间 t(s)来测量纤维的泄漏电阻(放电时间 $t \times$ 电阻档位 10^X,Ω)。泄漏电阻反映了纤维连同所施加的油剂的电荷泄漏速度的快慢。

织物的电阻可采用三电极装置测试体积电阻(Ω)和表面电阻(Ω)。并根据织物的体积电阻和三电极装置的被保护面积及织物厚度,计算得到织物的体积比电阻 ρ_v(电阻率,$\Omega \cdot cm$);根据表面电阻和三电极装置的被保护电极周长及同面两电极之间的间距计算得到织物的表面比电阻 ρ_s(Ω)。

织物还可以使用方块电阻测试装置测试方阻,即体积比电阻与织物厚度的乘积。

服装采用点对点电阻表达一个裁片内或者两个裁片之间的电阻值大小。两个电极之间的间距一定(例如 30 cm)。但在目前通常采用导电纤维嵌织的方法解决面料静电问题时,在没有规定两个电极的取点方式的前提下,点对点电阻的测量结果有时会不够稳定。

5.3.2.2　电荷量或电荷面密度的测量

服装的电荷量采用摩擦带电滚动装置进行摩擦。摩擦装置内表面、盖子内表面及摩擦装置内的转鼓表面均包覆有锦纶标准织物作为磨料。服装按规定方法滚动摩擦后,用法拉第筒测量其电荷量。

织物的电荷面密度测量采用人工对样品摩擦的方法起电,磨料也为锦纶标准布。采用规定的手法摩擦后置入法拉第筒,测得电荷量;并根据试样尺寸计算得到电荷面密度。

5.3.2.3　摩擦带电电压的测量

采用固定在摩擦装置上的磨料织物,在规定条件下对样品进行摩擦,还可以测得摩擦带电电压。我国现行国家标准 GB/T 12703.5—2010《纺织品 静电性能的评定 第 5 部分:摩擦带电电压》中规定的试样尺寸为 4 cm×8 cm,在嵌织有机导电纤维作为主要抗静电技术的前提下,因样品尺寸偏小,同一样品在裁样时可能导致试样中的有机导电长丝根数不一致,会导致一定的测试数据差异。

日本钟纺公司制造的 EST-7 型摩擦带电电压测定仪按照 JIS L1094 规定,采用尺寸为 100 mm×100 mm 的试样,测试结果的灵敏度和稳定性有显著的提高。

5.3.2.4　静电压半衰期的测量

试样在高压静电场中带电至稳定后断开高压电源,使其电压通过接地金属台自然衰减,测定其静电压及其衰减到初始值的一半所需要的时间。

GB/T 12703.1—2008《纺织品 静电性能的评定 第 1 部分:静电压半衰期》规定试样尺寸为 4.5 cm×4.5 cm,尺寸偏小,嵌织有机导电长丝的试样很可能因裁样差异导致试样中的有机导电长丝的根数出现差异,故也存在比较显著的测试误差。

5.3.2.5　动态静电压的测量

前述纺织材料的静电性能的测量,是在实验室进行的,所测指标是为了反映纺织材料,特别是纺织品的抗静电性能。而纺织材料的动态静电压的测量,则是在纺织加工车间中进行的,是为了反映纺织加工过程中的生产顺利程度;测试对象不光是被加工的纺织材料,还要测量加工纺织材料所用的器材机件;测试设备通常采用直接感应式静电测试仪。为了适应不同对象的测量,仪器通常分三档量程,在 0~100 kV 范围内可以检测。

动态静电压的测量,通常需要在纺织厂的各道加工工序中进行,包括纺纱过程中的梳棉、并条、粗纱、细纱和络筒工序,包括织造过程中的整经、浆纱和织造工序。动态静电压的测量同时针对纺织材料和纺织器材机件进行。

参 考 文 献

［1］施楣梧,南燕. 有机导电纤维的结构与性能研究[J]. 毛纺科技,2001,1:5-8.
［2］施楣梧. 纺织品用抗静电纤维、导电纤维的回顾和展望[J]. 毛纺科技,2000,6:5-10.
［3］施楣梧,刘俊卿,南燕. 有机导电纤维的应用方法研究[J]. 毛纺科技,2001,2:9-12.
［4］施楣梧,南燕,刘俊卿,等. 有机导电短纤维的抗静电效果[J]. 毛纺科技,2001,3:9-11.

第6章 电磁屏蔽纺织材料

6.1 电磁屏蔽的理论基础

6.1.1 屏蔽的基本概念

屏蔽是利用屏蔽体阻止或抑制电磁能量传输的一种技术措施,所用的屏蔽体能够减弱电磁空间防护区内由场源产生的电磁场场强。屏蔽的目的主要有两个:一是限制场源电磁能量泄漏出需要防护的区域;二是阻止外部电磁场能量进入需要防护的区域。这两个方面的实质都是通过屏蔽体的作用实现有效的电磁封闭,达到电磁能量控制隔离的目的。

6.1.1.1 屏蔽效果的表征

屏蔽材料屏蔽效果的优劣是用屏蔽效能来描述的,屏蔽效能直接体现了屏蔽材料对电磁场或电磁波的衰减程度。

屏蔽效能的定义:空间某点未加屏蔽时的电场强度 E_0,或磁场强度 H_0,或功率密度 P_0 与加屏蔽后该点的电场强度 E_s,或磁场强度 H_s,或功率 P_s 的比值,屏蔽效能 SE(shielding effectiveness)可表示为

$$SE_E = \frac{|E_0|}{|E_s|}, \text{或} \ SE_H = \frac{|H_0|}{|H_s|}, \text{或} \ SE = \frac{|P_0|}{|P_s|} \tag{6.1}$$

屏蔽效能是一个无量纲的量,工程计算中通常采用分贝(dB)单位来表示屏蔽效能,这时,可表示为如下形式:

$$SE = 20\lg\frac{|E_0|}{|E_s|}, \text{或} \ SE = 20\lg\frac{|H_0|}{|H_s|}, \text{或} \ SE = 10\lg\frac{|P_0|}{|P_s|} \text{(dB)} \tag{6.2}$$

除屏蔽效能外,电磁屏蔽的效果也可以用下列几个参数来描述。

屏蔽系数 η:表示由于接入屏蔽电路而使感应电压减少的比值,即被干扰导体(电路)加屏蔽后的感应电压 V_s 与未加屏蔽时的感应电压 V_0 之比,即

$$\eta = \frac{V_s}{V_0} \tag{6.3}$$

传输系数 T:加屏蔽后某一测量点的场强(E_t,H_t)与同一测量点未加屏蔽时的场强(E_0,H_0)之比,即

$$T_E = \frac{E_t}{E_0} \tag{6.4a}$$

$$T_H = \frac{H_t}{H_0} \tag{6.4b}$$

传输系数与屏蔽效能有如下关系：

$$SE = 20\lg \frac{1}{|T|} \tag{6.5}$$

6.1.1.2　电磁屏蔽的分类

电磁屏蔽的分类有两种形式，分别为按场源特性进行的分类和按主被动模式进行的分类。从场源特性来分，电磁屏蔽分为电场屏蔽、磁场屏蔽和电磁场屏蔽；从主被动模式来分，电磁屏蔽分为主动屏蔽和被动屏蔽。

主动屏蔽需要将电磁场限定在一定范围内，以减小内部电磁场源对外部电气设备或生物体产生的不良电磁影响。主动屏蔽的特点是场源位于屏蔽体之内，且场源与屏蔽体间距较小，屏蔽体处于场源近场区。

被动屏蔽需要将电磁场抑制在一定范围之外，以减小外部场源对内部电气设备或生物体产生的不良电磁影响。被动屏蔽的特点是屏蔽体与场源距离较远，屏蔽体一般处于场源的远场区。

上述分类如图 6.1 所示。

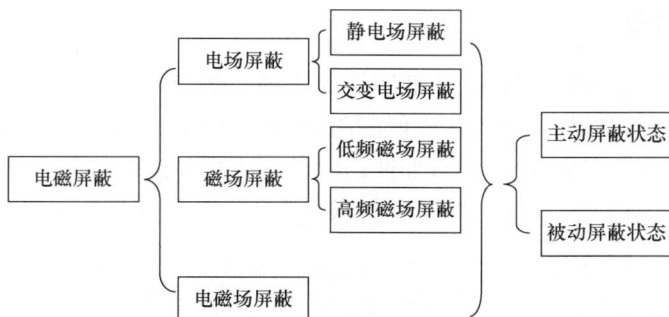

图 6.1　电磁屏蔽分类

主动屏蔽是指干扰源处于内部，防止干扰波泄漏到外部空间的屏蔽方式。这种空间虽属于邻近电磁场，但也必须要考虑驻波的影响，因此这种情况必须进行接地，接地电阻越小越好。

被动屏蔽是指干扰源处于外部，防止干扰进入屏蔽空间内部的屏蔽方式，例如中频无线电广播所形成的干扰。多数情况都是距干扰源非常远的地方，所以要采取对辐射电磁场的屏蔽。

在上述各种屏蔽类型中，人们通常关心的屏蔽类型主要是磁场屏蔽和电磁场屏蔽两种形式，下面我们将重点讨论这两种屏蔽。

6.1.2　电场屏蔽

电场屏蔽又包括静电屏蔽和低频交变电场屏蔽,其屏蔽的工作原理是利用良好接地的金属导体对电场进行屏蔽。

电场屏蔽的作用是防止两个设备(元件、部件)间的电容性耦合干扰。对于静电屏蔽,其工作原理是静电平衡,即感应的电荷在良导体中会形成等势体,如果将该良导体接地,则整个导体都为零电位,因此对静电屏蔽的要求是完整的屏蔽导体和良好的接地。对于低频交变电场屏蔽,其作用是抑制低频电容性耦合干扰,屏蔽方法是先采用电路理论分析出现电容性耦合干扰的位置,然后在中间加入接地的屏蔽导体,从而使得电容性耦合干扰被隔离,达到屏蔽的目的。

对于电场屏蔽,在设计屏蔽时需要考虑以下几点:

(1)屏蔽体的材料应为良导体,对屏蔽体的厚度没有要求;

(2)屏蔽体的形状对屏蔽效能有明显的影响,因为只有整个屏蔽体为等势体;

(3)屏蔽体应靠近受保护的设备,这样受保护的设备与屏蔽体的电位更接近;

(4)屏蔽体要有良好的接地,良好的接地保证无论干扰如何变化,屏蔽体的电位都为零。

6.1.3　磁场屏蔽

磁场屏蔽又包括静磁屏蔽(或低频交变磁场屏蔽)和高频磁场屏蔽,其屏蔽的工作原理是利用高磁导率材料构成低磁阻通路,从而对磁场进行屏蔽。低频磁场的屏蔽常用高磁导率的铁磁材料,如铁、硅钢片、坡莫合金等,这些材料能对干扰磁场进行分路,从而对磁场进行物理隔离,如图6.2所示。图中可以看出,由于多数

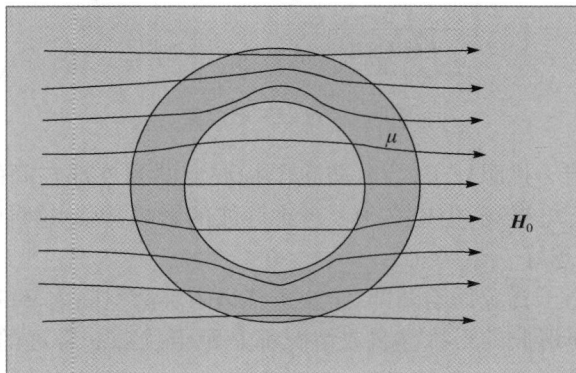

图 6.2　低频磁场的磁屏蔽示意图

磁力线被限制在屏蔽体内,从而可以达到磁屏蔽的效果。

高频磁场屏蔽则是利用低电阻的良导体中形成的涡电流产生反向磁通抑制入射磁场,如图 6.3 所示。

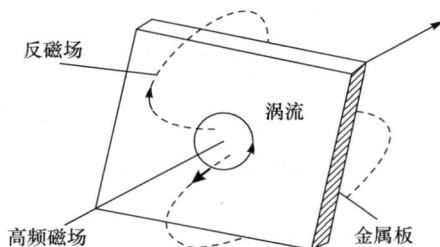

图 6.3　涡流效应及金属板对高频磁场的排斥作用

由于良导体金属材料对高频电磁场的屏蔽作用是利用感应涡流的反磁场来排斥原干扰磁场而达到屏蔽目的,所以屏蔽盒上产生涡流的大小直接影响屏蔽效果。

对于圆柱腔、球壳等规则形状的屏蔽体,可采用解析方法计算其磁场屏蔽效能,而对于不规则形状的屏蔽体,可采用磁路分析的方法近似计算其屏蔽效能。

如果屏蔽体为球壳,假设其内外半径分别为 a、b,磁导率为 μ_r,则其屏蔽效能为[1]

$$
\begin{aligned}
SE = \Bigg| & \frac{1}{3b^3 \gamma^2 \mu_r} \left(2t\mu_r^2 + \mu_r \left[ab(3b-t)\gamma^2 - t\right] + t(ab\gamma - 1)\right)\cosh(\gamma t) \\
& + \frac{1}{3b^3 \gamma^3 \mu_r} \Big[\gamma^2 (a^2 b^2 \gamma^2 + b^2 - at) + (3b-t)t\mu_r\gamma^2 \\
& + 2(ab\gamma^2 - 1)\mu_r^2 + \mu_r + 1 \Big] \sinh(\gamma t) \Bigg|
\end{aligned}
\tag{6.6}
$$

式中,γ 为传播常数,$\gamma = \sqrt{j\omega\mu_0\mu_r(\sigma + j\omega\varepsilon_0\varepsilon_r)}$。

如果该球壳为薄壳结构,即 $a \approx b = r_0$,且 $a,b \gg \delta$,上式可以简化为

$$
SE \approx \left| \cosh(\gamma t) + \frac{1}{3}\left(\frac{\gamma r_0}{\mu_r} + \frac{2\mu_r}{\gamma r_0}\right)\sinh(\gamma t) \right|
\tag{6.7}
$$

进一步,如果壳厚度远小于趋肤深度,$t = a - b \ll \delta$,上式进一步简化为

$$
SE \approx \left| 1 + \frac{2\mu_r}{3r_0}t + \frac{r_0}{3\mu_r}t\gamma^2 \right|
\tag{6.8}
$$

对于非球形腔体,其屏蔽效能可采用等效半径的方法近似计算,等效半径的计算公式为

$$
R_c \approx \sqrt[3]{\frac{3V}{4\pi}} \approx 0.62\sqrt[3]{V}
\tag{6.9}
$$

式中,V 为腔体的体积。将式(6.9)中的 R_c 代替式(6.7)或(6.8)中的 r_0,即可近似计算非球形腔体的屏蔽效能。

对于圆柱形腔体,假设腔体的内外半径分别为 a、b,磁导率为 μ_r,则其屏蔽效能为[1]

$$SE = \left| \frac{a}{2b\mu_r} \left(\left[\mu_r K_1(\gamma a) - \gamma a K_1'(\gamma a) \right] \left[\mu_r I_1(\gamma b) + \gamma b I_1'(\gamma b) \right] \right. \right.$$
$$\left. \left. - \left[\mu_r I_1(\gamma a) - \gamma a I_1'(\gamma a) \right] \left[\mu_r K_1(\gamma b) + \gamma b K_1'(\gamma b) \right] \right) \right| \qquad (6.10)$$

式中,I 为一阶第一类修正贝塞尔函数;K 为一阶第二类修正贝塞尔函数;I'、K' 分别为 I、K 的一阶导数。

如果圆柱形半径远大于趋肤深度,则可通过贝塞尔函数的近似将上式简化为

$$SE \approx \left| \frac{\sqrt{a}}{8\mu_r \gamma b \sqrt{b}} \left(\gamma (b + 8\mu_r a + 8\mu_r t) \cosh(\gamma t) \right. \right.$$
$$\left. \left. - (\gamma t + 4\gamma^2 a^2 + \gamma a + 4\gamma^2 at + 4\mu_r^2) \sinh(\gamma t) \right) \right| \qquad (6.11)$$

如果屏蔽体为薄圆柱形腔体,$a \approx b = \rho_0$,上式可以进一步简化为

$$SE \approx \left| \cosh(\gamma t) + \frac{1}{2} \left(\frac{\gamma \rho_0}{\mu_r} + \frac{\mu_r}{\gamma \rho_0} \right) \sinh(\gamma t) \right| \qquad (6.12)$$

如果屏蔽体为不规则结构,可采用磁路的方法近似计算其屏蔽效能。由于磁力线是连续闭合曲线,闭合磁力线回路也被称为磁路。根据磁路理论:

$$U_m = R_m \Phi_m \qquad (6.13)$$

式中,U_m 为磁路两点间的磁位差(A);Φ_m 为通过磁路的磁通量(Wb),

$$\Phi_m = \int_S \boldsymbol{B} \cdot \mathrm{d}\boldsymbol{S} \qquad (6.14)$$

R_m 为磁路中两点 a、b 间的磁阻,

$$R_m = \frac{\int_a^b \boldsymbol{H} \cdot \mathrm{d}\boldsymbol{l}}{\int_S \boldsymbol{B} \cdot \mathrm{d}\boldsymbol{S}} \qquad (6.15)$$

若磁路横截面 S 是均匀的,且磁场也是均匀的,则式(6.15)可简化为

$$R_m = \frac{Hl}{BS} = \frac{l}{\mu S} \qquad (6.16)$$

式中,H 为磁场;B 为磁通密度;μ 为材料的磁导率;S 为磁路的横截面积(m^2);l 为磁路的长度(m)。由式(6.13)可见,当两点间磁位差 U_m 为一定时,磁阻 R_m 越小,磁通 Φ_m 越大;由式(6.16)可见,R_m 与 μ 成反比,磁导率 μ 越大,则磁阻 R_m 越小,此时,磁通主要沿着磁阻小的途径形成回路。由于软磁材料的磁导率比空气的磁导率大得多,所以软磁材料置于磁场中时,磁通将主要通过软磁材料,而通过空气的磁通将大为减小,从而起到磁场屏蔽的作用,这种现象即所谓的磁短路。

　　下面以矩形腔屏蔽体为例说明通过磁路的方法分析其屏蔽效能。图 6.4 所示为一矩形腔屏蔽体,其尺寸如图所示,且满足 $t \ll a, t \ll b$。

　　假设屏蔽体的磁导率为 $\mu_S = \mu_0 \mu_r$,则对于磁路 $C_S (P_1 - Q_1 - Q_2 - P_2)$:

$P_1 - Q_1$:磁阻为

$$R_{mS1} = \frac{\dfrac{a}{2}}{\mu_S t} = \frac{a}{2\mu_S t} \qquad (6.17)$$

$Q_1 - Q_2$:磁阻为

$$R_{mS2} = \frac{b - 2t}{\mu_S t} \approx \frac{b}{\mu_S t} \qquad (6.18)$$

$Q_2 - P_2$:磁阻为

$$R_{mS3} = R_{mS1} \qquad (6.19)$$

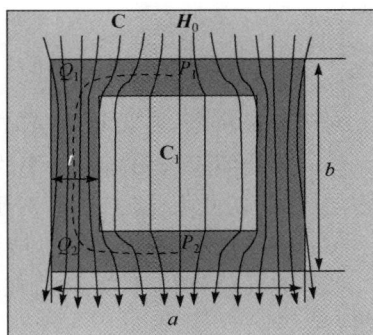

图 6.4　矩形腔屏蔽体的屏蔽效能

磁路 C_S 上单位长度的磁通为

$$\Phi_S = t\mu_S H_S \qquad (6.20)$$

则磁路 C_S 上的磁压降为

$$U_{mS} = \Phi_S (2R_{mS1} + R_{mS2}) = H_S (a + b) \qquad (6.21)$$

对于磁路 $C_1 (P_1 - P_2)$,磁阻为

$$R_{m1} = \frac{b - 2t}{\mu_0 (a - 2t)} \approx \frac{b}{\mu_0 a} \qquad (6.22)$$

磁路 C_1 上单位长度的磁通为

$$\Phi_1 = \mu_0 a H_1 \qquad (6.23)$$

则磁路 C_1 上的磁压降为

$$U_{m1} = \Phi_1 R_{m1} = H_1 b \qquad (6.24)$$

根据磁路的基尔霍夫第二定律可知

$$U_{mS} = U_{m1} \qquad (6.25)$$

由此可得

$$H_S = \frac{b}{a + b} H_1 \qquad (6.26)$$

同时,根据磁路的基尔霍夫第一定律可知

$$\Phi_0 = 2\Phi_S + \Phi_1 \qquad (6.27)$$

由式(6.26)和式(6.27)可得

$$\mu_0 a H_0 = 2\mu_0 \mu_r \frac{bt}{a + b} H_1 + \mu_0 a H_1 \qquad (6.28)$$

由此可得

$$\frac{H_0}{H_1} = \frac{2\mu_r bt}{a(a+b)} + 1 \tag{6.29}$$

从而

$$SE = 20\lg\left(1 + \frac{2\mu_r bt}{a(a+b)}\right) \tag{6.30}$$

对于磁场屏蔽,在设计屏蔽时需要考虑以下几点:

(1)屏蔽体应选用高磁导率的材料,但应防止磁饱和;对于强磁场的屏蔽可采用多层屏蔽,防止发生磁饱和,对于多层屏蔽,应注意磁路上的彼此绝缘;

(2)应尽量缩短磁路长度,增加屏蔽体的截面积(厚度);

(3)被屏蔽物体不要紧贴在屏蔽体上,这是因为越靠近屏蔽体,磁力线越密集;

(4)应注意屏蔽体的结构设计,缝隙或长条通风孔应尽可能按磁场方向分布。

6.1.4 电磁屏蔽

电磁屏蔽是电磁波在屏蔽体表面的反射和在屏蔽体内部的吸收以及在屏蔽体内部的多次反射损耗造成的电磁能衰减。其屏蔽的电磁波分为 3 个部分:一是屏蔽体的表面反射,即 R—反射损耗;二是屏蔽体材料的吸收,即 A—吸收损耗;三是屏蔽体内部的多次反射,即 B—多次反射损耗,如图 6.5 所示。

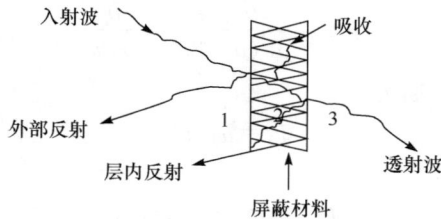

图 6.5 电磁波在屏蔽体上的传输形式

设屏蔽材料的介电常数为 ε,电导率为 σ,磁导率为 μ,厚度为 t,则其本征阻抗为

$$Z = \sqrt{\frac{j\omega\mu}{\sigma + j\omega\varepsilon}} \tag{6.31}$$

传播常数为

$$\gamma = \sqrt{j\omega\mu(\sigma + j\omega\varepsilon)} = \alpha + j\beta \tag{6.32}$$

式中

$$\alpha = \omega\sqrt{\frac{\omega\mu}{2}\left[\sqrt{1 + \left(\frac{\sigma}{\omega\varepsilon}\right)^2} - 1\right]} \tag{6.33}$$

称为衰减分量，

$$\beta = \omega \sqrt{\frac{\omega\mu}{2}\left(\sqrt{1+\left(\frac{\sigma}{\omega\varepsilon}\right)^2}+1\right)} \tag{6.34}$$

称为幅度分量。

电磁波由介质 1 入射到介质 2 时的反射系数为

$$R_{12} = \frac{Z_2 - Z_1}{Z_2 + Z_1} \tag{6.35}$$

透射系数为

$$T_{12} = 1 + R_{12} = \frac{2Z_2}{Z_2 + Z_1} \tag{6.36}$$

设入射电磁波 $E_0 = 1$，则电磁波的一次透射：界面 1-2 上反射波为 R_{12}；透射波为 T_{12}。界面 2-3 上反射波为 $R_{23}(T_{12}\mathrm{e}^{-\gamma t})$；透射波为 $T_{23}(T_{12}\mathrm{e}^{-\gamma t})$。电磁波的二次透射：界面 1-2 上反射波为 $R_{21}(R_{23}(T_{12}\mathrm{e}^{-\gamma t})\mathrm{e}^{-\gamma t}) = R_{21}R_{23}T_{12}\mathrm{e}^{-2\gamma t}$；透射波为 $T_{21}(R_{23}(T_{12}\mathrm{e}^{-\gamma t})\mathrm{e}^{-\gamma t})$。界面 2-3 上反射波为 $R_{23}((R_{21}R_{23}T_{12}\mathrm{e}^{-2\gamma t})\mathrm{e}^{-\gamma t}) = R_{21}T_{12}R_{23}^2\mathrm{e}^{-3\gamma t}$；透射波为 $T_{23}((R_{21}R_{23}T_{12}\mathrm{e}^{-2\gamma t})\mathrm{e}^{-\gamma t}) = T_{12}T_{23}R_{21}R_{23}\mathrm{e}^{-3\gamma t}$。以此类推，可得界面 2-3 的 n 次透射波为

$$T_n = T_{12}T_{23}(R_{21}R_{23})^{n-1}\mathrm{e}^{-(2n-1)\gamma t} \tag{6.37}$$

由此可得总的透射电磁波为

$$T = \sum_{n=1}^{\infty} T_{12}T_{23}(R_{21}R_{23})^{n-1}\mathrm{e}^{-(2n-1)\gamma t} = T_{12}T_{23}\mathrm{e}^{-\gamma t}\frac{1}{1-R_{21}R_{23}\mathrm{e}^{-2\gamma t}} \tag{6.38}$$

由此可得其电磁屏蔽效能为

$$SE = 20\lg\left|\frac{1}{T}\right| = 20\lg\left|\frac{1}{T_{12}T_{23}}\right| + 20\lg|\mathrm{e}^{\gamma t}| + 20\lg|1-R_{21}R_{23}\mathrm{e}^{-2\gamma t}|$$
$$= R + A + B \tag{6.39}$$

式中

$$R = -20\lg|T_{12}T_{23}| = -20\lg\left|\frac{4K}{(1+K)}\right| \tag{6.40}$$

称为反射损耗，$K = Z_2/Z_1$，

$$A = 20\lg|\mathrm{e}^{\gamma t}| = 8.686\alpha t \tag{6.41}$$

称为吸收损耗，

$$B = 20\lg\left|1-\left(\frac{1-K}{1+K}\right)^2\mathrm{e}^{-2\gamma t}\right| \tag{6.42}$$

称为多次反射修正。

6.1.5　金属材料电磁屏蔽效能的理论计算

6.1.4 节对金属板或块状金属体的屏蔽效能进行了基础的理论分析。实际工程使用中,一方面,需要兼顾散热、结构等因素,往往会采用不同结构的金属体进行屏蔽,比如金属丝网格、有孔金属板或者多层金属板等。结构不同,导致屏蔽效能差异,理论计算也不同。另一方面,需要较为简单直接的屏蔽效能计算公式以指导材料设计。本节将更为系统地对不同结构的金属屏蔽材料的屏蔽效能进行理论计算分析,对屏蔽效能与电磁参数(电导率、磁导率)、结构参数(厚度、金属丝直径、网孔尺寸等)、入射电磁波频率的关系进行定量分析。

6.1.5.1　完整金属屏蔽体的屏蔽效能

1. 单层平面金属屏蔽材料

对于单层金属板,假设其结构完整、均匀连续。根据传输线理论计算其传输系数 T_s,将电磁场用传输线路等效,并将厚度为 t(m)的金属板视为长度为 t 的一段损耗传输线,等效电路如图 6.6 所示。

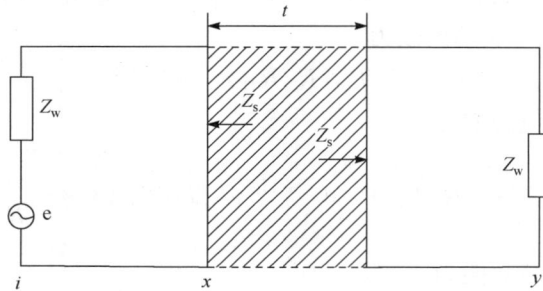

图 6.6　损耗传输线等效无孔金属板屏蔽[2]

根据传输线理论,

$$\frac{I_y}{I_x} = \frac{Z_s}{Z_s \cosh\gamma t + Z_s \sinh\gamma t} \tag{6.43a}$$

$$\frac{I_x}{I_i} = \frac{2Z_w}{Z_w + Z_x} \tag{6.43b}$$

其中,

$$Z_x = Z_s \frac{Z_w \cosh\gamma t + Z_s \sinh\gamma t}{Z_s \cosh\gamma t + Z_w \sinh\gamma t} \tag{6.44}$$

因此,金属板的传输系数为

$$T_s = \frac{I_y}{I_i} = \frac{I_y}{I_x} \cdot \frac{I_x}{I_i} = \frac{2Z_w Z_s}{Z_w (Z_s \cosh\gamma t + Z_w \sinh\gamma t) + Z_s (Z_w \cosh\gamma t + Z_s \sinh\gamma t)}$$

(6.45)

即

$$T_s = \frac{4Z_w Z_s}{(Z_w + Z_s)^2} \left(1 - \left(\frac{Z_s - Z_w}{Z_w + Z_s}\right)^2 e^{-2\gamma t}\right)^{-1} e^{-\gamma t}$$

(6.46)

由式(6.5)可得无孔金属板的屏蔽效能为

$$SE = 20\lg|e^{\gamma t}| + 20\lg\left|\frac{(Z_w + Z_s)^2}{4Z_w Z_s}\right| + 20\lg\left|1 - \left(\frac{Z_s - Z_w}{Z_w + Z_s}\right)^2 e^{-2\gamma t}\right|$$

(6.47)

式(6.47)同式(6.39),也就是无孔金属板的屏蔽效能为金属板内部的吸收损耗 A、金属板临界面上的反射损耗 R 以及金属板内部的多次反射损耗 B 之和。

(1) 吸收损耗

$$A = 20\lg|e^{\gamma t}| = 20\lg e^{at} = 131.43t \sqrt{f\mu_r \sigma_r}$$

(6.48)

即式(6.41)。同时,电磁场强度会随着电磁波在金属板中传播距离的深入以指数规律衰减,因此,也可利用泄漏电场或磁场来表示金属板的屏蔽作用,即

$$E_t = E_0 e^{-t/\delta}$$

(6.49a)

$$H_t = H_0 e^{-t/\delta}$$

(6.49b)

由式(6.4)和式(6.5)同样可得吸收损耗,即

$$A = 20\left(\frac{t}{\delta}\right)\lg e = 8.686\left(\frac{t}{\delta}\right) = 131.43t \sqrt{f\mu_r \sigma_r}$$

(6.50)

(2) 反射损耗

$$R = 20\lg\left|\frac{(Z_w + Z_s)^2}{4Z_w Z_s}\right|$$

(6.51)

通常,$|Z_w| \gg |Z_s|$,即空气中电磁波的波阻抗远远大于金属的特性阻抗。因此,

$$R \approx 20\lg\left|\frac{Z_w}{4Z_s}\right|$$

(6.52)

但在不同的场区,干扰波的特性阻抗不同,金属板的反射损耗也不相同。在远场区,平面波情况下,反射损耗为

$$R = 168.168 + 10\lg\frac{\sigma_r}{\mu_r f}$$

(6.53)

近场区,高阻抗电场时

$$R = 321.7 + 10\lg\left(\frac{\sigma_r}{\mu_r f^3 r^2}\right)$$

(6.54a)

近场区,低阻抗磁场时

$$R = 14.6 + 10\lg\left(\frac{f r^2 \sigma_r}{\mu_r}\right)$$

(6.54b)

（3）多次反射损耗

$$B = 20\lg\left|1 - \left(\frac{Z_\mathrm{w} - Z_\mathrm{s}}{Z_\mathrm{w} + Z_\mathrm{s}}\right)^2 \mathrm{e}^{-2\gamma t}\right| \tag{6.55}$$

由上述可知 $A = 20\lg \mathrm{e}^{\alpha t}$，则 $\mathrm{e}^{2\alpha t} = 10^{A/10}$，因此 $2\alpha t = \ln 10^{A/10} = 0.23A$，

$$\mathrm{e}^{-2\gamma t} = \mathrm{e}^{-2\alpha t}\,\mathrm{e}^{-\mathrm{j}2\alpha t} = 10^{-0.1A}\mathrm{e}^{-\mathrm{j}0.23A} = 10^{-0.1A}(\cos 0.23A - \mathrm{j}\sin 0.23A) \tag{6.56}$$

如果 $|Z_\mathrm{w}| \gg |Z_\mathrm{s}|$，则多次反射损耗为

$$B = 20\lg\left|1 - 10^{-0.1A}(\cos 0.23A - \mathrm{j}\sin 0.23A)\right| \tag{6.57}$$

当 $A > 10\ \mathrm{dB}$ 时，B 可忽略不计。表 6.1 给出了单层无孔金属板的电磁损耗计算公式。

表 6.1　单层金属板的电磁损耗

类别	电磁损耗计算公式(dB)
吸收损耗	$A = 131.43t\sqrt{f\mu_\mathrm{r}\sigma_\mathrm{r}}$
反射损耗	远场平面波，$R = 168.1 - 10\lg\dfrac{f\mu_\mathrm{r}}{\sigma_\mathrm{r}}$
	低阻抗磁场，$R = 14.6 + 10\lg\left(\dfrac{fr^2\sigma_\mathrm{r}}{\mu_\mathrm{r}}\right)$
	高阻抗电场，$R = 321.7 + 10\lg\left(\dfrac{\sigma_\mathrm{r}}{\mu_\mathrm{r}f^3r^2}\right)$
多次反射损耗	$B = 20\lg\left\|1 - \left(\dfrac{Z_\mathrm{w} - Z_\mathrm{s}}{Z_\mathrm{w} + Z_\mathrm{s}}\right)^2 10^{-0.1A}(\cos 0.23A - \mathrm{j}\sin 0.23A)\right\|$ （$A > 10\ \mathrm{dB}$ 时，B 可忽略不计）

2. 多层平面金属屏蔽材料

对于多层平面金属屏蔽材料，如图 6.7 所示，可由传输线理论计算其屏蔽效能[3]，或采用波传输矩阵方法[4]计算任意入射角和不同极化方式下多层平面结构的屏蔽效能。假设各层为均质各向同性材料，第 i 层的参数分别为介电常数 ε_i，磁导率 μ_i，电导率 σ_i 和厚度 d_i，第 i 层的固有阻抗为

$$\eta_i = [\mu_i/(\varepsilon_i + \sigma_i/\mathrm{j}\omega)]^{1/2} \tag{6.58}$$

不同极化方式下第 i 层的阻抗为

$$Z_i = \eta_i/\cos\theta_i \quad \mathrm{TE\ 极化} \tag{6.59}$$

$$Z_i = \eta_i\cos\theta_i \quad \mathrm{TM\ 极化} \tag{6.60}$$

对于横向电场波 TE 极化，即垂直极化，电场和磁场分量满足 $E_i = E_y,\ H_i = H_x$；横向磁场波 TM 极化，即水平极化，电场和磁场分量满足 $E_i = E_x,\ H_i = H_y$。由 Snell's 定律，

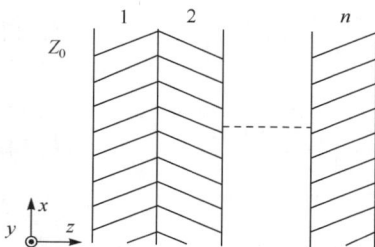

图 6.7　多层金属屏蔽材料结构

$$\cos\theta_i = \left[1 - (k_0/k_i)^2 \sin^2\theta_0\right]^{1/2} \tag{6.61}$$

式中，k_0 和 θ_0 分别为自由空间的波数和入射角；θ_i 为第 i 层的折射角。

第 i 层波数 k_i 为

$$k_i = \omega\left[\mu_i(\varepsilon_i + \sigma_i/\mathrm{j}\omega)\right]^{1/2} \tag{6.62}$$

用矩阵形式表示相邻层间的电场和磁场关系，即

$$\begin{bmatrix} E_{i-1} \\ H_{i-1} \end{bmatrix} = [M_{i-1}]\begin{bmatrix} E_i \\ H_i \end{bmatrix} \quad (i=2,3,\cdots,n) \tag{6.63}$$

n 层总的特征矩阵为

$$[M] = [M_1][M_2]\cdots[M_i]\cdots[M_n] = \begin{bmatrix} M_{11} & M_{12} \\ M_{21} & M_{22} \end{bmatrix} \tag{6.64}$$

$$[M_i] = \begin{bmatrix} \cos(k_i d_i \cos\theta_i) & -\mathrm{j}Z_i\sin(k_i d_i \cos\theta_i) \\ -(\mathrm{j}/Z_i)\sin(k_i d_i \cos\theta_i) & \cos(k_i d_i \cos\theta_i) \end{bmatrix} \tag{6.65}$$

因此，n 层密实金属平面屏蔽材料总的传输系数为

$$T = \frac{2\left[M_{22}(M_{11}Z_0 - M_{12}) + M_{12}(M_{22} - M_{21}Z_0)\right]}{(M_{11}Z_0 - M_{12}) + Z_0(M_{22} - M_{21}Z_0)} \tag{6.66}$$

最后将式（6.66）代入式（6.5）计算多层屏蔽结构的屏蔽效能。

6.1.5.2　有孔金属屏蔽材料的屏蔽效能

电磁场穿越金属板传输与透过金属板上的孔隙传输两个传输途径互不相关，因此，可以分两部分计算有孔金属板的屏蔽效能[2]。首先，假定金属板无孔，计算其传输系数 T_s；然后假设金属板是理想导电体，即电磁场只能透过孔隙传输，计算孔隙的传输系数 T_h。假设穿越金属板和透过孔隙的电磁场矢量在空间同向且相位相同，则总的传输系数为

$$|T| = |T_\mathrm{s}| + |T_\mathrm{h}| \tag{6.67}$$

有孔金属板的总的屏蔽效能为

$$SE = 20\lg\frac{1}{|T_\mathrm{h}| + |T_\mathrm{s}|} \tag{6.68}$$

无孔金属板的 T_s 的计算同 6.1.5.1 中，即由吸收、反射和多次反射三部分组成。关于 T_h 的计算，有圆孔、正方形孔或矩形孔。设单孔面积为 S，整个屏蔽板面积为 F，当 $F \gg S$ 且洞孔的直线尺寸比干扰波的波长小得多时，单孔的传输系数为

$$T_\mathrm{h} = 4\left(\frac{S}{F}\right)^{3/2} \tag{6.69}$$

若有 n 个不同的孔，则总的孔隙传输系数为 $T_{\mathrm{h}总} = \sum_1^n T_{\mathrm{h}n}$；若有 n 个相同的孔，则总的孔隙传输系数为 $T_{\mathrm{h}总} = 4n\left(\frac{S}{F}\right)^{3/2}$。

对于边长为 a,b 的矩形孔洞，面积为 S'，设同矩形孔泄漏情况等效的圆面积为 S，则 $S=KS'$，其中 $K=\sqrt[3]{\dfrac{b}{a}\zeta^2}$。当 $\dfrac{b}{a}=1$ 时，$\zeta=1$；当 $\dfrac{b}{a}\gg 5$ 时，$\zeta=$ $\dfrac{b}{2a\ln(0.63b/a)}$。因此，有孔金属板实际的屏蔽效能为

$$SE=20\lg\left(\frac{1}{T_{\text{h总}}+T_{\text{s}}}\right) \tag{6.70}$$

然而，Schulz R B 等[5] 和 Perumalraj[6] 指出，可用来计算有孔金属板、金属网 SE 的较为实用的计算公式为

$$SE=A_{\text{a}}+R_{\text{a}}+B_{\text{a}}+K_1+K_2+K_3 \tag{6.71}$$

式中，A_{a} 为孔的吸收损耗(dB)；R_{a} 为孔的反射损耗(dB)；B_{a} 为多次反射修正因子 (dB)；K_1 为单位面积内网孔数的修正项(dB)；K_2 为低频穿透修正系数(dB)；K_3 为临近网孔间相互耦合的修正系数(dB)。

(1) 吸收损耗项 A_{a}[7]

若织物孔洞具有波导管结构，由波导理论可知，波导管可看作是高通滤波器，即它对于电磁波有截止频率 f_{c} (GHz)。当电磁波频率低于截止频率时，波导对电磁波具有衰减作用；反之，电磁波自由通过。设圆孔内径为 D (cm)，矩形孔长边宽度为 W (cm)，孔深度均为 d (cm)，则圆形波导管和矩形波导管的吸收损耗分别为

$$A_{\text{a}}=32\frac{d}{D} \tag{6.72}$$

$$A_{\text{a}}=27.3\frac{d}{W} \tag{6.73}$$

若屏蔽体的孔洞尺寸小于其自身厚度时，则孔洞可看作波导，其孔深度为屏蔽体厚度。式(6.72)和式(6.73)的详细推导过程见 6.4.3 章节。

(2) 反射损耗项 R_{a}

孔的反射损耗主要取决于孔的形状和入射波的波阻抗，其计算式为

$$R_{\text{a}}=20\lg\left|\frac{(K+1)^2}{4K}\right| \tag{6.74}$$

$$K=\frac{Z_{\text{a}}}{Z_{\text{w}}} \tag{6.75}$$

式中，Z_{a} 为孔的特性阻抗；Z_{w} 为入射波的特性阻抗。

矩形孔和圆形孔的特性阻抗分别为

$$Z_1=\text{j}\frac{2W}{\lambda}Z_{\text{w}} \tag{6.76}$$

$$Z_2=\text{j}\frac{1.705D}{\lambda}Z_{\text{w}} \tag{6.77}$$

因此，对于平面波场矩形孔，$K=\mathrm{j}6.67\times10^{-5}fW$，平面波场圆形孔，$K=\mathrm{j}5.7\times10^{-5}fD$；低阻抗磁场矩形孔，$K=\dfrac{W}{\pi r}$，低阻抗磁场圆形孔，$K=\dfrac{D}{3.69r}$；高阻抗电场矩形孔，$K=-\dfrac{4\pi Wr}{\lambda^2}$，高阻抗电场圆形孔，$K=-\dfrac{3.41\pi Dr}{\lambda^2}$。其中，$f$ 为频率（MHz），r 为干扰源到屏蔽体的距离（m）。

（3）多次反射修正项 B_a

当 $A_\mathrm{a}<15$ dB 时，

$$B_\mathrm{a}=20\lg\left|1-\left(\frac{K-1}{K+1}\right)^2 10^{-0.1A_\mathrm{a}}\right| \tag{6.78}$$

（4）孔数修正项 K_1

当孔间距远小于干扰源到屏蔽体的距离时，

$$K_1=-10\lg(a\cdot n) \tag{6.79}$$

式中，a 为单孔面积（cm^2）；n 为单位面积内孔数（孔$/\mathrm{cm}^2$）。当干扰源非常靠近屏蔽体时，该项可忽略。

（5）低频修正项 K_2

$$K_2=-20\lg(1+35p^{-2.3}) \tag{6.80}$$

式中，p 为孔与孔间导体宽度或金属丝直径与趋肤深度的比值。该项在高频时可忽略。

（6）相邻孔耦合修正项 K_3

$$K_3=20\lg\left[\coth\left(\frac{A_\mathrm{a}}{8.686}\right)\right] \tag{6.81}$$

当屏蔽体上各个孔眼相距很近，且孔深比孔径小得多时，相邻孔间的耦合作用对屏蔽体屏蔽效能有显著影响。各项的具体计算公式如表 6.2 所示。

表 6.2　有孔金属板（金属网）屏蔽效能的计算公式

符号	类别	孔隙		备注
		矩形	圆形	
A_a	吸收损耗	$A_\mathrm{a}=27.3\dfrac{d}{W}$	$A_\mathrm{a}=32\dfrac{d}{D}$	$d=$孔深（cm），$D=$圆孔直径（cm）$W=$矩形孔的长边长度（cm）
R_a	孔隙反射损耗	$R_\mathrm{a}=20\lg\left\|\dfrac{(K+1)^2}{4K}\right\|$		平面波矩形孔 $K=\mathrm{j}6.67\times10^{-5}fW$ 平面波圆形孔 $K=\mathrm{j}5.7\times10^{-5}fD$ f（MHz）
B_a	多次反射修正项 $A_\mathrm{a}<15$ dB	$B_\mathrm{a}=20\lg\left\|1-\left(\dfrac{K-1}{K+1}\right)^2 10^{-0.1A_\mathrm{a}}\right\|$		

符号	类别	孔隙		备注
		矩形	圆形	
K_1	单位面积内网孔数的修正项	$K_1=-10\lg(a\cdot n), r\gg W,D$ $0, r\ll W,D$		$r=$屏蔽体与场源的距离(m) $a=$单个网孔面积(cm^2) $n=$每平方厘米内的孔数
K_2	低频穿透修正系数	$K_2=-20\lg(1+35P^{-2.3})$		$p=$孔间导体宽度/趋肤深度 (有孔金属板) $P=$金属丝直径/趋肤深度 (金属丝网)
K_3	临近网孔间相互耦合的修正系数	$K_3=20\lg\left[\coth\left(\dfrac{A_a}{8.686}\right)\right]$		—

6.1.5.3　金属丝网的屏蔽效能

　　针对于金属网格,1973 年,Chen[8]研究了有一定厚度的带圆孔或矩形孔导电金属板对微波的传输特性,给出了金属板网格反射系数、传输系数的经验公式,推导了计算电磁泄漏的公式。理论计算与实测结果基本一致,但计算仍很复杂。1967 年,Ulrich[9]分别研究了电感网格和电容网格对远红外线的传输特性。1982 年,Lee 等[10]提出了计算零厚度及有一定厚度的周期性金属板网格传输电磁波特性的公式,综合了 Chen 和 Ulrich 的优点,但也有一定的局限性,公式只适用于平面波垂直入射金属网格的情况,且单元网格尺寸小于入射波波长。1988 年,Kendall F C[11]假设金属网格交叉点连接、网格形状为矩形且单个网格尺寸小于平面波波长,通过分析金属网格的等效板阻抗,推导了不同极化方式下平面金属网格对平面波的屏蔽效能,得到不依赖于极化方式的屏蔽效能的计算公式。

　　1. 金属丝网屏蔽效能的工程计算

　　精确计算金属网的屏蔽效能比较困难。但在工程近似情况下,可将电磁场用传输线路等效,应用传输线理论,求出电磁波通过金属网的传输系数 T,由式(6.5)计算屏蔽效能。为了简化问题,忽略了吸收损耗,其介入损耗主要取决于金属网面上的反射。单层金属网在平面波情况下屏蔽效能的工程计算公式[2]为

$$SE=20\lg\dfrac{1}{s\sqrt{(0.265\times10^{-2}R_f)^2+\left[0.265\times10^{-2}X_f+0.333\times10^{-8}f\left(\ln\dfrac{s}{a}-1.5\right)\right]^2}}$$

$$(6.82)$$

式中, s 为金属丝交织间距(中心距)(m); a 为金属丝半径(m); R_f 为金属丝单位长度的交流电阻(Ω/m); X_f 为金属丝单位长度的电抗(Ω/m); f 为频率(Hz)。

研究表明,当孔隙率小于或等于 50%,或在所需衰减的电磁波的每个波长上有 60 根以上的金属丝时,基本可以得到与金属板反射损耗相当的值。此外,6.1.5.2 中式(6.71)同样适用于金属网格结构屏蔽效能的计算。

2. 金属丝网的等效阻抗及屏蔽效能

金属丝网对平面波的屏蔽效能可通过金属丝网的等效阻抗进行推导计算。假设网孔均为方形,金属丝横截面为圆形,且金属网交点连接良好。当网孔尺寸远小于入射波波长时,对于网孔尺寸为 $a_s \times a_s$ 的金属丝网格结构,如图 6.8 所示,对应于垂直极化平面波和水平极化平面波的阻抗分别为 Z_{s1} 和 Z_{s2},即

$$Z_{s1} = Z'_w a_s + j\omega L_s \tag{6.83}$$

$$Z_{s2} = Z_{s1} - \frac{j\omega L_s}{2}\sin^2\theta \tag{6.84}$$

式中, Z'_w 为金属丝单位长度的内部阻抗; L_s 为金属丝网的电感; θ 为金属丝网平面的法线与平面波入射平面的夹角。

$$L_s = \frac{\mu_0 a_s}{2\pi}\ln\,(1 - e^{-\frac{2\pi r_w}{a_s}})^{-1} \tag{6.85}$$

$$Z'_w = R'_w \frac{\sqrt{j\omega\tau_w}\,I_0\,(\sqrt{j\omega\tau_w})}{2I_1\,(\sqrt{j\omega\tau_w})} \tag{6.86}$$

式中, $R'_w = (\pi r_w^2 \sigma_w)^{-1}$ 是金属丝单位长度直流电阻; $\tau_w = \mu_w\sigma_w r_w^2$ 是扩散时间常数; $I_n(\cdot)$ 是 n 阶第一类贝塞尔函数; σ_w 和 μ_w 分别是金属丝的电导率和磁导率。

由此可得出金属丝网在垂直极化平面波和水平极化平面波情况下的传输系数,分别为 T_1 和 T_2,即

$$T_1 = \frac{2Z_{s1}\cos\theta}{Z_w + 2Z_{s1}\cos\theta} \tag{6.87}$$

$$T_2 = \frac{2Z_{s2}}{2Z_{s2} + Z_w\cos\theta} \tag{6.88}$$

由屏蔽效能的定义式(6.5),当金属丝导电性良好时,金属丝网对于垂直极化平面波和水平极化平面波的屏蔽效能分别为

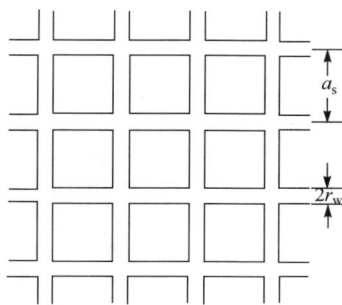

图 6.8　金属丝网格结构

$$SE_1 = -20\lg \left| \frac{(2\omega L_s/Z_w)\cos\theta}{1+(\omega L_s/Z_w)^2\cos\theta} \right| \qquad (6.89)$$

$$SE_2 = -20\lg \left| \frac{(2\omega L_s/Z_w)\left(1-\dfrac{1}{2}\sin^2\theta\right)}{(\omega L_s/Z_w)\left(1-\dfrac{1}{2}\sin^2\theta\right)\cos^2\theta} \right| \qquad (6.90)$$

与极化方式无关的屏蔽效能解析表达式为

$$SE_0 = -10\lg \left[\frac{1}{2}|T_1|^2 + \frac{1}{2}|T_2|^2 \right] \qquad (6.91)$$

3. 分层平行金属阵列结构

Maria SabrinaSarto 等[12]提出了一种预测金属线网格电磁屏蔽性能的有效层级模型,即将金属网格看作是由两组平行周期排列的金属线阵列以一定的取向角叠加在一起的层状结构,如图 6.9 所示,两个金属线阵列直接层叠在一起,即假定交叉点处接触阻抗可忽略。通过分析横向电场和横向磁场在金属线阵列中的传播,建立传输矩阵方程,得到金属线网格的有效并联导纳,并建立等效电路,进一步得出金属网格的复介电常数和电导率。数值计算电磁波垂直入射下不同极化方式的屏蔽效能。最后采用平均屏蔽效能来估计金属线网格的屏蔽性能,即材料对横

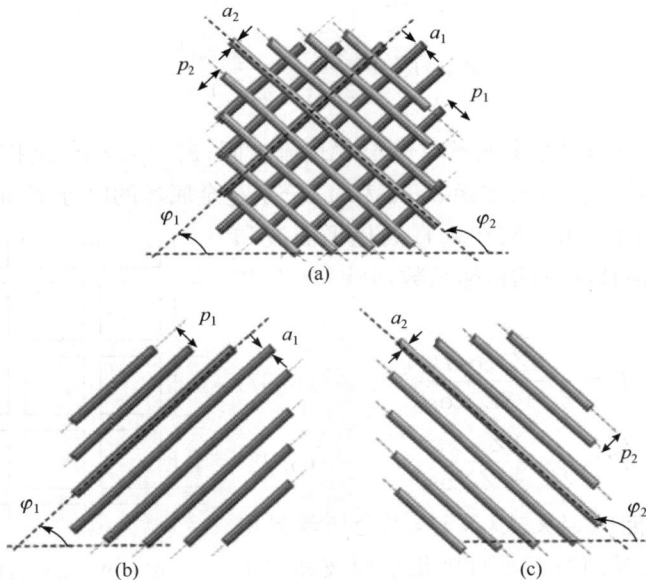

图 6.9　两个金属线阵列级联模拟金属丝网格结构

(a)金属丝网格;(b)金属丝平行阵列 1;(c)金属丝平行阵列 2

向磁场和横向电场极化入射平面波做出的反应。对于各向同性材料,横向电场和横向磁场极化方式下的屏蔽效能一致;而对于各向异性材料,总的屏蔽效能为两者极化方式下的平均值。

根据 ASTM D4935,采用法兰同轴法,使用 3 个不同尺寸的法兰同轴夹具,测试 1 MHz~18 GHz 频率范围内的屏蔽效能。

研究表明,不同结构的金属网格阵列的测量结果与数值计算结果有很好的一致性。无论是各向同性还是各向异性金属网格,两个不同极化波的屏蔽效能都与平均屏蔽效能相一致,且测量结果和数值计算结果相吻合。该方法适用于所有各向同性或各向异性金属网格的屏蔽效能估计,但是仍需要数值计算。

6.2　电磁屏蔽织物及其网格结构

6.2.1　电磁屏蔽织物分类及特点

6.1 节提到,对于低频磁场,需要用高磁导率的软磁材料进行有效屏蔽;对于高频电磁场,需要用导电性良好的金属材料进行有效屏蔽。现有研究和报道的电磁屏蔽织物,基本用于对高频电磁场的屏蔽,织物中都含有具有导电性能的金属质材料。本章重点讨论这类电磁屏蔽织物的结构、屏蔽效能及各向异性。

6.2.1.1　电磁屏蔽织物的分类

根据成形方法划分,电磁屏蔽织物可分为三大类。第一类是由具有金属特性的纤维或纱线通过纺织加工方法获得,称为织造电磁屏蔽织物;第二类是在成形织物上镀、涂敷金属层,称为金属化电磁屏蔽织物;第三类是将不同成形方法和不同结构的电磁屏蔽织物通过多层复合方式获得,称为复合电磁屏蔽织物。

第一类织物,是由具有金属特性的纤维构成的纱线按照织物组织结构和规格进行织造获得。其中,具有金属特性的纤维包括金属纤维[13,14]、表面镀覆金属的纤维[15,16]、本征导电高分子纤维[17,18]、碳纤维[19]等。本章以金属或金属化纤维构成的电磁屏蔽织物为主,进行阐述。根据金属纤维纱线成形方式差异,第一类织物又可以进一步分为金属长丝电磁屏蔽织物和金属短纤维电磁屏蔽织物。

第二类织物,在织物表面均匀涂敷或镀覆了具有金属性(包括本征导电高分子)的功能层,每根纤维或纱线上都被均匀的金属层所覆盖,经纬交叉点处具有良好的导通。根据形成金属镀层的方法,有真空蒸镀、电镀[20]、化学镀(络合法、银渗固法、沉积法等)[21-23]、磁控溅射[24,25]、涂层电磁屏蔽织物[26]、原位聚合[27,28]等。其中,采用化学镀、电镀等方式获得镀覆金属的纤维或织物已得到了商业化应用,典型的有镀银纤维,如著名的有 X-static®[29]、亨通天银®[30]。磁控溅射制备金属镀覆的织物技术也日益成熟。根据镀层所用金属不同,又有镀银织物[31]、镀铜织物[32]、镀镍织物[33]、复合镀织物[34,35]等。根据基体织物的不同,又有金属化针织物、金属化机织物、金属化无纺布等。

第三类织物,是由上述两类织物中的多种复合而成。通常,最上层采用透射性能较好、中间层采用吸收性能良好、底层采用反射性能良好的织物,并充分利用多层间的层间反射和吸收作用。比如,将含不锈钢的涤纶机织物、2层含铝粉的聚氨酯层以及含不锈钢和银纤维的针织涤纶织物进行复合,可以获得多层屏蔽织物[36,37]。

根据织物结构划分,可以分为电磁屏蔽针织物、电磁屏蔽机织物、电磁屏蔽非织造织物。结合功能形成方法,可以进一步细化分类。

根据产生电磁屏蔽作用的功能材料来划分,可以分为金属纤维电磁屏蔽织物、金属化电磁屏蔽织物、本征导电高分子(ICP)电磁屏蔽织物、其他电磁屏蔽织物等。其中,金属纤维电磁屏蔽织物中,常用的金属纤维有不锈钢纤维、铜丝纤维、铝纤维、坡莫合金纤维等。金属化电磁屏蔽织物中,常用的有镀银织物、镀铜镍织物等。本征导电高分子织物又可以分为聚苯胺织物、聚吡咯织物、聚噻吩织物等。其他电磁屏蔽织物有碳纤维织物、涂覆金属盐或金属氧化物的织物等[38]。

电磁屏蔽织物的分类具体见表 6.3 所示。

表 6.3　电磁屏蔽织物的分类

	织造电磁屏蔽织物	金属长丝电磁屏蔽织物(具体包括包芯纱、并线、交织、包缠等电磁屏蔽织物)、金属短纤维电磁屏蔽织物(多为混纺织物)
根据成形方法划分	金属化电磁屏蔽织物	电镀织物、化学镀织物、磁控溅射织物、真空蒸镀织物、涂层织物、原位聚合织物等
	多层复合电磁屏蔽织物	—
根据织物结构划分	电磁屏蔽机织物	织造电磁屏蔽机织物、金属化电磁屏蔽机织物
	电磁屏蔽针织物	织造电磁屏蔽针织物、金属化电磁屏蔽针织物
	电磁屏蔽非织造织物	金属化电磁屏蔽非织造织物、针刺电磁屏蔽织物等
根据功能材料种类分类	金属纤维电磁屏蔽织物	不锈钢织物、铜丝织物、铝织物等
	金属化电磁屏蔽织物	镀银纤维织物、镀银织物、镀铜镍织物、石墨涂层织物、碳纳米管涂层织物、铝粉涂层织物等
	本征导电高分子电磁屏蔽织物	聚苯胺(PANi)织物、聚吡咯(PPy)织物、聚噻吩(PTh)织物等
	其他电磁屏蔽织物	碳纤维织物、金属盐织物、氧化铟锡织物等

6.2.1.2　电磁屏蔽织物的特点

电磁屏蔽织物不同于屏蔽金属板,织物的结构、织物中功能材料等对电磁屏蔽效能都会有显著的影响。无论何种电磁屏蔽织物,具有以下三个共同特点。

(1) 含有导电性的材料。

用于电磁屏蔽织物的导电性材料主要有金属及本征导电高分子两大类。常用的导电纤维或金属功能层是不锈钢、银、铜、镍、铝等。部分常用金属材料的电导率和相对磁导率见 6.4.1 节中的表 6.4。

本征导电高分子如 PANi、PPy、PTh 涂覆的纤维,其结合牢度较差,易在织造中磨损,故更多的研究集中于导电高分子涂覆织物。尽管 ICP 涂覆织物或纤维具有较低的电阻率和一定的屏蔽效能,在其他类型的电磁兼容或屏蔽产品上具有一定优势,但无论是纤维还是织物,均存在如下问题:①ICP 带有颜色,如 PANi 呈绿色、PTh 呈淡蓝色等,会影响其应用;②无论是化学聚合还是电化学聚合,均存在设备腐蚀问题;③耐洗涤性较差;④与金属化织物相比加工成本偏高[39,40]。因此,在电磁屏蔽织物尤其是服用织物上,应用较少。

(2) 具有对应织物所具备的结构特征和服用性能。

目前应用和研究较多的电磁屏蔽织物主要集中于:织造电磁屏蔽织物和金属化电磁屏蔽织物这两大类。

织造电磁屏蔽织物是将金属纤维和普通纺织材料形成纱线后,再织造成织物,具有纺织品所具备的特点,比如结构可控、编织灵活、透气性好、轻柔、服用性好等,是军民用以及服用轻质柔性电磁屏蔽织物的首选,已被广泛应用于带电作业服、高压静电防护服等。其电磁屏蔽效能和织物结构息息相关,需要进行有效设计。

金属化电磁屏蔽织物多为表面镀覆金属的织物,织物表面整体镀覆有金属层。因此,虽然屏蔽效能可以达到接近金属薄板屏蔽材料的效果,但织物的透气性欠缺,且其镀层和织物基体的结合牢度及耐洗性能也一直是研究的重点[21]。

这两大类织物多采用机织物结构,即由经向和纬向两个系统纱线交织而成。针织物的屏蔽效能相对较差,且容易变形,研究较少。非织造织物强力较低,研究不多。后面将重点阐述电磁屏蔽机织物的有效屏蔽结构。

(3) 具有织物的各向异性,即经纬方向或纵横向的纱线排列间距或纱线类型不同等。

织物具有三个层次的结构:纤维、纱线和织物。纤维是典型的各向异性材料,轴向和径向性能不同。纱线也具有各向异性。机织物含有两个互相垂直系统的纱线,两个系统纱线的密度、种类不同会使得机织物在经纬向性能不同。常规经编或纬编针织物是由一个系统纱线通过线圈串套而成,其在纵横向具有不同性能。这些差异都使得电磁屏蔽织物具有各向异性。

6.2.2　电磁屏蔽织物结构

电磁屏蔽织物的结构分为两个层面：一是由金属纤维构成的纱线结构；二是由功能纱线构成的织物结构。

6.2.2.1　金属纤维纱线结构

金属长丝以裸丝直接织入，或者和普通纺织纤维以包芯、并捻、包缠等纱线方式织入，获得含金属长丝的电磁屏蔽织物。金属短纤维和普通纺织纤维以一定比例混纺获得混纺纱后织入，获得金属短纤维电磁屏蔽织物。由此可知，金属长丝和金属短纤维在纱线中的存在结构与状态完全不同。

由金属短纤维或长丝和其他普通纺织纤维构成的纱线，其金属纤维在纱线中的排列结构、导通状态等都会影响纱线的电磁学参数。图 6.10 为实际金属纤维纱线的结构示意图。其中，d 为纱线等效直径，h_β 为由加捻导致的螺旋间距。

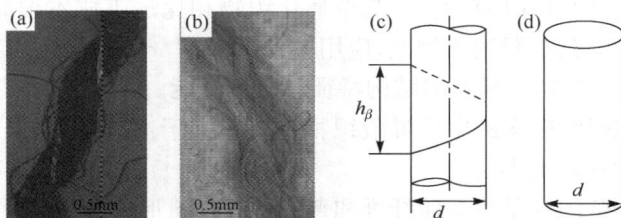

图 6.10　金属纤维纱线图、加捻螺旋结构及纱线等效结构示意图
(a)金属长丝纱线图；(b)金属短纤维纱线；(c)单根纤维螺距示意图；(d)等效纱线结构图

图中，金属长丝和普通纱线以一定的比例和规则排列，然后加捻形成织物中的纱线。金属长丝在纱线中是一个连续的、长度方向具有与捻度相关的螺旋结构导电体，和其中的普通纺织纤维一起构成了含金属的纱线，如图 6.10(a)所示，其中白色为金属长丝；而金属短纤维则是和普通纺织纤维以一定的混纺比混合，沿纱线长度方向平行排列后，经过加捻，形成织物中的纱线，如图 6.10(c)所示，其中黑色为金属短纤维。图中，无论是金属长丝还是金属短纤维，其中的金属纤维均具有一定的电导率和磁导率，而普通纺织纤维可认为是绝缘体，但具有一定的介电特性，其相对介电常数通常在 2～5。

6.2.2.2　电磁屏蔽机织物结构

对于织造电磁屏蔽机织物，图 6.11 描述了一组该类织物中不同结构的织物、组织结构及其中金属纤维构成的形貌结构图。可见，对于由金属纤维编织而成的横平竖直的屏蔽织物，其经纬纱线即构成了网孔结构，因此研究由金属纤维编织而成的屏蔽织物的屏蔽效能可近似采用网孔结构屏蔽效能的近似计算方法。

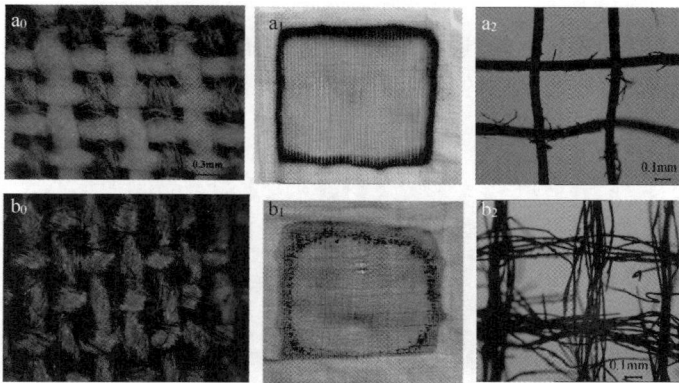

图 6.11　不同织造电磁屏蔽机织物、组织结构及其中金属纤维构成的形貌结构图

a_0 棉/不锈钢包芯纱织物，a_1 燃烧过的织物 a_0，a_2 织物 a_0 中不锈钢长丝纤维结构形貌；

b_0 棉/不锈钢混纺纱织物，b_1 燃烧过的织物 b_0，b_2 织物 b_0 中不锈钢短纤维结构形貌

　　金属化电磁屏蔽机织物结构总体上保留了织物初始状态的结构特征，同样具有明显的网孔结构。但经过金属化工艺加工后，纱线结构和织物结构上都发生了一定程度的变化，主要体现在以下几个方面：①金属化良好的织物，其初始纤维或纱线都被金属层均匀地包覆，宏观上形成了包芯结构的金属化纤维，如第 3 章中的图 3.6 所示；②金属化纤维之间形成良好的电联通搭接；③与原织物的空隙相比，金属化织物的空隙相对变小，如果过度金属化，织物空隙甚至可以封闭。如图 6.12(a) 为正常沉积时间镀铜织物，具有和织造电磁屏蔽织物同样的网孔结构；图 6.12(b) 为(a)中同一基体织物经过长时间沉积后获得的镀铜织物，可见，镀层已经封闭了织物具有的孔眼，形成类似金属板的结构，但是这样的镀层织物必然失去了屏蔽织物特有的良好柔软性及透气性。

(a)　　　　　　　　　　　　　　(b)

图 6.12　金属化电磁屏蔽机织物表面形貌

(a)正常镀铜织物；(b)过度镀铜织物

6.2.2.3　电磁屏蔽针织物结构

织造电磁屏蔽针织物和普通针织物一样,具有明显的线圈结构,如图 6.13 所示,为全部采用表面镀覆银层的尼龙纤维、通过纬编成形方式获得的纬编针织物及织物中的纱线。

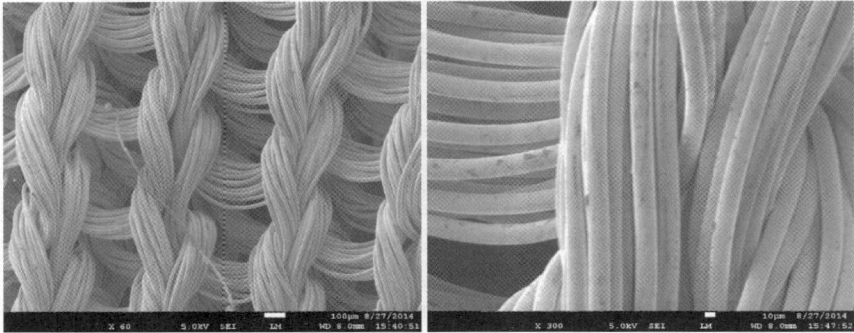

图 6.13　织造电磁屏蔽针织物及纱线表面形貌

金属化纤维针织物同样也保留了针织物初始状态的特征。在具有如图 6.14 所示的同样组织结构及密度的尼龙针织物上整体镀银后的织物及织物中纱线形貌,如图 6.14 所示,其线圈结构看起来更为密实些,不如织造针织物蓬松。可见,当织物中全部为金属(化)纤维时,和机织物类似,织造电磁屏蔽针织物和金属化针织物的结构并没有本质区别。

图 6.14　金属化针织物及纱线表面形貌

第 3 章中图 3.19 给出的经编和纬编针织物的结构示意图表明,针织物只含有一个系统的纱线,即经编针织物是由经向(或纬向)系统的连续纱线形成线圈,并在横向(或纵向)串套形成。对于高频($>10\text{ kHz}$)电磁场,通过金属体产生的感应涡流形成的反向磁场对原磁场进行抵消而实现有效屏蔽。织物内,只有一个系统(或一个方向)的连续金属丝时,当磁场分量和金属丝方向平行时,将没有任何屏蔽效能。这一点,在第 6.5 节中将会有详细阐述。

因此,现有含金属纤维的电磁屏蔽针织物,由于常规的纬编或经编织造中金属纤维只在一个方向上导通,且结构疏松、纤维间孔隙大,电磁屏蔽效果不理想,应用相对较少。比如,平方米克重为 285 g/m² 、组织为 1+1 罗纹、不锈钢含量 30% 的棉/不锈钢混纺纱纬编针织物,比采用同样纱线、平方米克重只有 221 g/m² 、组织为平纹的机织物,在 10～3000 MHz 范围内的屏蔽效能要低 20 dB 左右。通过增加另一系统纱线的衬经、衬纬组织可以改善针织物的屏蔽效能[41,42]。含金属纤维的机织物由两个系统的纱线交织而成,可以形成有效的导电网格结构,避免了针织物结构的缺点。采用导电性好的纤维,如镀银纤维,在另一方向上形成良好电联通,也可避免针织物的这一结构缺陷。

此外,非织造类电磁屏蔽织物由于难以提供有效强力,应用也较少。因此,后续分析中,主要针对电磁屏蔽机织物进行阐述。

6.2.3　网孔结构的屏蔽效能分析

无论是金属纤维纱线构成的电磁屏蔽机织物,还是表面镀覆金属层或功能层的电磁屏蔽机织物,如前所述,都具有显著的网孔结构。通过图 6.15 所示的结构模型图来统一阐述。图中,深色为金属纤维纱线,浅色为普通纺织纱线,各几何参数分别与纱线织物中的参数对应:h 为屈曲波高;l 为组织周期长度;a 为织物中金属纱线的排列周期间距。

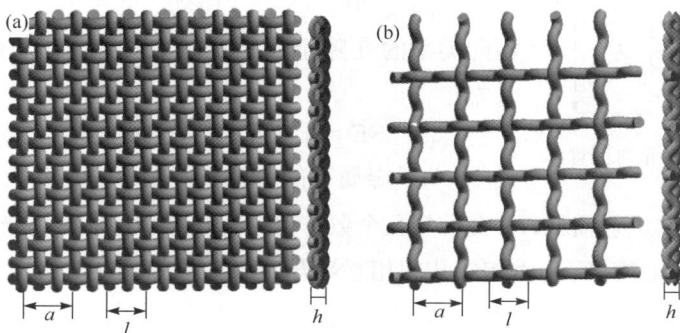

图 6.15　金属纱线织物结构示意图及其有效屏蔽结构

这种网孔结构和金属板网孔屏蔽材料的结构有所差异。一是电磁屏蔽织物中经纬纱线交叉处的导通情况不能明确,存在接触电阻;二是功能纱线不同于单纯的金属丝,具有如前图 6.10 所述的复杂纱线结构;三是纱线在织物中存在屈曲波高等周期性结构,和金属网格屏蔽材料类似。

　　没有缝隙的金属良导体,材料的理论屏蔽效能很高。如果屏蔽体不完整,存在缝隙,屏蔽体在高频电磁场的作用下产生反方向涡流的效果降低,屏蔽体的屏蔽效果大打折扣。当一束电磁波入射至屏蔽体时,在表面感应出电流。屏蔽的一个作用是将这些电流在最小扰动的情况下送到大地,如果在电流的路径上有开口,电流受到扰动要绕过开口。较长的电流路径带来附加阻抗,因此在开口上有电压降。这个电压在开口上感应出电场并产生辐射,如图 6.16 所示。

　　缝隙对材料屏蔽效能有影响。当缝隙长度达到 $\lambda/4$ 时(λ 为电磁波波长),就变成效率很高的辐射体,将屏蔽体接收到的能量通过开口发射出去。不同形状的缝隙、孔隙对材料屏蔽效能影响程度不同,图 6.17 所示为阵列孔隙的网孔结构屏蔽材料。

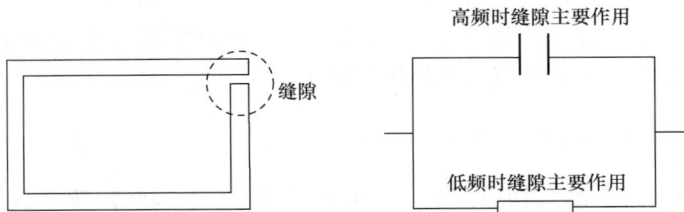

图 6.16　孔隙等效电路图

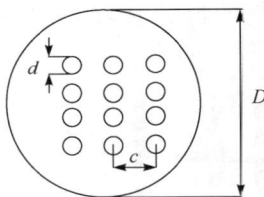

图 6.17　孔隙阵列示意图

　　图中 d、D 为孔隙直径和圆形板材直径,c 表示孔隙间距。阵列孔隙对屏蔽效能的影响可以通过计算得知。根据不同类型的孔隙阵列形状、尺寸等可以计算出具有不同类型的孔隙金属板的屏蔽效能,其一般计算表达式为

$$SE = A_a + R_a + B_a + K_1 + K_2 + K_3 \qquad (6.92)$$

式中,A_a 是金属板的传输损耗;R_a 是金属板的单次反射损耗;B_a 为多次反射损耗;K_1 表示与孔个数有关的修正项;K_2 是由趋肤深度不同而引入的低频修正项;K_3 为由相邻孔间相互耦合而引入的修正项。

　　式(6.92)中前三项分别对应于实心型屏蔽体的屏蔽效能计算式中的吸收损耗、反射损耗和多次反射损耗。后三项是针对非实心型屏蔽引入的修正项。

　　根据式(6.92)对阵列圆形孔隙的屏蔽效能计算可知孔隙屏蔽效能和孔隙尺寸有关,和孔隙与孔隙之间的距离有关,其关系如图 6.18 所示。

　　从图 6.18 可知,对圆孔阵列,假设孔的圆心间距 30 mm 不变,孔的直径从 1～30 mm 变化,从而求得屏蔽效能与孔隙直径关系曲线。从曲线可知,孔的尺寸越

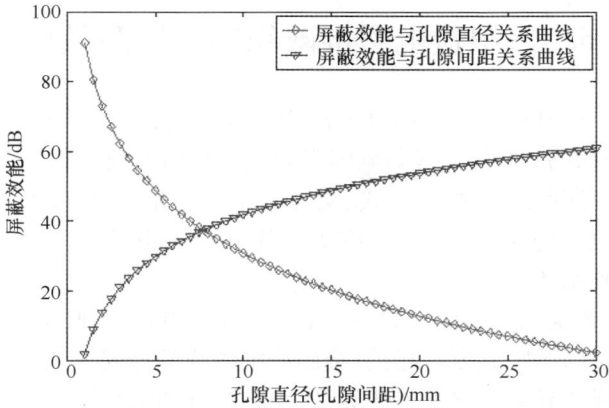

图 6.18　孔隙与屏蔽效能关系曲线

大,屏蔽效能越低。假设孔的直径大小为 0.6 mm 不变,孔圆心间距从 1~30 mm 变化,求得屏蔽效能与孔隙间距变化曲线。从曲线可知,孔间距越大,屏蔽效能越大。

　　对于电磁屏蔽织物而言,难以形成如上所述的圆孔,一般多为方孔或矩形孔。对于方孔或矩形孔,如果一边横过电流通路,则会破坏屏蔽织物的表面电流分布,使得屏蔽体涡流反磁场的屏蔽作用减弱,此时,其破坏电流分布或减弱涡流的情况要比同样面积的圆孔严重[43]。

　　对于如图 6.15 所示的金属纤维周期间距为 a 的电磁屏蔽织物导电网格结构,基于三维数值计算,计算了由不锈钢金属构成的网格结构的屏蔽效能,如图 6.19 所示,表明网格尺寸对屏蔽效能影响显著,且随着网格尺寸增加,屏蔽效能迅速减小,并逐渐趋于 0。其中,不锈钢直径设定为 0.5 mm 不变。

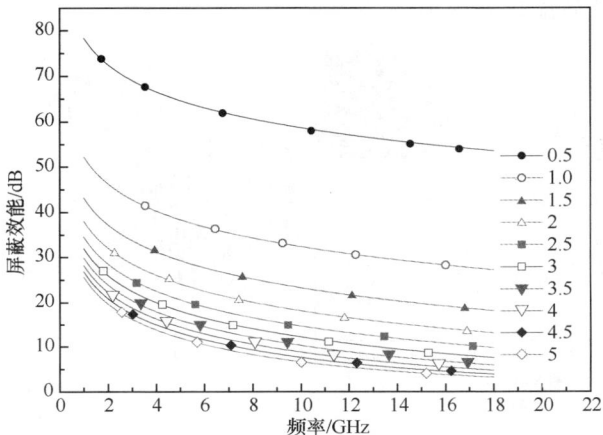

图 6.19　导电网格结构屏蔽效能与网格尺寸的关系

6.3　织造电磁屏蔽织物的屏蔽效能

考虑到有效屏蔽网格结构,结合金属板网孔材料的电磁屏蔽效能(SE)分析,可知电磁屏蔽织物的 SE 的关键影响因素为织物结构参数和材料参数。具体表现为:金属纱线的周期间距 a、排列方式、交叉点导通情况、纱线种类、金属纤维种类、金属纤维含量、电磁场入射方向及频率等。其中,电磁场入射方向与织物宏观各向异性有关,将单独阐述。

上述参数和传统织物结构参数一一对应。金属纱线的排列间距和金属纤维含量与织物经纬密度、织物紧度等相关;金属纤维纱线的排列方式和纱线织入方式相关;金属纤维纱线的导通情况和纱线类型、织物紧度和组织结构相关等。

本节中,频率在 $1\sim18$ GHz 范围的屏蔽效能均通过屏蔽室法测试获得;在 1.5 GHz 以下频率范围的屏蔽效能,均通过法兰同轴法测试获得。具体测试方法见第 9 章。

6.3.1　结构参数对屏蔽效能的影响

织物结构参数主要有金属纱线排列周期间距、排列方式、纱线交叉点导通情况这三个因素。

6.3.1.1　排列周期间距对 SE 的影响

铜长丝以不同间隔距离平行排列的样品的 SE 存在显著差异。如图 6.20(a) 所示,铜长丝的排列周期间距为 1 mm、2 mm、3 mm、4 mm、5 mm 的样品,$10\sim14$GHz 其 SE 分别在 $17\sim20$ dB、$7\sim12$ dB、$5\sim10$ dB、$2\sim5$ dB、$2\sim4$ dB。可见,随着间距增大,屏蔽效能显著减小。

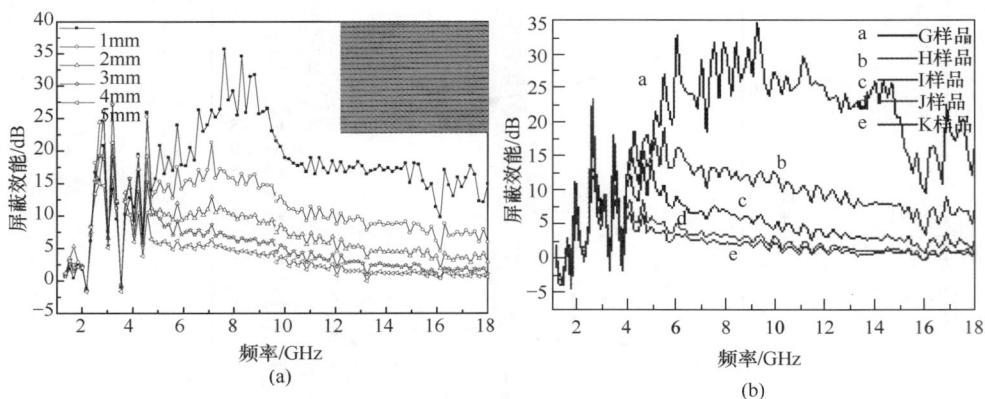

图 6.20　不同排列周期间距下的屏蔽效能

(a)裸铜丝;(b)不锈钢混纺纱

实际的电磁屏蔽织物也表现出同样的规律。将不锈钢混纺纱与普通棉纱按照 1∶1 排列作为经纱,不锈钢混纺纱与普通棉纱按照 1∶1、1∶5、1∶10、1∶15、1∶20 的排列作为纬纱顺序织造 5 种织物小样,即样品 G、样品 H、样品 I、样品 J、样品 K。其屏蔽效能如图 6.20(b)所示。由于纬纱排列顺序的不同使得织物中金属纱线的排列周期间距不同。随纬纱中金属纱线排列间距的增加,织物的 SE 逐渐减少。随间距增加,SE 初始下降显著,并逐渐趋于 0。和三维数值模拟获得的图 6.19 所示的规律一致。

金属纱线排列周期间距是织物 SE 的关键影响因素。金属纱线周期间距和织物的密度、紧度、金属纤维含量等参数相关。一般而言,织物紧度和密度越大,金属纤维间距越小,电磁波透射减小,SE 增加[44,45]。

6.3.1.2　排列方式对 SE 的影响

机织物由互相垂直的两个系统的纱线交织而成,因此,可以只在一个系统内加入功能纱线,或者在两个系统内同时加入功能纱线形成方形或矩形网格结构。本小节在不考虑电磁场入射方向性影响的前提下,阐述单方向和经、纬两个方向加入功能纱线的织物屏蔽效能的差异。

将不锈钢包芯纱和混纺纱平行排列为间隔 2 mm 的纱线模型样品,网格排列成纵横向间隔均为 2 mm 的方形格样品,其屏蔽效能如图 6.21(a)所示。可知,平行排列和网格排列纱线模型样品的 SE 一样,且随着频率的增加,样品的 SE 呈现逐渐减小的趋势。

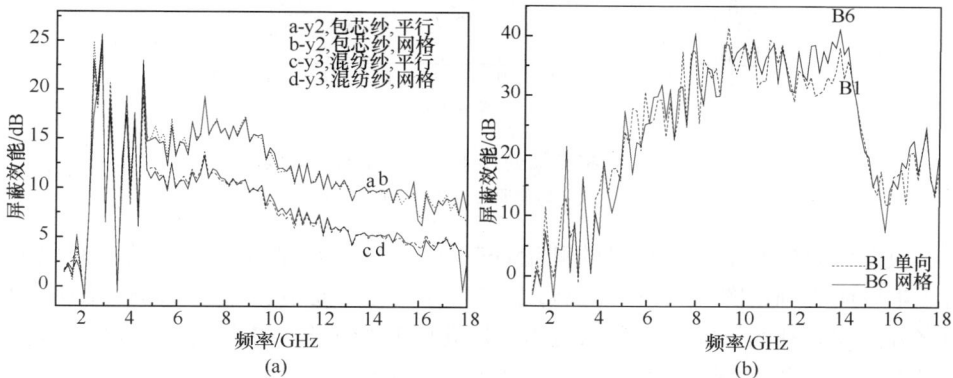

图 6.21　金属纤维纱线平行和网格排列织物的屏蔽效能
(a)纱线模型;(b)实物织物

将不锈钢混纺纱沿纬向密排机织得到的样品 B1 和沿经纬两个方向密排织成的织物样品 B6,密度均为 240 根/10cm,两者的 SE 基本一致,如图 6.21(b)所示。

6.3.1.3　交叉点电导通情况对 SE 的影响

对于图 6.15 的电磁屏蔽织物金属网格结构,金属纱线在交叉处的电导通情况对织物屏蔽效能会产生怎么样的影响呢? 这是个较为复杂和难以证实的问题。首先,难以判断实际织物或制备的模型样品中每个交叉点处的金属纱线是否导通良好;其次,难以制备如金属板网孔材料一样完全导通的样品。但很多的试验证明,织物中金属纱线之间难以实现如在金属板上打孔后交叉点处的完全导通。

将裸铜丝排列成交叉处导通和不导通的周期间距分别为 1 mm、2 mm、3 mm、4 mm 和 5 mm 的网格样品,其屏蔽效能如图 6.22 所示。可见,相同周期间距下,交叉点导通和不导通的裸铜丝网格结构模型样品的 SE 曲线几乎重合。

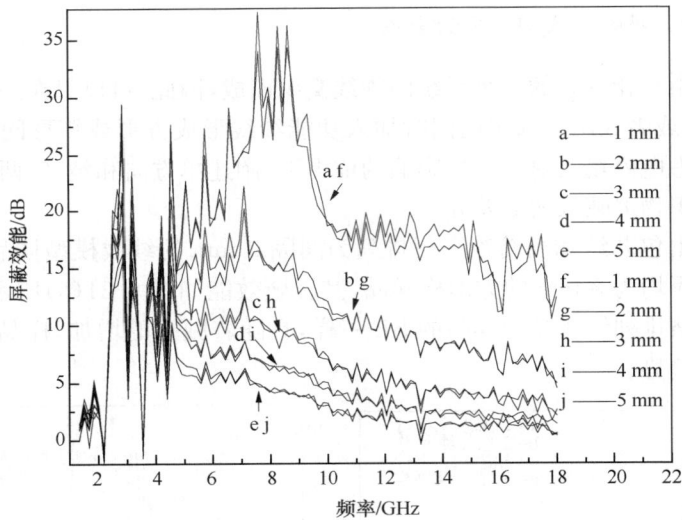

图 6.22　网格交叉处导通和不导通的屏蔽效能
a、b、c、d、e 为连通,f、g、h、i、j 为不连通

根据金属板网格屏蔽材料的理论,网格交叉处导通情况会影响其屏蔽效能。由于难以明确判定图 6.22 中样品每个交叉点处的导通情况,进一步地,采用电脑刻字方法在完整的导电织物上刻出正方形孔眼和导电条,初步验证交叉处导通情况对 SE 的影响,如图 6.23 所示。图中,曲线(a)为在整块铜镍化学镀织物上周期性挖去方孔,如图中照片(d)所示,以模拟纱线在经纬交叉处完全导通,其屏蔽效能最大;图中曲线(b)为在整块铜镍化学镀织物上周期性挖去长条(见图中照片(e)),这样的两块织物(e)面对面并使金属长条相互垂直粘在一起,其屏蔽效能居中;图中曲线(c)对应的织物与(b)类似,只是在两块织物(e)之间增加一层绝缘纸,其屏蔽效能最小。实际屏蔽织物中,包芯纱织物在经纬纱线交叉处完全不导通,其

余大部分情况与曲线(b)对应的织物类似。这个测试结果表明了纱线在经纬交叉处的导通是有一定概率的。

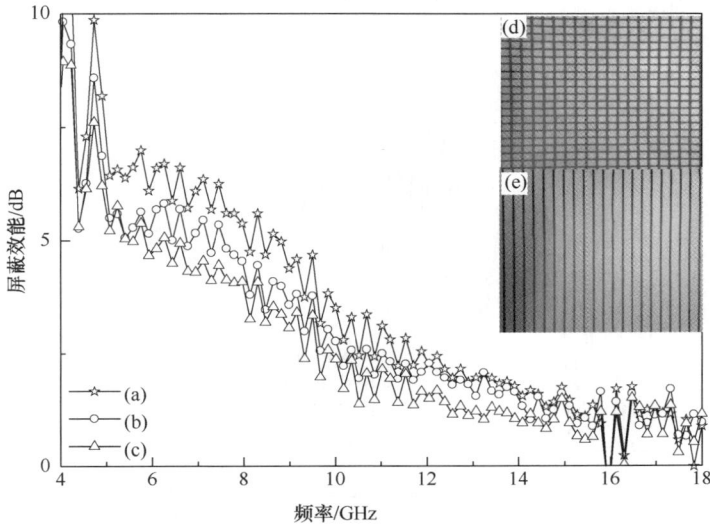

图 6.23　金属纤维在经纬交叉点不同导通情况下的屏蔽效能

将混纺纱织物样品 B7(不锈钢含量 20%)、包芯纱织物样品 B9(不锈钢含量 30%)用 70%以上浓度的硫酸腐蚀掉棉纤维,中和洗涤干净、干燥,用手按压一下,使不锈钢纤维之间形成较好导通,样品腐蚀前后如图 6.24 所示。腐蚀后的织物只余下不锈钢纤维,纤维间接触良好,纤维排列较为稀疏,由于难以精确固定纤维位置,导致局部区域存在较大孔隙。

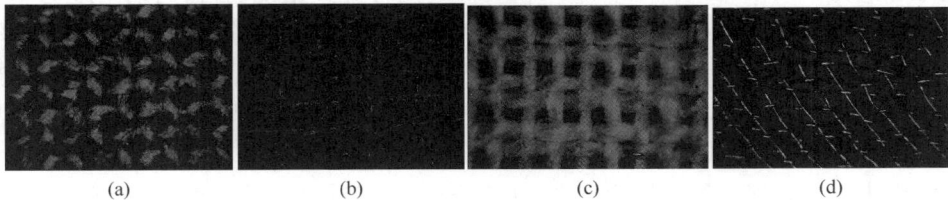

图 6.24　样品腐蚀前后对比

(a)混纺纱样品腐蚀前;(b)混纺纱样品腐蚀后;(c)包芯纱样品腐蚀前;(d)包芯纱样品腐蚀后

1~18 GHz 内,对于不锈钢包芯纱织物样品 B9,腐蚀前后的 SE 曲线基本一致,即不锈钢纤维间具有相对良好的接触并没有提高其 SE;对于不锈钢混纺织物样品 B7,腐蚀后不锈钢纤维具有较好连通状态的 SE 相对未腐蚀样品的稍小,如图 6.25 所示。而在 18~26.5 GHz 频段内这种现象更为明显,尤其是腐蚀后的样品 B9,SE 降低了至少 10 dB。这是因为腐蚀后样品没有棉纤维的牵制作用,使得不锈钢纱线的网孔结构没有之前规则,存在部分较大孔眼,导致电磁波长较小频段内 SE 衰减明显。

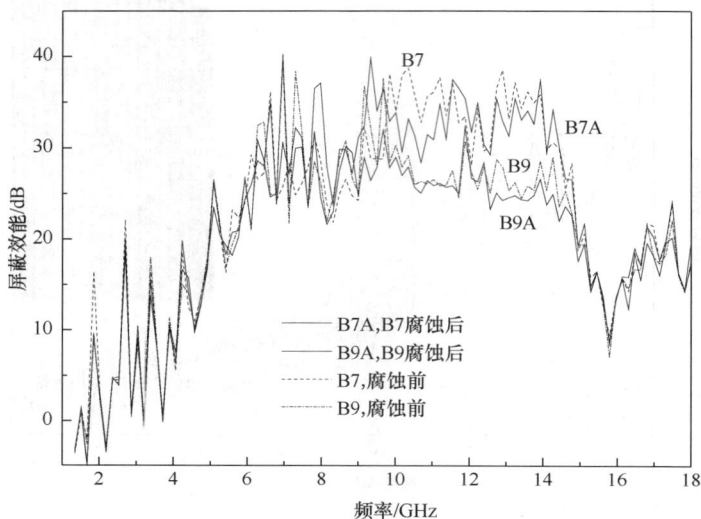

图 6.25　样品腐蚀前后的 SE

　　前述实验均表明,电磁屏蔽织物内,金属纱线交叉点处的电导通情况对 SE 几乎没有影响;但是这和金属板材网格结构的交叉点处的导通情况的研究矛盾。采用三维数值模拟方法,对以裸铜丝构筑的导电网格结构、模拟交叉点完全导通和交叉点完全不导通情况的屏蔽效能进行了数值计算,如图 6.26 所示。网格结构周期间距分别为0.5 mm、1 mm、1.5 mm、2 mm 时的计算数据说明,在周期间距为 0.5 mm 时,如图 6.26(a)所示,交叉处完全导通的屏蔽效能比完全不导通的网格结构的屏蔽效能要高出 3 dB 左右,且随着周期间距的增加,交叉点导通与否对屏蔽效能的影响越来越小,当周期间距达到 1.5 mm 以上时,交叉点导通与否基本对屏蔽效能没有影响,如图 6.26(d)所示。

　　考虑到电磁屏蔽织物结构特点、理论分析及数值模拟结果,实验得到的交叉点导通情况对织物屏蔽效能几乎没有影响,可能是织物的成形方式导致。机织物由互相垂直的两个系统纱线交织而成,这种成形加工难以保证每个交叉点处于类似金属板网格结构的良好导通。如果有部分交叉点导通不好,就会造成网格结构尺寸的变化。

　　如前所述,这是一个相当复杂的问题,还需要进行深入研究。

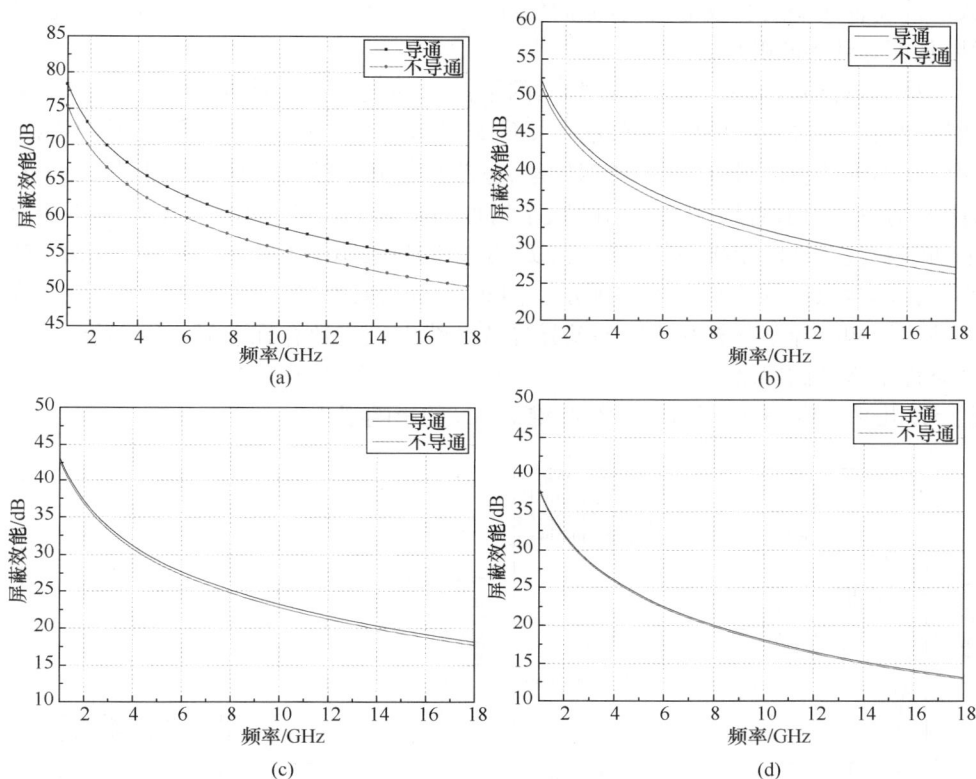

图 6.26　网格结构交叉点完全导通和完全不导通时的屏蔽效能

(a)网格周期间距 0.5 mm；(b) 网格周期间距 1.0mm；

(c) 网格周期间距 1.5 mm；(d) 网格周期间距 2.0 mm

6.3.2　材料参数对屏蔽效能的影响

织物材料参数主要有金属纱线成形方式、金属纤维材质、金属纤维含量这三个因素。

6.3.2.1　纱线成形方式对 SE 的影响

金属单纤维通过一定的成纱方式形成纱线后，才能用于织造织物。对于金属长丝而言，常用的纱线有包芯纱、并捻纱等。对于金属短纤维而言，常用的纱线为混纺纱。纱线类型不同，会影响金属纱线及织物的电磁学参数，从而导致 SE 差异。例如，包芯纱中，作为芯丝的金属长丝成直线，而并捻纱中，金属长丝成加捻螺旋状，这会导致单位长度内包芯纱的纱线电阻低于并捻纱的纱线电阻，从而前者 SE 较高[46]。混纺纱中，金属短纤维含量（比如不锈钢含量 17％时）较少时，会导致沿纱线轴向缺乏有效电连接,从而使纱线电阻率高于同样金属长丝含量的包芯纱,从而导致 SE 相对较低[47]。

将不锈钢长丝、不锈钢含量 30% 的不锈钢/棉包芯纱、混纺纱和并捻纱,排列成周期间距为 2 mm 的网格样品,其 SE 如图 6.27(a)所示。同样间距下,不锈钢混纺纱的屏蔽效能最好,而不锈钢长丝、包芯纱和并捻纱的屏蔽效能相当。8～16 GHz,前者高出后者约 7 dB ,均随频率增加而下降。经、纬向均含有 30% 不锈钢混纺纱和包芯纱的密排织物样品的 SE 测试,同样表明了不锈钢混纺纱织物的 SE 高于包芯纱织物,如图 6.27(b)所示。因此,金属短纤维纱线和金属长丝纱线存在的纱线结构差异不可忽视。结构差异导致纱线电磁参数存在差异,从而导致了同样条件下样品的屏蔽效能差异。同时,纯不锈钢长丝、不锈钢长丝包芯纱及并捻纱的 SE 几乎一致,表明了普通纺织纤维对 SE 的影响很小。

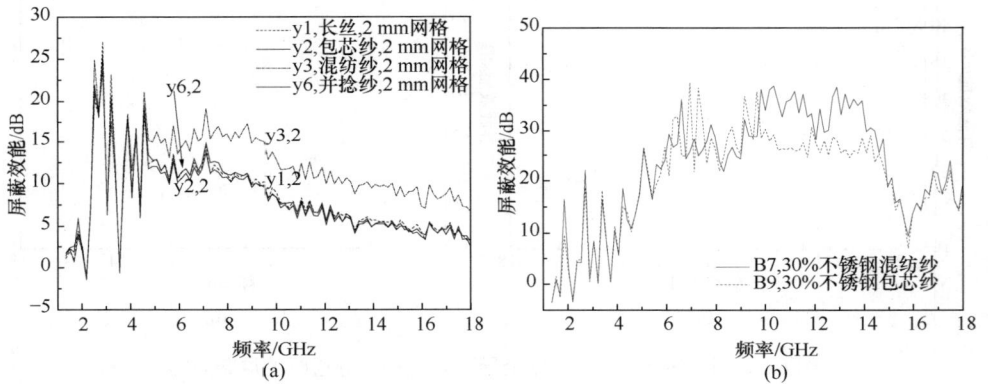

图 6.27 纱线种类对 SE 的影响
(a)纱线网格排列样品;(b)实际织物样品

6.3.2.2 金属纤维材质对 SE 的影响

织物中采用的金属纤维不同,金属的不同电导率将影响纱线和织物的电阻率;金属纤维直径不同,也间接影响织物中金属纱线的有效周期间距。

同样金属纤维含量、线密度和织物规格参数下,铜纤维织物的 SE 优于铝纤维织物,因为铜纤维的电导率为 5.8×10^7 S/m,而铝的电导率为 3.54×10^7 S/m。

对于由不锈钢裸丝(直径 35 μm)、不锈钢包芯纱及混纺纱(30% 不锈钢含量)、镀银尼龙长丝(直径 50 μm)和裸铜丝(直径 80 μm)这 5 种不同材料排列构成的完全不导通的 2 mm 网格样品,其 SE 见图 6.28。其中不锈钢混纺纱、镀银长丝及裸铜丝的 SE 基本接近。尽管不锈钢纤维的导电性远不如银和铜纤维,但不锈钢短纤维纱网格样品的 SE 却和镀银长丝及铜丝样品接近,且高于不锈钢成连续长丝状态的裸长丝样品和包芯纱样品的 SE。可见,金属短纤维在纱线中沿轴向的分布情况,比如短纤维长度及沿轴向排列间距等,将使得短纤维纱线的电阻率低于连续长丝的电阻率,相关内容将在下一节中进行阐述。不锈钢包芯纱和裸长丝构成的网格样品的 SE 基本相同,证实普通纺织材料对电磁波透明,对于织物中不含金属纤维的纱线,在 SE 的数值计算过程中可以不考虑。

实际使用的金属纤维直径有限,比如不锈钢纤维直径规格主要有 8 μm、6 μm、35 μm 等,而纺织上多采用 35 μm 的纤维纺纱。也鲜见金属纤维直径对于织物屏蔽效能的影响研究。

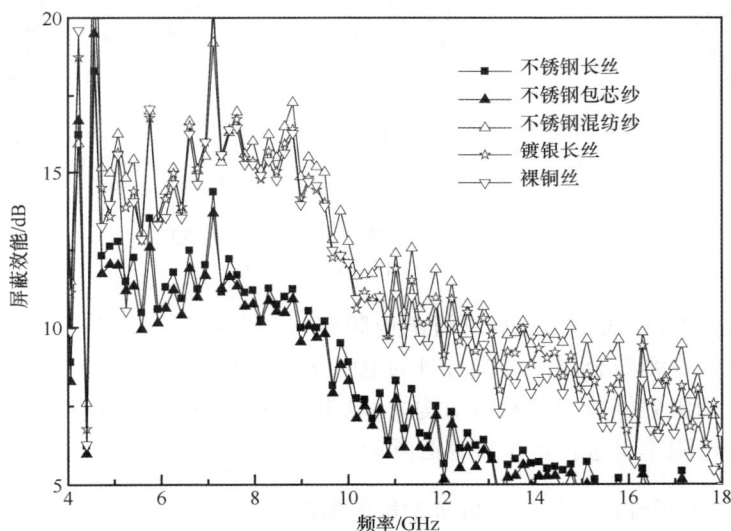

图 6.28　不同材料 2 mm 网格排列的 SE

6.3.2.3　金属纤维含量对 SE 的影响

讨论金属纤维含量的前提是,该纤维在织物及纱线内分布均匀。如果金属纤维或纱线在织物中的分布导致存在显著的不含金属纤维或纱线的较大孔隙,那么,讨论含量是没有任何意义的,电磁波将在孔隙处发生泄漏。

随金属纤维含量增加,织物的电磁屏蔽效能将增加[48,49],但增加到一定程度后,纱线抗弯刚度和弯曲模量增加,实际织物中纤维间孔隙增大,SE 变化趋缓甚至降低[50,51]。对含不锈钢纤维织物,兼顾性价比,一般常用不锈钢纤维含量为 20%～30% [52]。值得注意的是,在同样的金属含量下,金属纤维排列周期间距、排列方式、纱线种类等都会使得 SE 发生显著变化。

将不锈钢含量为 20% 和 30% 的混纺纱在经、纬两个方向密排织造,密度 240 根/10cm,样品在 1～18 GHz 范围内的 SE 见图 6.29(a)所示。可见,除了在 8～

10 GHz 和 12～14 GHz 范围内,30%不锈钢含量的织物的 *SE* 高于 20%不锈钢含量的织物 5 dB 外,其他频段差异不大。不锈钢含量对织物的屏蔽效能会有影响,但达到一定含量后,差异就不显著,应该存在一个优化含量,且和对应的频率有关。如图 6.29(b)[53],2～8 GHz 内,不锈钢含量在 20%、30%和 40%的 *SE* 都基本接近。

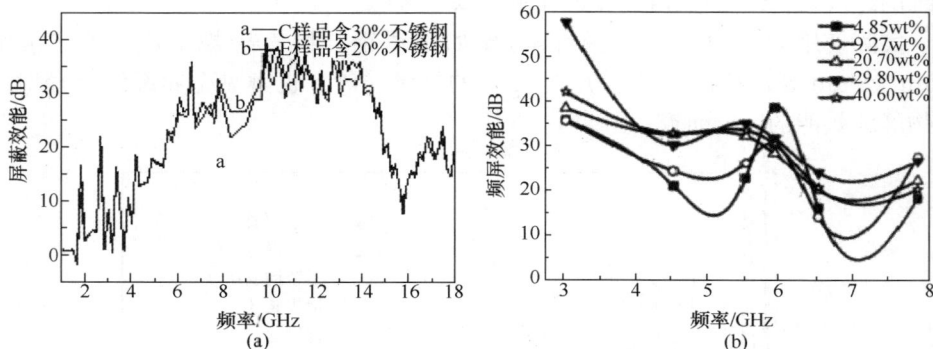

图 6.29　不同不锈钢含量织物的屏蔽效能

(a)1～18 GHz;(b)3～8 GHz

金属长丝纱线,可以以金属纤维的电阻率作为等效纱线的电阻率。金属短纤维纱线的电阻率则与金属短纤维自身的电阻率、短纤维在纱线中的分布、短纤维含量等有关。而电磁屏蔽织物网格结构中,电阻率越小,网格结构的屏蔽效能越高。金属纱线的电阻率是进行定量计算必须的参数。

6.3.3　金属短纤维排列结构对屏蔽效能的影响

金属短纤维电磁屏蔽织物,除了第 6.3.1 节和第 6.3.2 节中提到的网格结构屏蔽效能影响因素外,短纤维在纱线中的排列方式会影响纱线电磁学参数,进而影响该类网格结构的屏蔽效能。

金属短纤维和其他纺织纤维的混纺纱线及去掉纺织纤维的全部由金属纤维构成的纱线的形貌在前述图 6.10(b)和图 6.11(b$_2$)中已经显示,由金属短纤维纱线构成的电磁屏蔽织物的导电网格结构,是由具有一定加捻螺旋结构的金属短纤维沿纱线轴向顺直排列构成的网格结构;在不考虑电磁场方向性前提下,6.3.1 节已经阐明,网格结构和平行排列结构具有相同的屏蔽效能。由此,将金属短纤维电磁屏蔽织物的有效网格结构简化为如图 6.30 所示结构模型,即长度为 *l* 的金属短纤维以间距 d_1 沿纱线轴向排列,进一步地由该金属短纤维构成的纱线以周期间距 *b* 在织物中平行排列。值得关注的是,在同一截面上,根据纤维含量不同,实际的金属短纤维纱线呈现多根短纤维并列排列;但本节结构模型中只考虑单根短纤维在截面排列的情况。

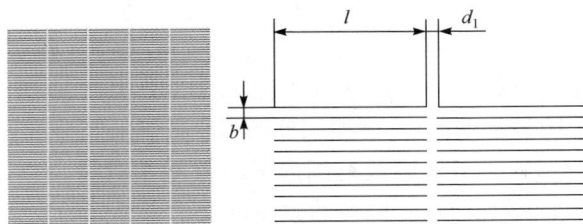

图 6.30　金属短纤维在织物中分布的理想模型及模型尺寸图

由此,金属短纤维长度 l、沿纱线轴向排列间距 d_1 是金属短纤维电磁屏蔽织物所特有的结构参数。

6.3.3.1　金属短纤维长度对 SE 的影响

金属铜丝完全连续排列、短纤维长度 l 分别为 10 cm、20 cm、30 cm、40 cm、50 cm金属铜短纤维、沿纱线轴向以相同间距 d_1 为 2 mm(连续铜丝 d_1 为 0 mm)、在织物中的纵向周期间距 b 为 2 mm 排列,获得结构模型样品。对于其屏蔽效能的测试表明,金属短纤维的长度变化将显著影响 SE 的谐振特性,如图 6.31(a)所示。随着频率的升高,样品的屏蔽效能先增大后减小,金属短纤维长度变化的 5 个样品,随着金属短纤维长度的增加,谐振频点向低频移动,谐振处的屏蔽效能高于连续铜长丝样品。有限长度的单元棒状阵列的周期性表面会出现 100%反射现象,即出现谐振现象,而无线长棒阵列只有在"直流"情况下才会出现这种情况[54]。但是,除了在谐振频点外,其他频段的金属短纤维周期排列样品的 SE 均低于连续金属丝样品,且随着金属短纤维长度的增加,其屏蔽效能随频率变化的曲线和连续的金属长丝样品越来越接近,比如金属短纤维长度为 50 mm 的样品。

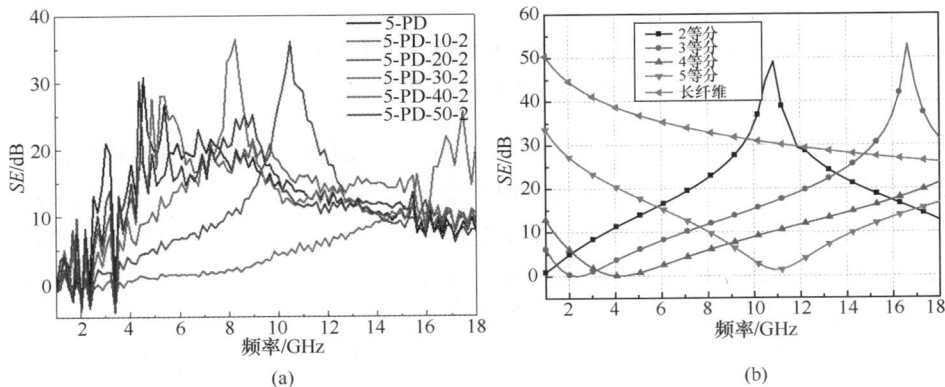

(a)

(b)

图 6.31　不同金属短纤维长度下的 SE

(a)金属短纤维结构模型样品;(b)三维数值计算模拟

　　设定金属铜短纤维 $l=20$ mm,将其进行等分且每等分间距 $d_1=5$ mm,金属纱线纵向间距 $b=1$ mm,金属铜纤维半径 $R=0.12$ mm,基于三维数值计算获得屏蔽效能,表现出了和实验结果一样的规律。图 6.31(b)中,2、3 等分的屏蔽效能在 $1\sim18$ GHz出现了明显的谐振峰,谐振峰处的 SE 高于未等分的连续金属纤维,如 2 等分样品在 $9.5\sim11.5$ GHz 频段范围内屏蔽效能相对高,3 等分短纤维样品在 $14.5\sim18$ GHz 的屏蔽效能较高,以外的频段都低于未等分的连续金属纤维。

6.3.3.2　金属短纤维沿纱线轴向排列间距对 SE 的影响

　　金属铜短纤维长度 $l=40$ mm,沿纱线轴向不同周期间距 $d_1=1\sim5$ mm,在织物中纵向间距 $b=2$ mm 排列成系列样品。对于其屏蔽效能的测试结果,显示在图 6.32(a)中。金属短纤维沿纱线轴向排列,当轴向排列间距从 1 mm 变化到 5 mm时,在 $7\sim13$ GHz 频段的屏蔽效能逐渐减小,其余频段变化不大,样品整体的屏蔽效能在 $13\sim25$ dB。

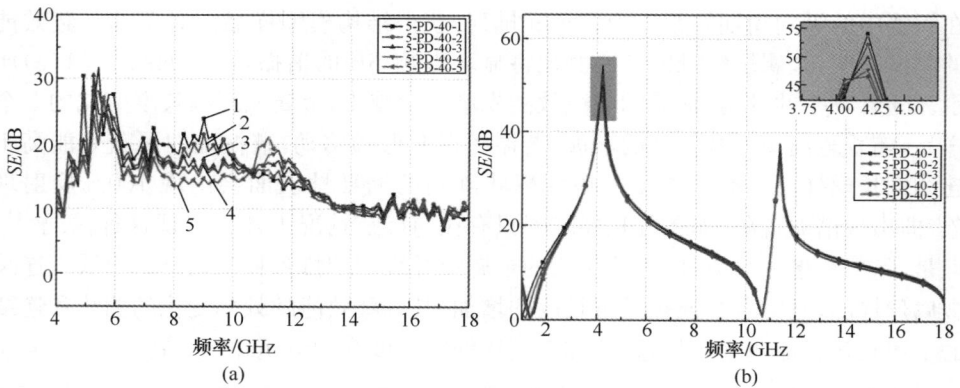

图 6.32　金属短纤维沿纱线轴向不同间距下的 SE
(a)金属短纤维结构模型样品;(b)三维数值计算模拟

　　对长度 $l=40$ mm、$d_1=1\sim5$ mm、$b=2$ mm 的铜短纤维样品的屏蔽效能的三维数值模拟,显示在图 6.32(b),其中铜丝金属纤维半径 $R=0.12$ mm。模拟结果出现了两个显著的谐振峰,而测试结果的谐振峰并不明显,但是在谐振峰处样品的屏蔽效能随着间距增加而降低,这和测试结果一致。由此,对于含金属短纤维电磁屏蔽织物,短纤维的长度和间距需要合理配置,方能达到最佳屏蔽效果。

　　第 6.3.3.1 和 6.3.3.2 小节描述的只是非常理想的情况,对金属短纤维织物的屏蔽效能设计,具有一定的指导意义。但是,事实上,金属短纤维在纱线中的分布情况比上述理想情况要复杂得多。具体表现在:①金属短纤维在纱线中不可能如此周期性地沿轴向排列,会存在部分纤维沿轴向导通、部分不能导通的情况;

②金属短纤维在纱线轴向,同一个横截面中,会分布多根金属短纤维等;③实际含有金属短纤维纱线的电磁屏蔽织物并没有出现如上所述谐振峰,表明金属短纤维在纱线中的排列难以呈现上述理想情况。需要更加深入研究金属短纤维纱线网格结构的屏蔽效能。

6.4　金属化电磁屏蔽织物的屏蔽效能

对于提供屏蔽效能的有效结构和影响参数而言,金属化电磁屏蔽织物具有如下特点。

(1) 金属化电磁屏蔽织物和织造电磁屏蔽织物具有一样的导电网格结构。但是,由于该类织物表面整体上镀覆了同样的金属层,即每根纤维或纱线上被均匀涂敷了金属层,且交叉处形成良好导通,不含有非导电纤维,因此,结构相对而言较为简单。

(2) 对于影响该类织物屏蔽效能的结构和材料因素,不需要考虑织物结构参数如排列方式、交叉点处导通情况,以及功能材料参数如金属纤维含量、纱线成形方式等这些参数。只需要考虑金属纤维周期间距和金属种类,且其对屏蔽效能的影响规律均符合孔隙结构电磁屏蔽效能的基本原理和第 6.3.1 节及第 6.3.2 节中对织造类电磁屏蔽织物的影响规律一致。

(3) 实际使用中,由于金属纤维周期间距测量不如厚度测量方便直接,往往通过金属镀层厚度或织物增重率来判断屏蔽效能及施镀条件的好坏。镀层越厚,增重率越高,基体织物原有的网孔尺寸越小,镀覆金属的纤维的周期间距越小,织物表面电阻也越小[55,56]。

(4) 为了追求屏蔽效能,会形成如图 6.12(b)所示的基体织物网孔结构完全封闭的状态,导致织物透气差。基于屏蔽体上孔洞对屏蔽的影响,可以在密封了织物原有纱线孔隙的金属化织物基础上,设计对电磁波泄漏小的孔,实现兼具透气性和屏蔽效能的金属化织物。

由此,本节讨论镀层金属材质、镀层厚度、孔洞对金属化电磁屏蔽织物的屏蔽效能的影响因素。

6.4.1　镀层金属材质对趋肤深度和屏蔽效能的影响

当电磁波与导电材料相遇时,由于电磁波在导电材料中的波阻抗与在空气介质中的不同,会使部分电磁波反射回来。作为一种物质形态的电磁波,它具有动量,在遇到其他物质时会被反射,动量密度发生改变。同时,表面附近的自由电子在交变电场的作用下感应形成涡流,涡流在物质中传导产生热效应,因而使电磁波被损耗。这种损耗称为涡流损耗。导体的电阻越小,感应涡流就越大,释放焦耳热就越多。感应电流密度随深度的增加,按照指数关系衰减,通常称电流密度减小到导体表面电流密度的 $1/e(37\%)$ 时的深度为趋肤深度(又称集肤深度、透入度)δ[57,58]:

$$\delta = \frac{1}{15.1319} \frac{1}{\sqrt{f\mu_r\sigma}} \tag{6.93}$$

式中,δ 为趋肤深度;f 为入射波频率(Hz);μ_r 为相对磁导率;σ 为电导率。

由此公式可以看出,对于同一种金属,μ_r 和 σ 是相同的,则趋肤深度由频率决定,频率高则趋肤深度小,也就是说,屏蔽效果相同时,频率高,屏蔽体要求的厚度就小;对于不同物质的材料,μ_r 和 σ 越大,δ 越小,趋肤效应越显著,材料吸收损耗电磁波的能力越强。

表 6.4 列举了一些材料在不同频点处的趋肤深度 δ 值。

表 6.4　几种导体的趋肤深度 δ[59]

导体	电导率 σ/(S/m)	相对磁导率 μ_r	趋肤深度 δ			
			60 Hz/ (cm)	1 kHz/ (mm)	1 MHz/ (mm)	3 GHz/ (μm)
铝	3.54×10^7	1.00	1.1	2.7	0.085	1.6
黄铜	1.59×10^7	1.00	1.63	3.98	0.126	2.30
铬	3.8×10^7	1.00	1.0	2.6	0.081	15
铜	5.8×10^7	1.00	0.85	2.1	0.066	1.2
金	4.5×10^7	1.00	0.97	2.38	0.075	1.4
石墨	1.0×10^5	1.00	20.5	50.3	1.59	29.0
磁性铁	1.0×10^7	2×10^2	0.14	0.35	0.011	0.20
坡莫合金	0.16×10^7	2×10^4	0.037	0.092	0.0029	0.053
镍	1.3×10^7	1×10^2	0.18	0.44	0.014	0.26
银	6.15×10^7	1.00	0.859	2.03	0.064	1.2
锡	0.87×10^7	1.00	2.21	5.41	0.171	3.12
锌	1.86×10^7	1.00	1.51	3.70	0.117	2.14
海水	≈5.0	1.00	3×10^3	7×10^3	2×10^2	—

由式(6.93)和表 6.4 可以看出,能够提供较好的屏蔽效能的材料必须具有良好的导电性或导磁性,因为电磁场既有电场分量,又有磁场分量,在某些场合,高的磁导率和高的电导率同样重要。

实际使用中,对于表面镀金属的织物,镀层的耐氧化性能也将大大影响使用过程中的屏蔽效能衰减情况和使用寿命。由于单一镀层容易氧化或存在功能缺陷,多采用金属复合镀层或金属包覆无机颗粒沉积于织物表面等,如镍-磷/铜-镍镀层、镍-磷镀层、铜-镍镀层、铜包覆石墨、SiO_2、Al_2O_3、TiO_2 颗粒后化学沉积在机织和无纺布上等[60,61]。

多金属复合镀既可以获得较好的屏蔽效能,又能够保持织物的柔性和易加工性。普通化纤织物经过不同处理时间后得到化学镀铜织物,进一步在此织物上进行 10 分钟的电镀镍处理,得到电镀镍织物。两种镀层织物在 100 kHz～1.5 GHz 频率范围内的电磁屏蔽效能,结果见图 6.33 所示。

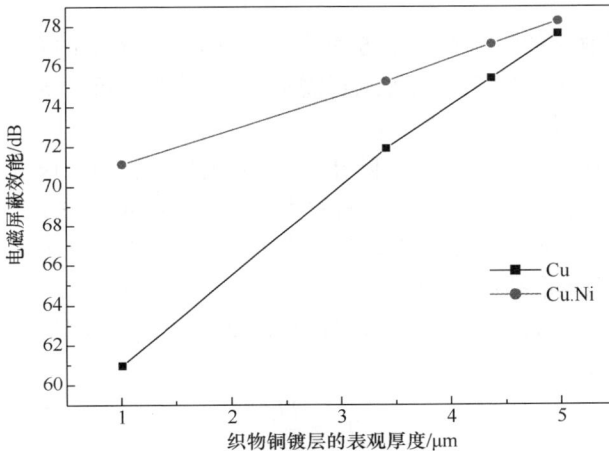

图 6.33　镍镀层对镀铜织物电磁屏蔽效能的影响

从图中可以看出,织物的平均屏蔽效能随着铜镀层厚度的增加而增加。由表 6.4 可知,镍的趋肤深度在 100 MHz 和 3 GHz 时,要远小于金属铜,因此,镀镍可以增加镀铜织物的电磁屏蔽效能,且这种作用对于镀铜层薄的织物更显著。

6.4.2　镀层厚度对屏蔽效能的影响

从图 6.33 可以看出,织物的屏蔽效能随镀层厚度的增加而增强。但是,除了屏蔽效能外,金属化电磁屏蔽织物的其他性能也不可忽视。金属镀层和织物的结合牢度直接影响了织物的使用寿命、耐洗涤和耐摩擦性能;对部分服用织物而言,透气性的好坏和镀层厚度直接相关。这些性能参数都是开发此类纺织品必须考虑到的。《GB/T 30139—2013 工业用电磁屏蔽织物通用技术条件》中,对工业用电磁屏蔽织物的最低屏蔽效能、表面电阻范围、金属层和织物基体的结合力等级等性能均做了规定。

因此,不能为了得到高的电磁屏蔽效能,一味增加镀层厚度,否则就会出现图 6.12(b)的效果,使织物失去其特有的物理和机械性能,比如透气性降低、耐洗涤性差等。应在达到一定屏蔽效能的基础上,尽可能减薄金属镀层的厚度。

此外,由趋肤深度理论可知,织物的电磁屏蔽效能也不可能随镀层厚度的增加而一直呈线性增长,这个增长趋势必然减弱。同时,随频率增加,趋肤深度大幅减小。高频时,屏蔽金属层的厚度较小;低频时,要获得较好屏蔽效能,需要较厚的金属层厚度。当镀层厚度大于趋肤深度时,再增加厚度,电磁屏蔽效能增加不再显著。因此,协调好镀层厚度与电磁屏蔽效能的关系,十分重要。

6.4.3 金属化织物上的孔缝对屏蔽效能的影响

孔洞对屏蔽效能的影响有两个方面。一方面,屏蔽板上的孔洞必然会降低屏蔽效能;另一方面,为了实现通风等工程需求,孔洞是必不可少的,需要在满足屏蔽效能的前提下,实现尽可能大的孔洞。

设屏蔽板上有尺寸相同的 n 个圆孔、方孔或矩形孔。每个圆孔的面积为 S,每个矩形孔的面积为 S',屏蔽板的整个面积为 A。假定孔的面积远远小于屏蔽板的面积,即 $\max(S, S') \ll A$,圆孔的直径 D 或矩形孔的长边 b 远远小于波长 λ,即对于圆孔 $D \ll \lambda$;对于矩形孔,长边 $b \ll \lambda$。

设屏蔽板外侧表面的磁场为 H_0,通过孔泄漏到内部空间的磁场为 H_h,则通过孔的传输系数 T_h 为

$$T_h = \frac{H_h}{H_0} \tag{6.94}$$

对于圆孔:

$$T_h = 4n \left(\frac{S}{A}\right)^{\frac{3}{2}} \tag{6.95}$$

对于矩形孔:

$$T_h = 4n \left(\frac{kS'}{A}\right)^{\frac{3}{2}} \tag{6.96}$$

式中,矩形孔面积 $S' = a \times b$,a 为矩形孔短边边长;系数 $k = \sqrt[3]{\frac{b}{a} \times \xi^2}$。当 $b/a = 1$ 时,相当于方孔,$\xi = 1$;当 $\frac{b}{a} \gg 5$ 时,$\xi = \frac{b}{2a\ln\frac{0.63b}{a}}$,相当于缝隙[2]。

因此,有孔金属板的总的屏蔽效能为

$$SE = 20\lg\frac{1}{T} = 20\lg\frac{1}{T_t + T_h} \tag{6.97}$$

式中,T_t 为整个金属板的传输系数。因此,对于有孔隙的金属板而言,孔隙的存在总是使得传输系数变大,屏蔽效能降低。由上式,并结合金属板孔缝电磁泄漏实践可知[62,63],金属板孔隙导致屏蔽效能下降的因素包括材质电导率、厚度(及加工形

成的孔隙深度）、孔隙形状、尺寸、排布方式有关,例如屏蔽效能 SE 与方孔边长的 3 次方成反比、与圆孔直径的 3 次方成反比、与缝隙长度的 3 次方成反比等。工程上必须要有孔隙时,对于圆孔或矩形孔,要求圆孔直径或矩形长边小于 $\lambda/5$,λ 为最小工作波长;对于缝隙,其长度小于 $\lambda/10$。

显然,频率越高、波长越小,满足工程要求的孔隙尺寸越小,因此,带孔的金属板及网材对超高频以上的频率基本没有屏蔽效能,此时,需要采用截止波导管来屏蔽。

根据电磁兼容原理中的小孔耦合理论,尺寸远小于波长的孔缝,可将孔缝等效为电偶极子和磁偶极子。根据截止波导管理论,截止波导管作为高通滤波器,在一定的形状结构下,低于截止频率的电磁波是无法通过的,就像家用微波炉的观察窗一样,观察者可以通过金属网材上的小孔进行观察,但微波炉 2.45 GHz 的电磁波并不向外泄漏。

波导管可看成是高通滤波器,它对在其截止频率以下的所有频率都有衰减作用。通常有圆形和矩形截面两种。设圆形波导管内径为 d,长度为 l,矩形波导管宽度为 b,长度为 l。对于圆形波导管,其最低截止频率 f_c（单位:GHz）及波长 λ_c（单位:cm）为

$$f_c = \frac{17.5}{d}, \quad \lambda_c = 1.71d \tag{6.98}$$

对于矩形波导管:

$$f_c = \frac{15}{b}, \quad \lambda_c = 2b \tag{6.99}$$

电磁场从管的一端传至另一端的衰减 S（单位:dB）为

$$S = 1.823 \times 10^{-9} f_c \sqrt{1 - \left(\frac{f}{f_c}\right)^2} \times l \tag{6.100}$$

若 $f \ll f_c$,将式(6.98)和式(6.99)代入式(6.100)中有
电磁场从圆形波导管传输的衰减为

$$S = 32\frac{l}{d} \tag{6.101}$$

电磁场从矩形波导管传输的衰减为

$$S = 27.3\frac{l}{b} \tag{6.102}$$

可知,对于圆形波导管,当长度和直径相等时,具有 32 dB 的衰减;当长度是直径的 3 倍时,电磁波的衰减为 96 dB。因此,作为截止波导管,为了达到较好的防止电磁泄漏的效果,要求波导管长度 l 比其截面直径或截面最大直线尺寸至少要大 3 倍。

　　基于上述理论,在金属化织物上开列合适尺寸和分布的孔洞,可以开发兼具透气性能和屏蔽效能的金属化织物。

　　对金属箔片上不同形状、尺寸和排列方式的孔隙与金属箔片屏蔽效能的关系研究中,得到的基本结论是:多种金属箔片的材质和厚度对电磁屏蔽效能影响不大;0.19 mm 厚的铝箔上以 10 mm 中心距开列 1 mm、2 mm、3 mm 孔径圆孔时的屏蔽效能如图 6.34(a)所示;相同厚度铝箔上,不同间距开列 2.5 mm 直径的圆孔时,其屏蔽效能如图 6.34(b)所示。由此可知,导体上开列的孔洞直径越大、孔之间的间距越小,则导体的电磁屏蔽效能越低,同图 6.18 模拟计算结果一致。并且对于高频端而言,屏蔽效能更低[64]。

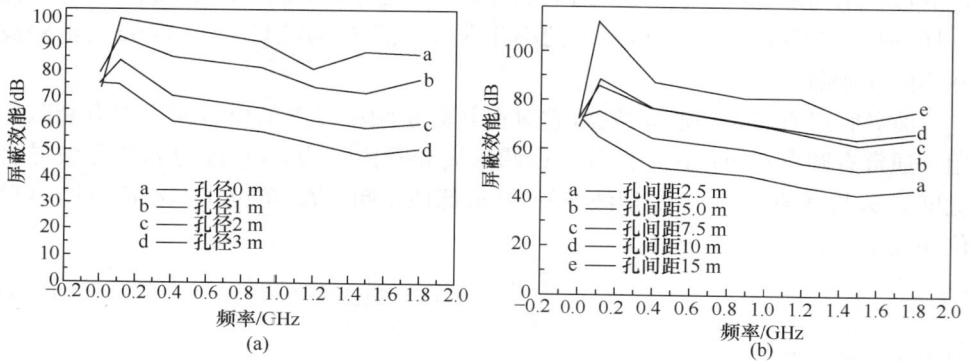

图 6.34　铝箔片上开列不同圆孔时的屏蔽效能
(a)相同间距、不同孔径;(b)相同孔径、不同间距

　　在此基础上采用图 6.35 所示三种透孔组织织造的有孔织物经化学镀铜和电镀镍等金属化加工,制得的有孔织物如图 6.36 所示,其孔洞尺寸与电磁屏蔽效能的关系如图 6.37 所示。其中 0# 样品为无孔织物。显然,采用这样的加工方法,可兼顾电磁辐射防护服的屏蔽效能和热湿舒适性。在必要时还可以对热塑性合成纤维织物采用激光打孔的方法,以形成更加复杂的孔洞。

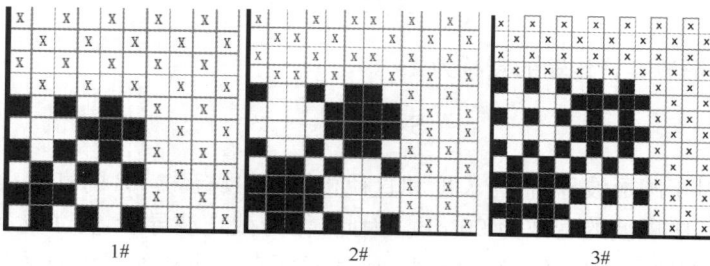

1#　　　　　　　2#　　　　　　　3#

图 6.35　透孔织物组织图

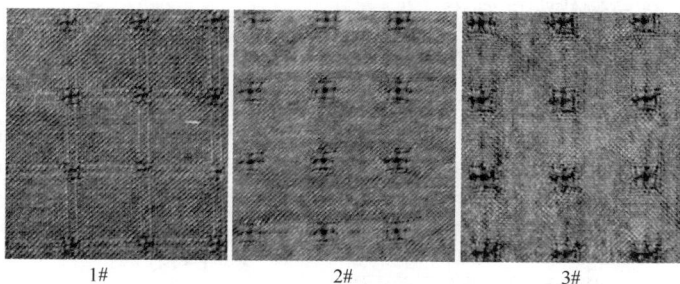

图 6.36　金属化透孔组织织物

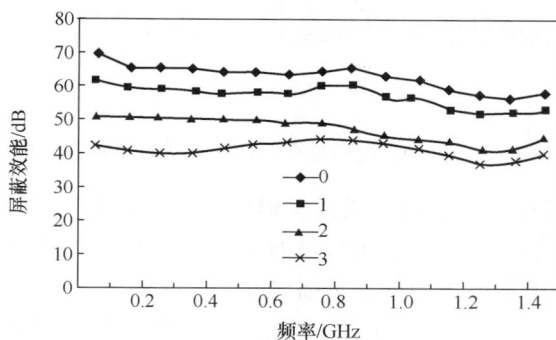

图 6.37　金属化透孔组织织物的屏蔽效能

6.5　电磁屏蔽织物屏蔽效能的各向异性

6.5.1　样品平面的电磁场分布

对于电磁屏蔽织物而言,由于大部分日常使用环境的电磁频率都在 GHz 范围,因此近场环境的磁场屏蔽方法不合适。常用的电磁屏蔽效能测试方法是法兰同轴法,设置简单、操作方便,但该方法适应频率依然较低,范围 30 MHz～1.5 GHz。根据《GJB6190—2008 电磁屏蔽材料屏蔽效能测试方法》,同时规定了法兰同轴法和屏蔽室法用于不同频段的测量,并规定了相应的发射天线类型,其中,屏蔽室法测试频率范围 1～40 GHz。这两种测试方法对应的电磁波都出现在电磁环境中。

传统的金属屏蔽材料,均是各向同性、宏观均匀介质。而无论是织造电磁屏蔽织物,还是金属化电磁屏蔽织物,由于金属纤维或纱线在经纬向排列间距不同或只在一个方向含有金属纱线,将导致织物具有显著的各向异性。测试方法的不同,电场和磁场分量在样品平面的分布将显著不同,这在对各向异性材料进行测试时至关重要,否则,会导致错误的结论。

内部同轴电缆是最常见的一种传输线,它的屏蔽层既可以将电磁场"封闭"在屏蔽腔体内,又可以将外界的电磁场阻挡在屏蔽腔体外。测试时,将样品放入同轴夹具,接上网络矢量分析仪。同轴测试时,电磁波相当于空间的平面电磁波,垂直入射到圆形样品平面,此时,电场 E 和磁场 H 相互正交,在样品平面中心沿径向均匀分布,并沿坡印亭矢量方向 S 即同轴传输线方向传播,如图 6.38 所示[65]。

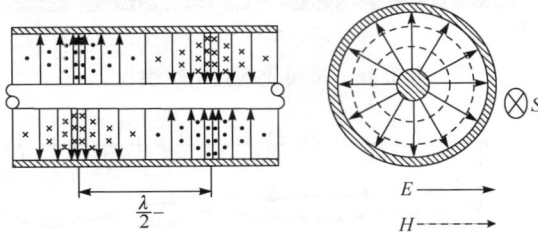

图 6.38　同轴法电磁场在同轴腔和样品平面的分布

屏蔽室法测试时,由双脊喇叭天线发射的远场平面电磁波垂直入射到正方形样品平面,此时,电场分量 E 和磁场分量 H 在样品平面互相垂直分布,并沿垂直于样品平面的坡印亭矢量 S 方向向前传播,如图 6.39 所示。

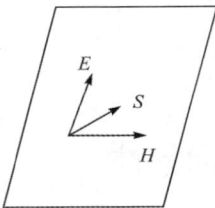

图 6.39　屏蔽室法电磁场
在样品平面的分布

显然,在法兰同轴测试中,由于电场和磁场分量从圆形样品中心沿半径方向向外扩散,因此,不能反映出样品的各向异性。换而言之,该测试方法对样品的各向异性不敏感。而屏蔽室法中,电磁和磁场分量在正方形样品平面互相垂直分布。当金属纱线织入方向和磁场分量平行时,必然发生电磁泄漏;只有当金属纱线织入方向垂直于磁场分量时,金属纤维才能产生感应涡流,从而产生反向磁场抵消原磁场。

电磁波传播以及其在垂直于传播方向的介质平面上的电场和磁场均具有方向性。当具有方向性的电磁波入射到具有结构方向性的电磁屏蔽织物平面时,其屏蔽效能也出现显著的方向性差异。

6.5.2　电磁屏蔽织物屏蔽效能的各向异性

电磁屏蔽织物网格结构,会出现两种结构方向性:一是当金属纱线只在经向或纬向平行分布时,织物的经、纬向会存在方向性差异;二是当织物经纬向均含有金属纱线时,如果织物经纬密度差异或金属纱线在经向和纬向的排列周期间距不等,即形成的网格结构成矩形时,电磁屏蔽织物也存在方向性差异。

6.5.2.1　金属纤维单方向平行织物的屏蔽效能的各向异性

当采用同轴法测试时,由于电场和磁场在样品圆形平面沿半径方向均匀分布,导致各向异性样品用该方法测试时,不能呈现出方向性差异,如图 6.40(a)所示。且单方向含有金属纤维纱线的 B1 样品,其 SE 大部分在 $7 \sim 10$ dB,同时在 0.4 GHz附近出现谐振峰,约 25 dB。但是,当采用屏蔽室法测试时,由于电场和磁场在样品平面互相垂直,即电场方向会和金属纱线方向在某一个旋转角度保持平行,此时,金属将不能产生和外加磁场相反的感应磁场,导致 SE 为零,如图 6.40(b)所示,当 B1 旋转到 75°时基本接近 0。同时,样品随旋转角度的变化,SE 发生显著变化,从样品的金属纱线水平放置时的最大屏蔽效能 35 dB,减小至样品旋转 75°时的接近 0 dB。当样品垂直放置于样品台上时,SE 为 0 dB,这一点在实验中得到充分证明[66]。

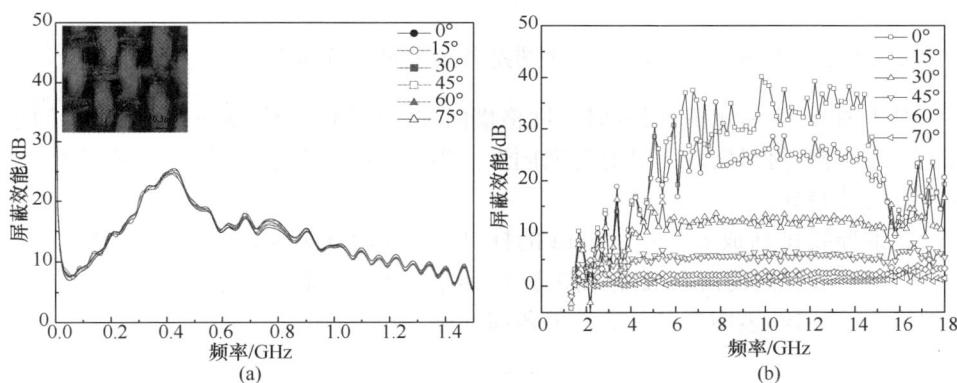

图 6.40　单向含有金属纤维纱线不同旋转角度的测试结果
(a)法兰同轴法；(b)屏蔽室法

进一步地,当采用两种不同测试方法测试单向排列样品和网格样品的屏蔽效能时,也出现了有趣的现象。由于同轴法测试对织物方向性不敏感,导致了宏观上具有各向同性、双向含有不锈钢纤维的样品 B6 的 SE,1.5 GHz 内,高出单向含有不锈钢纤维的样品 B1 约 20 dB,如图 6.41(a)所示。但是,当采用屏蔽室法测试时,当 B1 的金属纤维放置方向和电场分量方向垂直时,B1 和 B6 的 SE 是相当的,几乎没有差异,如图 6.41(b)所示。表明,对于屏蔽室法测试时,天线发出的横电波,导致只有一个方向的金属纤维对屏蔽起到作用,而另一个方向的金属纤维没有任何作用,如前所述。但是,实际使用中,难以判断电磁场入射方向,因此,需要宏观上各向同性电磁屏蔽材料,而不能只是单方向加入具有屏蔽功能的材料。

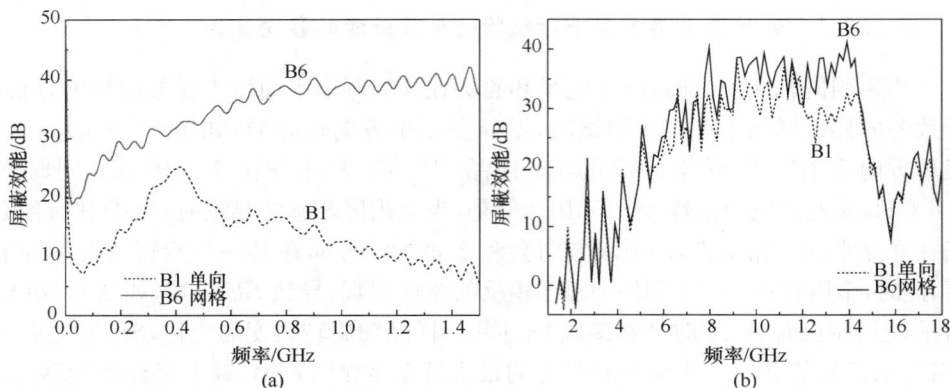

图 6.41　单向和双向含有金属纤维纱线样品的测试结果
(a)法兰同轴法；(b)屏蔽室法

6.5.2.2　网格结构电磁屏蔽织物屏蔽效能的各向异性

对于图 6.15 所示的网格结构，网格横向和纵向边长分别为 a、b。当 $a=b$ 时，为正方形网格，材料宏观上具有各向同性。当 $a\neq b$ 时，为矩形网格，材料宏观上表现出方向性差异。

将铜导线排列成 $a=b=2$ mm 的样品，$1\sim18$ GHz 内，样品在 $15°$、$30°$、$45°$、$60°$、$75°$、$90°$放置时的屏蔽效能如图 6.42 所示。可见，无论样品处于什么方位，屏蔽效能几乎一致，表明样品具有好的各向同性。

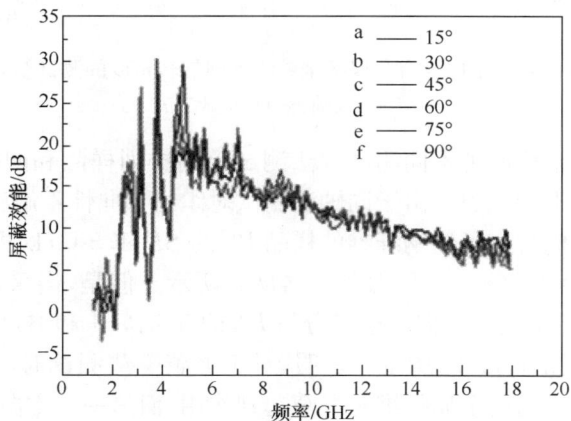

图 6.42　2 mm 网格样品整体旋转的屏蔽效能

将铜导线排列成横向间距 $a=5$ mm、纵向间距 $b=1$ mm 的网格样品，样品在不同旋转角度 0°、30°、60°、90°放置时的屏蔽效能如图 6.43 所示,其中,样品 E 为纵向间隔 5 mm 排列的铜丝样品。其屏蔽效能随着角度的增大逐渐减小,最后在90°时和纵向间距为 5 mm 的平行排列样品的屏蔽效能一致。也就是说,矩形网格样品的屏蔽效能最终决定于矩形长边的尺寸。

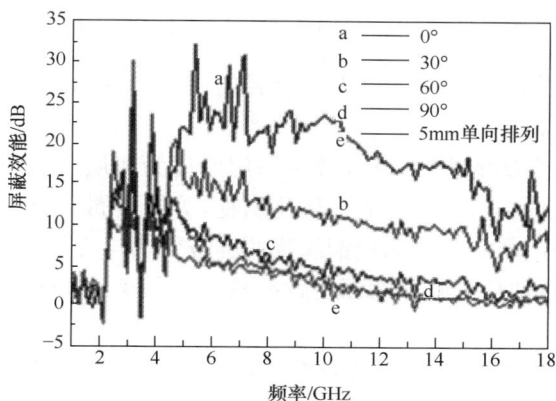

图 6.43　网格样品整体旋转和平行样品的屏蔽效能

对于金属屏蔽织物,无论采用何种测试方法,前提条件是织物样品应该具有各向同性、宏观均匀的电磁功能,即织物经、纬向均含有同样排列间距的金属纤维纱线。这一点,也是设计电磁屏蔽织物的基本原则,这样才能满足实际使用过程中对未知电磁波的良好屏蔽,且不做多余设计。比如,经纬向金属纤维排列间距不一样时,排列间距紧密的一个方向的金属纤维纱线是浪费且不必要的。通过金属纤维含量、织物紧度和密度等织物参数判断屏蔽效能的变化将导致错误的结论。

6.6　电磁屏蔽织物屏蔽效能的研究现状

6.6.1　有孔金属板模型

一些研究者将电磁屏蔽织物看作是带有孔眼的金属板,并采用有孔金属板屏蔽效能的计算公式估算屏蔽织物的 SE。采用此模型的前提是:①整个织物连通性要好,电阻和金属板相当;②织物具有一定的厚度;③织物中的孔隙规整。

Henn 和 Cribb[67] 给出了金属化织物对平面波的屏蔽效能公式,综合了金属薄膜、网格以及有一定厚度的有孔金属板对平面波的屏蔽理论。金属化织物的 SE 与织物的几何结构,如孔隙尺寸、织物厚度以及材料的表面电阻率有关。其 SE 模拟应基于孔隙辐射理论,即当入射电磁波波长远远大于织物孔隙尺寸时,镀覆金属的织物则如金属箔一样反射电磁波,随着频率升高,孔隙尺寸与波长比值逐渐增大,这时孔隙对屏蔽效能的影响变得突出。基于此,Henn 等认为金属化织物是薄的金属箔与具有不同孔隙尺寸的金属板的权重组合,设权重函数为 $f(L,f)$(关于孔最大尺寸和频率的指数函数),则金属化织物最终的屏蔽效能经验公式为

$$SE_{织物} = f(L,f)SE_{金属箔} + (1 - f(L,f)) \cdot SE_{孔} \tag{6.103}$$

其中,金属箔的 SE 即式(6.39);孔隙的 SE 计算公式根据波导理论转化为

$$SE_{孔} = 100 - 20\lg(Lf) + 20\lg\left(1 + \ln\left(\frac{L}{s}\right)\right) + 30\frac{t}{L} \tag{6.104}$$

式中,t 是孔深或织物的厚度(mm);L 为孔径的最大尺寸(mm)(对角线);s 是孔径最小尺寸(mm);f 为频率(MHz)。

对于表面镀覆金属的织物,其等效金属层厚度为镀层金属的体积电阻率与织物表面电阻率的比值。对于大多数金属化织物,等效金属层厚度为 $0.2 \sim 2.0\mu m$。应用此模型预测不同金属含量的镀铜织物的屏蔽效能与实际测量值有很好的一致性。然而,该模型近似认为孔隙的深度就是织物的厚度,这可能在实际应用过程中有一定偏差。

刘衍素[68]将涂层织物等效为孔眼模型,并具体地将机织物涂层后的孔洞看作四方形,如图6.44(a),将针织物涂层后的孔洞看作圆形,如图6.44(b)。涂层部分可以看作是具有屏蔽效能的金属板,未被涂覆的部分可看作是金属板上的孔洞。对于表面镀覆金属织物、涂层织物,其基底织物面积远大于纱线交织孔洞面积,如果涂覆效果好,则织物可看作是金属板,但是纱线之间存在缝隙,涂层不可能完全覆盖缝隙。因此,可将此类织物看作是有孔金属板模型。

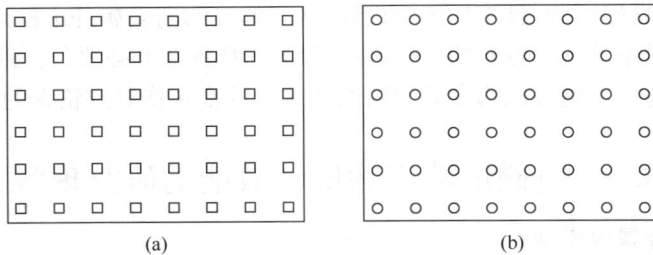

(a)　　　　　　　　　　　　　　(b)

图 6.44　织物孔洞
(a)机织物孔洞;(b)针织物孔洞

刘衍素用式(6.70)计算的 SE 与用《SN/T2161—2008 纺织品防微波性能测试方法波导管法》测试所得 SE 基本吻合。但是该模型仍存在不足,该模型要求涂层导电性良好,孔洞的大小相同或近似相同,这是比较理想化的情况。此外,该模型的应用条件是圆孔直径或矩形孔边长要远小于入射波的波长。

Safarova V 等[69]具体分析了结构紧密的金属纤维混纺织物,即聚丙烯纤维与不同含量不锈钢短纤维混纺机织物的 SE。同时考虑了无孔金属板和孔隙的 SE,理论分析方法同文献[66]。但权重系数不同,并且采用了图像处理技术分析了织

物中的孔洞形貌,将不规则、大小不一的孔洞近似为矩形孔洞,并通过统计分析,建立了 SE 与织物电磁参数的线性回归方程,结果直观。根据式(6.103),已知孔的尺寸、织物厚度和织物的体积电阻率便可得到不同金属含量混纺机织物的 SE。在 3GHz 以下,计算结果和实际测试结果基本吻合。

6.6.2　金属丝网格结构模型

由于兼具屏蔽和通风作用,由金属线或导电材料组成的电磁屏蔽网格是应用最多的电磁辐射防护方式之一。该结构模型是目前最符合织物结构的模型,其屏蔽特性主要在于其表面对电磁波的反射作用[70]。

Chen H C 等[71]制作了铜丝、不锈钢丝和丙纶的并捻纱和包芯纱的网格状导电机织物,将该织物等效为金属网格结构,并假设单个网格为矩形、金属纤维导电良好、金属网格交叉点处接触良好。利用屏蔽效能计算公式(6.71)对织物的 SE 进行评估。采用同轴传输线法测量单层织物的屏蔽效能,并与计算结果对比,结果显示,30MHz～1.5GHz 范围内的测量值与计算值差异很大,相差约 50dB,可能是该结构的纱线在实际织物中使得交叉点处接触不良所致。贺娟等[72]研究指出,采用式(6.71),计算得出 3.9tex 的不锈钢丝针织物,相邻两根钢丝距离为 0.1～0.25 mm 时,在 10～3000 MHz 频率范围内,电磁屏蔽效能可达 14～36 dB。

周期结构的等效电路模型最初由 Anderson[73]提出,Tomasz R[74]等在此基础上提出了导电纱线构成的等间距平面网格结构,即单元形状为正方形、交叉点处紧密接触,与网格尺寸相比厚度可忽略不计。建立了导电纱线网格结构等效电路模型,等效电路是电感 L 和电容 C 的并联组合,同时,因接触点处并非理想导通,故存在接触电阻 R。指出金属网格的等效阻抗取决于入射电磁波极化方式。

Cal J F[75]利用文献[10]中金属网格模型计算了不锈钢纤维含量分别为 5%、10%、15%的混纺织物的 SE,并采用法兰同轴法进行了实验测试。在 300kHz～1.5GHz 内模拟结果与实测结果基本吻合,尤其是在该频率范围内的低频段。表明该网格计算模型可以用来预测织物的 SE。

李奇军等[76]采用式(6.71)论述了金属织物电磁屏蔽原理,利用多物理场耦合分析软件 COMSOL Multiphysics 建立了含不锈钢长丝机织物的三维仿真模型,分析了影响织物 SE 的因素。模型假设金属网由无限长金属丝构成、网格间距为定值且各节点接触电阻为零,其模型计算采用的网格剖分如图 6.45 所示。该软件可直接定义全局电磁屏蔽效能值,即 $SE = 10\lg\left(\dfrac{|P_t| + |P_f| + |P_Q|}{|P_t|}\right)$,透射功率 P_t、反射功率 P_f 和吸收损耗 P_Q 分别由模型的出射端总场能流、入射端散射场能流和不锈钢丝电磁功率损耗密度积分算出,在 3GHz 内仿真效果良好。

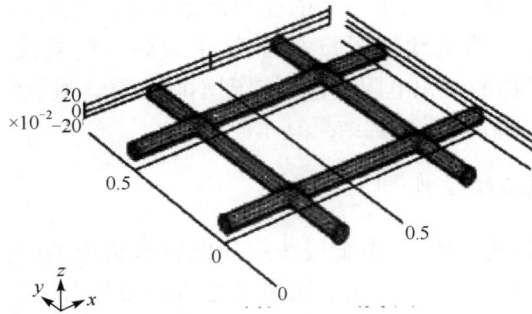

图 6.45　不锈钢丝网格结构图

　　褚玲等[42]、陈玉娜等[77]均指出纬编针织物中线圈纵行连接但不连续,使导电金属丝无法形成一个相对导通的封闭金属网对电磁波进行过滤。而对于金属混纺导电织物来说,电磁屏蔽效能主要取决于其中的金属纤维含量以及金属纤维构成的网状结构。

　　刘衍素[68]分析了金属纤维混纺织物和含镀覆金属纤维织物的 SE,将其等效为金属网格模型,由式(6.82)计算织物的 SE。采用《SN/T2161—2008 纺织品防微波性能测试方法波导管法》测量织物 100 MHz 时的 SE。测试结果与模型结果基本吻合,但是只测试了一个频率点下的 SE,其他频率下的吻合情况尚未可知。

　　前面的章节也明确指出,根据先前的系统研究[65]已经得到,电磁屏蔽织物的有效屏蔽结构为金属网格结构,无论是含金属纤维纱线屏蔽织物,还是表面镀覆金属层或功能层的屏蔽织物,都具有典型的网格结构。并提出了具有普适性的统一网格结构模型(见图 6.15)和等效电路(见图 6.46),对该结构及其屏蔽效能的一般影响因素进行了系统研究[78],提取了 SE 定量计算的有效参数。考虑了金属纤维和普通纤维捻度及分布、金属纤维纱线弯曲周期结构、金属纤维交叉点处导通概率。等效电路中 SE 取决于电阻 R、电感 L、电容 C 的变化,而 R、L、C 又与金属纤维纱线的电磁学参数以及结构参数密切相关。这为含金属纤维织物的等效模型建立以及电磁屏蔽效能的理论计算提供了思路,但是文献并未给出具体的定量计算。

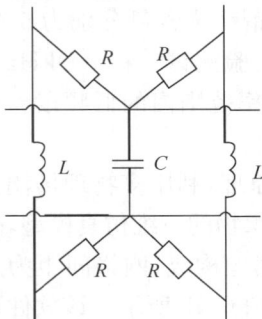

图 6.46　周期单元等效电路

6.6.3　真实结构的三维模拟

　　考虑到真实的织物结构是三维立体的,针对于简单的由含金属纤维纱线平行或交叉构成的网格结构模型与真实的织物结构仍存在一定误差,为此,Vladimir

Volski 等[79]利用电磁仿真软件 WiseTex 和 MAGMAS 建立了模拟真实结构的拓扑结构模型,如图 6.47 所示。图 6.47(a)为 WiseTex 模拟真实的机织物结构中纱线交织状态,(b)为将真实纱线结构转化为拓扑结构模型。拓扑结构模型能够较真实地模拟出实际织物中纱线的结构状态。

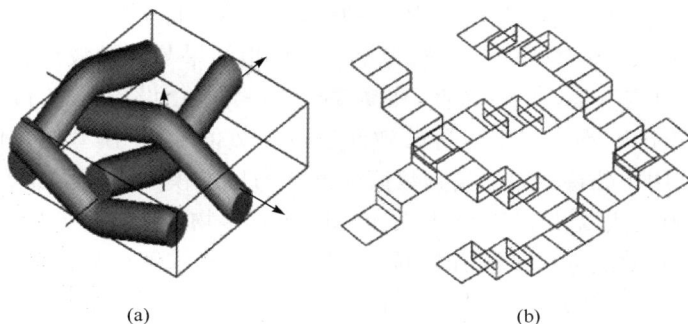

図 6.47　WiseTex 和 MAGMAS 间拓扑信息的转换
(a)WiseTex 中的纱线;(b)MAGMAS 中的纱线

进一步将拓扑结构简化,可简化为扁平条带或圆截面金属线平行排列的两种周期结构几何模型,如图 6.48 所示。电场分别从平行和垂直于条带或金属线的方向入射,可将上述几何模型作为电感和电容条格进行分析。运用矩量法以及积分方程法计算了平面波激发的屏蔽效能。分别模拟了只有条带和条带加墙体时的屏蔽效能,并与法兰同轴法在 100MHz~1.5GHz 内的测试结果对比。结果表明,对于薄型织物,采用不考虑厚度的条带结构,即平面拓扑结构,就能较好地评估 SE;若对拓扑结构的高度设置不同的值,则 SE 随高度的增加而减小。因此建立模拟真实纱线的正确形状的拓扑模型至关重要。为了获得更精确的屏蔽效能理论预测,需要建立一个足够详细的拓扑结构模型。但综合来说,其计算结果与实验测量值有很好的一致性。

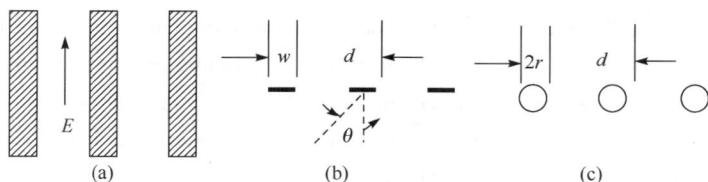

図 6.48　零厚度的导电条带和圆截面的导电金属线
(a)俯视图;(b)条带前视图;(c)圆截面纱线前视图

6.6.4　其他数值计算

有许多研究是运用电磁仿真软件来估计电磁屏蔽织物、金属网或金属板的屏蔽效能,如 Sandra Greco 等[80]报道了一种材料建模工具(MMT),可以预测阻抗传输矩阵以及由不同材料组成的多层板和金属化机织物。它可以根据织物的几何结构和电学性能模拟非均质材料,如金属网格、金属薄膜、单层或双层机织物等的 SE。该模型假设入射场可分为 TE 和 TM 波,认为导电织物可以模拟为夹芯结构或者金属化网格结构,采用哪种模型取决于编织方式以及金属化类型。当织物结构紧密时,涂层后可认为没有孔隙,则模拟为夹芯结构,即金属/织物/金属;织物结构不紧密时,模拟为金属网格且网格为矩形。模拟结果与同轴波导管方法测试结果在 18 GHz 以内有很好的一致性,在高频时的差异是由设备引起,可以校正。

Kubík Zdeněk 等[81]对电磁屏蔽效能进行了数值分析,模型的几何结构为矩形孔结构。利用积分特性建立高频数值模型并与标准模型进行对比,利用偏微分方程、高阶有限元法以及 COMSOL Multiphysics(多物理场耦合分析软件)对被测样品的电磁屏蔽效能进行了数值求解。采用积分形式求解全局屏蔽效能,弱化了测试过程中测试位置的影响,理论值与屏蔽室法测试值对比分析可知,积分方式得到的结果与测量值在 2.5GHz 内有更好的一致性。

张春阳等[82]依据 HFSS 电磁仿真软件,采用矩形波导测试方法研究了含不同特性孔隙金属板的电磁泄漏情况。矩形波导测试法是建立在 Ansoft HFSS 软件基础上的计算机仿真实验方法,可以准确地模拟实物测量,提供有参考价值的实验数据,有效地降低实验成本,缩短实验周期。矩形波导作为电磁波传播的通道,在没有遮挡物的情况下,电磁波可以从波导的一个端口传播到另一个端口,该模型可以从端口直接得到传输系数 S_{21}。此外,张春阳[83]同样采用矩形波导法对金属网的电磁屏蔽性能进行研究,但也只是定性的研究。

参 考 文 献

[1] Celozzi S, Lovat G, Araneo R. Electromagnetic Shielding [M]. John Wiley & Sons, Inc., 2008.

[2] 荒木庸夫著. 电子设备的屏蔽设计[M]. 赵清,译. 北京:国防工业出版社,1975.

[3] Han F, Zhang L C. Degeneration of shielding effectiveness of planar shields due to oblique incident plane waves[C]//IEEE 1996 International Symposium on Electromagnetic Compatibility-EMC: Silion to Systems, Symposium Record. Santa Clara, 1996:82-86.

[4] Naishadham K. Shielding effectiveness of conductive polymers[J]. IEEE Transactions on electromagneticcompatibility, 1992, 34(1):47-50.

[5] Schulz R B, Plantz V C, Brush D R. Shielding theory and practice[J]. IEEE Transactions on Electromagnetic Compatability, 1988, 30(3):187-201.

[6] Perumalraj R, et al. Electromagnetic shielding effectiveness of copper core-woven fabrics[J]. Journal of the Textile Institute, 2009, 100(6): 512-524.

[7] 赖祖武. 电磁干扰兼容性结构设计[M]. 北京:原子能出版社,1993.

[8] Chen C C. Transmission of microwave though perforated flat plates of finite thickness[J].

IEEE Transmission on Microwave Theory and Techniques,1973,MTT-21(1):1-6.

[9] Ulrich R. Far infrared properties of metallic mesh and its complementary structure[J]. Infrared Physics,1967,7:37-55.

[10] Shung-Wu Lee,Gino Zarrillo,Chak-Lam Law. Simple formulas for transmission through periodic metal grids or plates [J]. IEEE Transactions on Antennas and Propagation,1982,30(5):904-909.

[11] Casey Kendall F. Electromagnetic shielding behavior of wire mesh screens[J]. IEEE Transaction on Electromagnetic Compatability,1988,30(3):298-306.

[12] Maria Sabrina Sarto,Sandra Greco,Alessio Tamburrano. Shielding effectiveness of protective metallic wire meshes EM modeling and validation[J]. Transactions on Electromagnetic Compatibility,2014,56(3): 615-621.

[13] Rajendrakumar K,Thilagavathi G. Electromagnetic shielding effectiveness of copper/pet composite yarn fabrics[J]. Indian Journal of Fibre & Textile Research,2012,37 (2): 133-137.

[14] Shyr T W,Shie J W. Electromagnetic shielding mechanisms using soft magnetic stainless steel fiber enabled polyester textiles[J]. Journal of Magnetism and Magnetic Materials,2012,324(3): 4127-4132.

[15] 张丽娟. 基于镀银纤维的防电磁辐射纺织品开发与测试研究[D]. 石家庄:河北科技大学硕士论文,2010.

[16] 谢勇,杜磊,邹奉元. 纬向嵌织镀银长丝机织物的电磁屏蔽效能分析[J]. 丝绸,2012,V(1): 37-40.

[17] Kim H K,Kim M S,Song K,et al. Emi shielding intrinsically conducting polymer/pet textile composites[J]. Synthetic Metals,2003,135(1-3):105-106.

[18] Avloni J,Lau R,Ouyang M,et al. Polypyrrole -coated nonwovens for electromagnetic shielding[J]. Journal of Industrial Textiles,2008,38(1):55-68.

[19] 吴瑜,周胜,徐增波,等. 碳纤维网格排列电磁屏蔽效率的分析[J]. 纺织导报,2011,(11),75-77

[20] 陆邵闻. 电沉积非晶态黑镍合金电磁屏蔽织物的制备及其性能研究[D]. 上海:东华大学学位论文,2008

[21] 徐文龙,刘志才,焦玉雪,等. 电磁屏蔽用化学镀金属化织物的研究现状[J]. 丝绸,2010, (9):15-20.

[22] Sonehara M,Noguchi S,Kurashina T,et al. Development of an electromagnetic wave shielding textile by electroless Ni-based alloy plating[J]. IEEE Transactions on Magnetics,2009,45(10):4173-4175.

[23] Han E G,Kim E A,Oh K W. Electromagnetic interference shielding effectiveness of electroless Cu-plated pet fabrics[J]. Synthetic Metals,2001,123(3):469-476.

[24] 孟灵灵,黄新民,魏取福. 涤纶基布磁控溅射铜膜及其电磁屏蔽性能[J]. 印染,2013(16): 1-5.

[25] Chen W X, Du L J, Yao Y Y. Study on electromagnetic shielding fabric prepared by magnet-mn sputtering[J]. Vacuum Science and Technology, 2007, 27(3): 264-268.

[26] 陈颖, 高绪珊, 童俨, 等. 涂覆法制备电磁波屏蔽织物的研究[J]. 上海纺织科技, 2009, (1): 6-11.

[27] Avloni J, Ouyang M, Florio L, et al. Shielding effectiveness evaluation of metallized and polypyrrole-coated fabrics[J]. Journal of Thermoplastic Composite Materials, 2007, 20(3): 241-254.

[28] Kaynak A, Hakansson E. Characterization of conducting polymer coated fabrics at micro-wave frequencies[J]. International Journal of Clothing Science and Technology, 2009, 21(2-3): 117-126.

[29] http://www. x-staticfiber. com/[OL].

[30] http://www. hengtong-chem. com/shownews. asp? id=12[OL].

[31] 李莉莉, 王炜. 巯基改性 PET 纤维及化学镀银电磁屏蔽布的研究[J]. 印染助剂, 2011, (3): 29-31.

[32] Lu Y X, Xue L L. Electromagnetic interference shielding, mechanical properties and water absorption of copper/bamboo fabric (Cu/Bf) composites[J]. Composites Science and Tech-nology, 2012, 72(7): 828-834.

[33] 陈颖, 高绪珊, 童俨. 涂镍导电涤纶电磁屏蔽织物的研究[J]. 上海纺织科技, 2010, (10): 23-24.

[34] Jiang S X, Guo R H. Electromagnetic shielding and corrosion resistance of electroless Ni-P/Cu-Ni multilayer plated polyester fabric[J]. Surface & Coatings Technology, 2009, 205(17-18): 4274-4279.

[35] Bula K, Koprowska J, Janukiewicz J. Application of cathode sputtering for obtaining ultra-thin metallic coatings on textile products[J]. Fibres & Textiles in Eastern Europe, 2006, 14(5): 75-79.

[36] Brzezinski S, Rybicki T, Karbownik I, et al. Textile multi-layer systems for protection against electromagnetic radiation[J]. Fibres & Textiles in Eastern Europe, 2009, 17(2): 66-71.

[37] Brzezinski S, Rybicki T, Malinowska G, et al. Effectiveness of shielding electromagnetic ra-diation, and assumptions for designing the multi-layer structures of textile shielding materi-als[J]. Fibres & Textiles in Eastern Europe, 2009, 17(1): 60-65.

[38] 孙铠, 沈淦清. 中国纺织品整理及进展[M]. 北京: 中国轻工业出版社, 2013: 217-240.

[39] 肖红, 施楣梧. 电磁纺织品研究进展[J]. 纺织学报, 2014, (1): 151-157.

[40] Geetha S, Satheesh Kumar K K, Chepuri R K Rao, et al. EMI shielding: methods and materi-als—a review[J]. Journal of Applied Polymer Science, 2009, (112): 2073-2086.

[41] Çeken F, Özlem K, Özkurt A, et al. The electromagnetic shielding properties of some con-ductive knitted fabrics produced on single or double needle bed of a flat knitting machine[J]. Journal of the Textile Institute, 2012, V103(9): 968-979.

［42］褚铃,文珊. 含不锈钢纤维针织物屏蔽效能及机理研究［J］. 针织工业,2011,V(6):18-20.

［43］刘顺华,刘军民,董星龙. 电磁波屏蔽及吸波材料［M］. 北京:化学工业出版社,2007:86-89.

［44］Cheng K B,Cheng T W,Nadaraj R N. Electromagnetic shielding effectiveness of the twill copper woven fabrics［J］. Journal of Reinforced Plastics and Composites,2006,V25(7):699-709.

［45］Rajendrakumara K,Thilagavathi G. Electromagnetic shielding effectiveness of copper/PET composite yarn fabrics［J］. Indian Journal of Fiber & Textile Research,2012,V37(2):133-137.

［46］Su C L. Effect of stainless Steel containing fabrics on electromagnetic shielding effectiveness［J］. Textile Research Journal,2004,V74(1):51-54.

［47］肖倩倩,张玲玲,李茂松,等. 含不锈钢纤维抗电磁辐射织物性能研究［J］. 浙江理工大学学报,2010,V27(2):174-179.

［48］Shyr T W,Shie J W. Electromagnetic shielding mechanisms using soft magnetic stainless steel fiber enabled polyester textiles［J］. J. of Magnetism and Magnetic Materials,2010,V(324):4127-4132.

［49］Perumalraj R,Dasaradan B S. Electromagnetic shielding effectiveness of copper core yarn knitted fabrics［J］. Indian Journal of Fiber & Textile Research,2009,V(34):149-154.

［50］贾治勇,聂凯,张扬飞. 不锈钢纤维混纺织物微波反射性能研究［J］. 功能材料,2012,V43(5):603-606.

［51］Perumalrajr R,Dasarahan B S,Nalankilli G. Copper,stainless steel,glass core yarn,and ply yarn woven fabric composite materials properties［J］. Journal of Reinforced Plastics and Composites,2010,V29(20):3074-3082.

［52］王建忠,奚正平,汤慧萍,等. 金属纤维电磁屏蔽材料的研究进展［J］. 稀有金属材料与工程,2011,(9):1688-1692.

［53］王建忠,奚正平,汤慧萍. 不锈钢纤维织物电磁屏蔽效能的研究现状［J］. 材料导报 A:综述篇,2012,V(26):33-53.

［54］Munk B A. 频率选择表面理论与设计［M］. 侯新宇,译. 北京:科学出版社,2009:4-6.

［55］沈冬娜. 化学与电化学沉积电磁屏蔽织物技术与性能研究［D］. 北京:北京工业大学学位论文,2003.

［56］詹建朝,张辉,沈兰萍. 不同增重率化学镀银电磁屏蔽织物的研究［J］. 表面技术,2006,(6):25-27.

［57］莎皮罗 Д H,著. 电磁屏蔽的理论基础［M］. 甘得午,张瞰,译. 北京:国防工业出版社,1983:2-7.

［58］凯瑟 B E. 电磁兼容原理［M］. 肖华庭,诸昌清,雷有华,等译. 北京:电子工业出版社,1985:101-111.

［59］Polley M H,Boonstra B. Carbon blacks for highly conductive rubber［J］. Rubber Chemistry and Technology,1957,30(1):170-179.

［60］Jiang S X,Guo R H. Electromagnetic shielding and corrosion resistance of electroless Ni-P/

Cu-Ni multilayer plated polyester fabric[J]. Surface & Coatings Technology,2009,205,(17-18):4274-4279.

[61] Petrova M,Georgieva M,Dobreva E,et al. Electroless deposition of nanodisperse metal coatings on fabrics[J]. Bulgarian Chemical Communications,2012,44(1):92-98.

[62] 唐金欢,张帆. 电子设备的电磁兼容仿真设计[J]. 电子质量,2007(8):85-88.

[63] 段玉平,刘顺华,管洪涛,等. 缝隙对金属网屏蔽效能的影响[J]. 安全与电磁兼容,2004,(4):46.

[64] 施楣梧,肖红,王群. 电磁纺织品及纺织品电磁学[J]. 纺织学报,2013,(2):73-80.

[65] SJ20524—1995 材料屏蔽效能的测量方法. 中华人民共和国电子行业军用标准.

[66] 肖红,唐章宏,施楣梧,等. 电磁屏蔽织物的导电网格结构及其屏蔽效能的一般影响规律研究[J]. 纺织学报,2015,V(2):35-42.

[67] Henn A ,Cribb R. Modeling the shielding effectiveness of metallized fabrics [C]// IEEE 1992 International Symposium on Electromagnetic Compatibility:Symposium Record. Anaheim,1992,283-286.

[68] 刘衍素. 电磁屏蔽织物模型验证与分析[D]. 青岛:青岛大学学位论文,2014.

[69] Safarova V,Tunak M,Militky J. Prediction of hybrid woven fabric electromagnetic shielding effectiveness [J]. Textile Research Journal,2015,85(7):673-686.

[70] Moansson D,Ellgardt A. Comparing analytical and numerical calculations shielding effectiveness of planar metallic meshes with measurements in cascaded reverberation chambers [J]. Progress In Electromagnetics Research,2012,31：123-135.

[71] Chen H C,et al. Fabrication of conductive woven fabric and analysis of electromagnetic shielding via measurement and empirical equation[J]. Journal of Materials Processing Technology,2007,184(1-3)：124-130.

[72] 贺娟,易洪雷. 不锈钢丝/酪蛋白纤维电磁屏蔽针织物密度的确定[J]. 上海纺织科技,2008,11:25,26,34.

[73] Anderson I. On the theory of self-resonant Grids[J]. The Bell System Technical Journal,1975,54:1725-1731.

[74] Rybicki T,Brzeziński S,Lao M,et al. Modeling protective properties of textile shielding grids against electromagnetic radiation[J]. Fibres & Textiles in Eastern Europe,2013,21(97)：78-82.

[75] Cai J F,Xuan Z L,Liu H B. The testing and equivalent calculation of electromagnetic shielding effectiveness of metal fiber blended fabrics[C]// International Conference on Measurement,Information and Control. Harbin,2013:1464-1467.

[76] 李奇军,刘长隆,周明,等. 含不锈钢纤维机织物电磁屏蔽机理及其效能的仿真研究[J]. 功能材料,2013,14:2041-2046.

[77] 陈玉娜,刘哲. 毛针织电磁屏蔽面料屏蔽效能的机理研究[J]. 毛纺科技,2014,11:55-60.

[78] 钞杉. 含金属纤维电磁屏蔽纺织品屏蔽效能的影响因素研究[D]. 上海:东华大学学位论文,2014：41-55.

［79］Volski V，Vandenbosch G. Full-wave electromagnetic modelling of fabrics and composites ［J］. Composites Science and Technology，2009，69（2）：161-168.

［80］Sandra Greco，Alessio Tamburrano，Maria Sabrina Sarto. Experimental characterization and modeling of metallized textiles for electromagnetic shielding［C］//Proceedings of the 2013 International Symposium on Electromagnetic Compatibility（EMC Europe 2013）. Brugge，Belgium，2013：532-535.

［81］Zdeněk K，et al. On the shielding effectiveness calculation［J］. Computing，2013，95（S1）：111-121.

［82］张春阳，田小建，王灵敏，等.孔隙结构金属板电磁屏蔽效能的实验研究［J］.电子设计工程，2014，21：15-18.

［83］张春阳.孔隙复合结构金属网电磁屏蔽特性的仿真实验研究［D］.长春：吉林大学学位论文，2014.

第7章 电磁散射纺织材料

电磁波散射理论是雷达电磁波隐身技术的重要理论基础,其主要思想是采取各种措施减少目标对探测雷达的回波,从而大幅度地减少可被敌方雷达接收机截获的电磁波能量。通过改变目标外形结构或对覆盖目标的材料进行结构设计,消除目标对电磁波的镜面反射,是一种重要的雷达电磁波隐身技术。其基本原理是设计出特定的外形或材料结构,使得入射到目标上的电磁波不再镜面反射回去,而是沿不同方向辐射出去,从而减少入射传播方向的辐射电磁波,这一现象即为电磁波的散射现象。与设计目标的外形结构类似,也可以设计特定结构的电磁功能材料,如设计特定结构的电磁功能纺织材料,使其具有很强的散射特性,从而对人体和军事目标进行隐身。

7.1 电磁波散射基础

7.1.1 电磁波的散射机理

电磁波散射是指当电磁波辐射到宏观物体上时,引起物体上的诱导电荷和电流,从而向各个方向辐射电磁波的过程[1]。以光波为例,它主要和物质(气、液、固)中的电子发生相互作用。因此,当光波入射到物体上时,波的电场使物质中的电子受到加速。这些加速了的电子沿不同方向辐射出电磁波,结果,沿入射波传播方向的辐射将有所减弱,所减弱的能量分布到其他方向上。

电磁波的散射是自然界中重要而普遍的现象之一,并有着广泛的应用。在波长极短的情形下,电磁波的量子性十分显著,这时的电磁波散射又称为光子散射。波长小于 4×10^{-12} m 的电磁波散射称为 γ 光子散射,它是研究核结构的工具之一;稍长的波长称为 X 射线散射,它是研究晶体结构极有力的分析方法;在可见光区,光的散射产生五彩缤纷的自然景象,如蓝天、红日和白云;有源遥感是通过可见光、红外线和微波的散射数据来分析目标的一种新技术;微波散射是雷达确定目标的方位和距离的主要依据;超短波在对流层中的散射可以用作远距离通信。

7.1.2　无线电波的散射[2]

无线电波是波长较长的电磁波,当无线电波入射到尺寸较波长小得多的障碍物时,即发生散射。如障碍物尺寸比波长大,一部分遭受反射,一部分则绕过此障碍物产生所谓衍射现象。尽管原则上散射场可以根据麦克斯韦方程组及边界条件求得,但只有少数比较简单的情况,如处于均匀各向同性媒质中几何形状比较简单的障碍物(如柱、球、锥、尖劈、狭缝等)的散射,才能求出其精确解。数值计算是一种近年来发展起来的、令人瞩目的处理散射的近似方法。近 40 年来,由于实践的需要,经典散射理论颇受科技界重视,并发展了旋磁媒质和旋电媒质电动力学,提出了许多探讨任意形状障碍物散射的近似方法,如几何衍射法、变分法、微扰法、矩量法、单矩法、有限元法等。

如果媒质是均匀各向同性的,则电磁波的传播不受干扰,也不发生偏转;如果媒质为各向异性的,则其电磁传播会随空间或时间而变化,电磁波将发生散射。在高层大气中,由大气密度涨落所引起的无线电波的无规漫射,使远距离通信成为可能。

7.1.3　雷达目标的散射特性[3]

在光学区,目标总的电磁散射可以认为是某些局部位置上的电磁散射的叠加,这些局部性的散射源被称为散射中心。散射中心这个概念是在理论分析中产生的,通过精确的测量,由散射中心的散射场叠加得到的目标总的雷达散射截面(radar cross section,RCS)和目标 RCS 理论值非常接近,这就说明将目标等效为 n 个散射中心的近似处理方法是可行的。

散射中心并不是一个实际意义上的“点”,根据目标电磁散射的特点,散射中心主要可分为以下类型:镜面散射中心,边缘(棱线)散射中心,尖端散射中心,凹腔体散射中心等,这些散射中心本身就有可能包含多个散射中心,但是在实际应用中,通常把它们作为一个散射中心来处理。因此,在实际问题的分析处理中,散射中心绝对不是一个点的概念。

根据电磁理论,每个散射中心都相当于一个数字不连续处,从几何观点来分析,就是一些曲率不连续处与表面不连续处。雷达目标在高频区的电磁散射可以等效为若干散射中心的作用。散射中心建模有两种途径:一种是在已知目标几何形体和材料特性的前提下,通过分析部件的散射特性建立整个目标的散射中心模型,这个过程依赖于已知目标的形体和材料特性,难以自动化,缺少通用性;另一种是从测量数据中提取散射中心的位置、强度、频率和方向特性等,它本质上是散射中心模型参数估计问题。

7.2　织物立体结构对电磁波散射性能的影响

　　立体结构的金属化织物对入射电磁波具有很好的散射特性,织物上周期性排列的导电金属环、金属纤维柱或导电织物上周期排列的绝缘结构实际上构成了一种立体结构的频率选择表面,具有与频率选择表面类似的谐振特性。如果能根据立体结构织物的结构和材料特性分析其电磁响应特征,可能会设计出性能优异的立体结构的金属化织物。由于利用纺织技术制备立体结构织物的技术比较成熟,因此很容易设计出立体结构的金属化织物。本节将介绍立体结构织物电磁响应特征的分析方法。

7.2.1　线状单元结构的电磁波散射特性[4]

　　研究电磁波在立体结构的传输过程时,立体周期结构的复合材料可简化为二相介质材料,如图 7.1 所示。

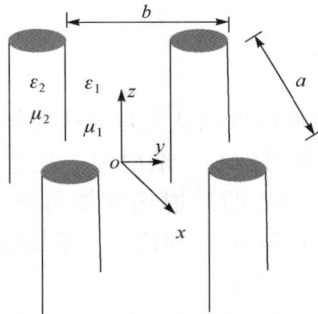

图 7.1　介质柱周期立体结构

　　图 7.1 所示的是周期结构复合材料为二相介质材料,假定 x 方向周期为 a,y 方向周期为 b,介质杆的介电常数为 ε_2,磁导率为 μ_2,包围杆的介质介电常数为 ε_1,磁导率为 μ_1。该立体周期结构材料的介电常数可以表示为如式(7.1)张量形式(上标 h 表示以张量形式给出)[5]:

$$
[\varepsilon^h] = \begin{bmatrix} \varepsilon_x & 0 & 0 \\ 0 & \varepsilon_y & 0 \\ 0 & 0 & \varepsilon_z \end{bmatrix} \tag{7.1}
$$

　　目前,已经提出了一些关于多种复合材料的等效电磁参数计算公式,其中比较常用的是以下五个相关的公式。

(1) Lichtenecker 公式[6]：

$$|\varepsilon_{eff}| = \nu_1 |\varepsilon_1| + \nu_2 |\varepsilon_2| \tag{7.2}$$

式中，ε_1 为介质 1 的复介电常数；ε_2 为介质 2 的复介电常数，一般用作基质材料；ε_{eff} 为复合材料的等效电磁参数；ν_1、ν_2 为两种介质的体积参数，且满足 $\nu_1 + \nu_2 = 1$。

(2) Logarithm 公式[7]：

$$\ln\varepsilon_{eff} = \nu_1 \ln\varepsilon_1 + \nu_2 \ln\varepsilon_2 \tag{7.3}$$

(3) Looyenga 公式[8]：

$$\varepsilon_{eff}^{1/3} = \nu_1 \varepsilon_1^{1/3} + \nu_2 \varepsilon_2^{1/3} \tag{7.4}$$

(4) Maxwell-Garnett 公式[9]：

$$\frac{\varepsilon_{eff} - \varepsilon_2}{\varepsilon_{eff} + 2\varepsilon_1} = \nu_1 \frac{\varepsilon_1 - \varepsilon_2}{\varepsilon_1 + 2\varepsilon_2} \tag{7.5}$$

(5) Bruggeman 有效媒质理论 EMT(effective medium theory)公式[10]：

$$\nu_1 \frac{\varepsilon_1 - \varepsilon_{eff}}{\varepsilon_1 + 2\varepsilon_{eff}} + \nu_2 \frac{\varepsilon_2 - \varepsilon_{eff}}{\varepsilon_2 + 2\varepsilon_{eff}} = 0 \tag{7.6}$$

同理，在计算等效磁导率时，根据电磁波理论中的对偶原理，将上述公式中的 ε_{eff}、ε_1、ε_2 分别换成 μ_{eff}、μ_1、μ_2 分别可得等效磁导率的表达式。

从以上五个相关式子可以看出，除 Lichtenecker 公式是根据两种介质的比率（如果某一介质是真空，也可以看成是不同材料的占空比）得到的一个线性公式外，其他几个公式都为非线性公式，通过对比发现：以上五个公式中复合介质材料的等效电磁参数在较低和较高掺杂比率的情况下都比较一致。不同的是，在掺杂介质比率在中间值时，得到的结果差别较大[11]。

当尺度 a、b 相对于波长足够小时，ε_z 可以选取式（7.2）的 Lichtenecker 公式，得

$$\varepsilon_z = \nu_1 \varepsilon_1 + \nu_2 \varepsilon_2 \tag{7.7}$$

根据强扰动理论[12]，它采用 $\|R(r)\|$ 严格的电磁场理论处理随机媒介的散射问题，则有表达式（7.8）

$$\| C_0 \| = \| C_g \| + j\omega \int_{\Omega} \| R(r) \| \, dr \tag{7.8}$$

式中，$\|R(r)\|$ 为相关矩阵；$\|C_0\|$ 为本征矩阵；$\|C_g\|$ 为静态矩阵。

对于复合材料的立体结构单元，假设立体结构材料的空间取向一致，当立体结

构单元的尺寸与电磁波波长相比拟时,此时相关矩阵的作用可以忽略,材料媒质的本征矩阵与静态矩阵相等,因而有

$$\| C_0 \| = \| C_g \| \tag{7.9}$$

假设媒质由两种材料组合而成,则有

$$
\begin{cases}
\sum_{i=1}^{2} v_i (\varepsilon_i - \varepsilon_g) [\varepsilon_g + L_i (\varepsilon_i - \varepsilon_g)^{-1}] = 0 \\
\sum_{i=1}^{2} v_i (\mu_i - \mu_g) [\mu_g + L_i (\mu_i - \mu_g)^{-1}] = 0
\end{cases}
\tag{7.10}
$$

式中,ε_i 为第 i 种单质的介电常数;μ_i 为第 i 种单质的磁导率;L_i 为第 i 种单质的介电常数;v_i 为第 i 种单质的占空比。

在坐标轴中都可以表示为式(7.1)的张量形式。进一步可以求得各向异性材料的等效介电常数 ε_s 和 μ_s。

当 $\mu_s = \mu_z$,$\varepsilon_s = \varepsilon_z$ 时,此时为各向同性介质立体结构材料;而 $\mu_s \neq \mu_z$,$\varepsilon_s \neq \varepsilon_z$ 时,此时为各向异性介质立体结构材料。

为了分析电磁波在立体结构的频响特性,下面从电磁波的传输原理进行进一步的理论推导。

图 7.2 所示的是简谐均匀平面波入射立体结构示意图。选取图 7.2 所示的三维坐标系 XYZ。坐标系 XOY 平面与下表面重合,Z 轴与上下表面的分界面垂直。电磁波以 θ 角度从上表面入射,在上表面分界面产生反射波和透射波,透射波进入周期立体结构,在立体结构中衰减后,在下表面分界面又一次产生反射波和透射波。

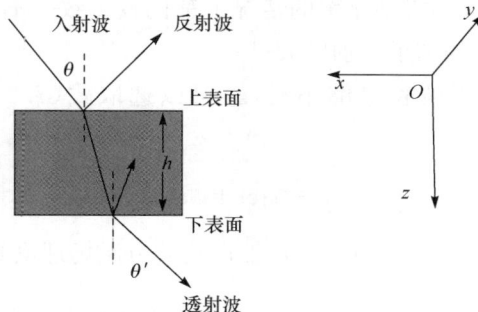

图 7.2　电磁波入射立体结构示意图

　　假设立体结构的两表面上下均为自由空间,此时电磁波在传播的过程中的矢量波动方程具有平面波解。

　　根据电磁波传播原理,沿任何方向极化的平面波均可以展开为 TE 波和 TM 波。下面讨论 TE 波极化情况。

　　令 E_0^+ 和 E_0^- 分别是立体结构材料的上表面自由空间的入射电场和反射电场在 $z=-h$ 处的振幅。E^+ 和 E^- 分别为立体结构中正向波电场和反向波电场在下表面 $z=0$ 处的振幅,则立体结构上表面自由空间以及立体结构材料中合成电场和合成磁场分别满足式(7.11)和式(7.12)[13]:

$$\boldsymbol{E}_0 = (E_0^+ a + E_0^- b)\boldsymbol{e}_y \tag{7.11}$$

$$\boldsymbol{H}_0 = \left(\frac{\cos\theta}{\eta_0}\right)(-E_0^+ a + E_0^- b)\boldsymbol{e}_x + \left(\frac{\sin\theta}{\eta_0}\right)(E_0^+ a + E_0^- b)\boldsymbol{e}_z \tag{7.12}$$

同理,得到下表面合成电场和合成磁场分别满足式(7.13)和式(7.14):

$$\boldsymbol{E} = (E^+ g + E^- w)\boldsymbol{e}_y \tag{7.13}$$

$$\boldsymbol{H} = \left(\frac{k_{z_1}}{\omega\mu_0\mu_s}\right)(-E^+ g + E^- w)\boldsymbol{e}_x + \left(\frac{\sin\theta}{\eta_0\mu_z}\right)(E^+ g + E^- w)\boldsymbol{e}_z \tag{7.14}$$

式中,$a = \exp\{-\mathrm{j}k_0[x\sin\theta + (z+h)\cos\theta]\}$;$b = \exp\{-\mathrm{j}k_0[x\sin\theta - (z+h)\cos\theta]\}$;$\eta_0 = \sqrt{\dfrac{\mu_0}{\varepsilon_0}}$;$g = \exp[-\mathrm{j}(k_0 x\sin\theta + k_{z_1} z)]$;$w = \exp[-\mathrm{j}(k_0 x\sin\theta - k_{z_1} z)]$;$k_{z_1} = k_0(\mu_s\varepsilon_s - \mu_s\mu_z^{-1}\sin^2\theta)^{1/2}$;$k_0 = \omega\sqrt{\mu_0\varepsilon_0}$。其中,$\varepsilon_s$、$\mu_s$ 为 xy 平面的等效介电常数和等效磁导率。

　　当下表面存在全反射板时,此时的下表面只有反射波而无透射波。而考虑立体结构频响特性时,在立体结构的下表面自由空间只存在透射波而无反射波。令在下表面 $z=0$ 的振幅为 E_1^+,则下表面自由空间的电场和磁场分别为

$$\boldsymbol{E}_1 = E_1^+ t \boldsymbol{e}_y \tag{7.15}$$

$$\boldsymbol{H}_1 = -\left(\frac{\cos\theta'}{\eta_0}\right)E_1^+ t \boldsymbol{e}_x + \left(\frac{\sin\theta'}{\eta_0}\right)E_1^+ t \boldsymbol{e}_z \tag{7.16}$$

式中,$t = \exp[-\mathrm{j}k_0(x\sin\theta' + z\cos\theta')]$。

　　将式(7.11)～(7.14)代入上表面边界条件有

$$E_0^+ + E_0^- = E^+ \exp(\mathrm{j}k_{z_1} h) + E^- \exp(-\mathrm{j}k_{z_1} h) \tag{7.17}$$

$$\left(\frac{\cos\theta}{\eta_0}\right)(E_0^+ - E_0^-) = \frac{k_{z_1}}{\omega\mu_0\mu_s}[E^+ \exp(\mathrm{j}k_{z_1} h) - E^- \exp(-\mathrm{j}k_{z_1} h)] \tag{7.18}$$

将式(7.13)～(7.16)代入下表面的边界条件有

$$E^+ + E^- = E_1^+ \tag{7.19}$$

$$\frac{k_{z_1}}{\omega\mu_0\mu_s}(-E^+ + E^-) = -\left(\frac{\cos\theta'}{\eta_0}\right)E_1^+ \tag{7.20}$$

$$\left(\frac{\sin\theta}{\eta_0}\right)(E^+ + E^-) = \left(\frac{\sin\theta'}{\eta_0}\right)E_1^+ \tag{7.21}$$

联立式(7.19)～(7.21),可分别求得 $\theta = \theta'$ 和下表面的正向与反向振幅 E^+ 和 E^-。最后,求得此时的反射系数

$$\Gamma = \frac{E_0^-}{E_0^+} = mn[1 - \exp(\mathrm{j}2k_{z_1}h)]/[-m^2 + n^2\exp(\mathrm{j}2k_{z_1}h)] \tag{7.22}$$

透射系数

$$\tau = \frac{E_1^-}{E_0^+} = 4k_{z_1}k_0\mu_s\cos\theta\exp(\mathrm{j}k_{z_1}h)/[-m^2 + n^2\exp(\mathrm{j}2k_{z_1}h)] \tag{7.23}$$

式中,$m = k_{z1} - k_0\mu_s\cos\theta$;$n = k_{z1} + k_0\mu_s\cos\theta$。

用 dB 值表示,则

$$R = 20\lg|\Gamma| = 20\lg|mn[1 - \exp(\mathrm{j}2k_{z_1}h)]/[-m^2 + n^2\exp(\mathrm{j}2k_{z_1}h)]| \tag{7.24}$$

$$T = 20\lg|\tau| = 20\lg|4k_{z_1}k_0\mu_s\cos\theta\exp(\mathrm{j}k_{z_1}h)/[-m^2 + n^2\exp(\mathrm{j}2k_{z_1}h)]| \tag{7.25}$$

同理,可得 TM 极化情况下的反射系数和透射系数分别为

$$R = 20\lg|\Gamma| = 20\lg|pq[1 - \exp(\mathrm{j}2k_{z_3}h)]/[-p^2 + q^2\exp(\mathrm{j}2k_{z_3}h)]| \tag{7.26}$$

$$T = 20\lg|\tau| = 20\lg|4k_{z_3}k_0\varepsilon_s\cos\theta\exp(\mathrm{j}k_{z_3}h)/[-p^2 + q^2\exp(\mathrm{j}2k_{z_3}h)]| \tag{7.27}$$

式中,$p = k_{z3} - k_0\varepsilon_s\cos\theta$;$q = k_{z3} + k_0\varepsilon_s\cos\theta$;$k_{z3} = k_0(\mu_s\varepsilon_s - \varepsilon_s\varepsilon_z^{-1}\sin^2\theta)^{1/2}$。

将式(7.10)代入式(7.24)和式(7.25),即可求得在 TE 极化下的各向异性立体结构的反射系数和透射系数值。同理,将式(7.10)代入式(7.26)和式(7.27),可得到在 TM 极化下各向异性立体结构的反射系数和透射系数值。

7.2.2　凹凸面单元结构的电磁波散射特性

7.2.2.1　电磁波的反射与散射

电磁波在不同介质分界面会发生反射,其反射符合反射定律,如图 7.3 所示。

自然表面可以分解为一系列平面元,其中有小尺度的几何形状,即粗糙度。在表面散射中,散射面的粗糙度是非常重要的。若表面是光滑的,入射的能量与表面相互作用后形成两束平面波:一束为表面向上的反射波,它与法线的夹角与入射角相同,方向相反(即镜面反射);另一束为表面向下的折射波或透射波,图 7.4 所示为电磁波入射到光滑表面后的反射情况。

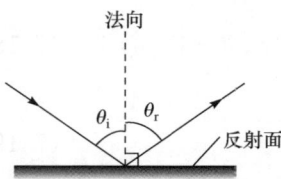

图 7.3　电磁波反射定律

如果表面是粗糙的,入射的能量与表面相互作用后,再辐射而射向各个方向,成为散射场(即漫反射),如图 7.5 所示。

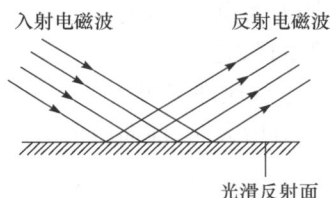

图 7.4　电磁波在光滑反射面的反射　　　图 7.5　电磁波在不规则反射面的反射

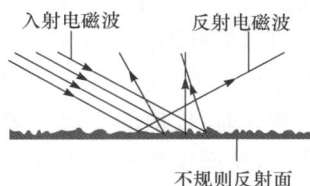

电磁波的散射取决于电磁波波长 λ 和表面粗糙度 d 的关系[14]。根据电磁波波长 λ 和表面粗糙度 d 的关系,可将散射分为瑞利散射、米氏散射和与波长无关的散射。

当反射面的表面粗糙度 d 比电磁波波长 λ 小得多,即

$$d \ll \lambda \tag{7.28}$$

时,电磁波的散射表现为瑞利散射[15]。瑞利经过计算认为,不规则面散射电磁波的强度与入射电磁波的频率(或波长)有关,即四次幂的瑞利定律。如果宏观上反射面的表面粗糙度 d 与电磁波波长 λ 满足式(7.28),则该散射面的散射截面有如下计算公式[16]:

$$\sigma = \frac{128\pi^5 R^6}{3\lambda^4} \left| \frac{m^2-1}{m^2+2} \right|^2 = \frac{2\lambda^2}{3\pi} a^6 \left| \frac{m^2-1}{m^2+2} \right|^2 \tag{7.29}$$

式中,R 为辐射体与雷达的距离;

$$m = n - jK \tag{7.30}$$

为复折射系数,n 为无损耗情况下的折射系数,K 为损耗系数;

$$a = \frac{2\pi R}{\lambda} \tag{7.31}$$

当反射面的表面粗糙度 d 与电磁波波长 λ 相当,即

$$d \approx \lambda \tag{7.32}$$

时,电磁波的散射表现为米氏散射,其物理基础是电磁波与物质的相互作用,在电磁波传播路径中的粒子连续地从入射波中吸收能量,把吸收的能量再放射到以粒子为中心的全部立体角中。

在米氏散射中,由于颗粒尺度与电磁波波长相当,所以入射波的相位在颗粒上是不均匀的,这就造成了各子波在空间和时间上的相位差。在子波组合产生散射波的地方,将出现相位差产生干涉。这些干涉取决于入射电磁波的波长、颗粒的大小、折射率以及散射角。颗粒直径增大,造成散射强度变化的干涉也增大。因此,散射电磁波的强度与这些参数的对应关系,不像瑞利散射那样简单,需要用复杂的

级数来表达,且级数的收敛非常缓慢,该关系首先由德国科学家 G. 米得出,因此称这类散射为米氏散射。

米氏散射具有如下特点:①散射强度比瑞利散射大得多,散射强度随波长变化不如瑞利散射那样剧烈。随着尺度参数增大,散射的总能量很快增加,并最后以振荡的形式趋于定值。②散射电磁波强度随角度变化呈现许多极大值和极小值,当尺度参数增大时,极值的个数也增加。③当尺度参数增大时,前向散射与后向散射之比也增大,从而使颗粒前半球散射增大。

当颗粒的尺度参数很小时,米氏散射结果可以简化为瑞利散射;当颗粒尺度参数远远大于电磁波波长时,其结果又与几何光学结果一致;而在尺度参数与电磁波波长相当时,只有米氏散射理论才能得到唯一正确结果,因此米氏散射计算模式能广泛地描述任何尺度参数颗粒的散射特点。

米氏散射的定义最初用来描述空间中的颗粒对电磁波的散射作用,对于表面凹凸不平的反射面,当宏观上凹凸面的等效直径与电磁波波长 λ 相当时,也可利用米氏散射理论近似解释这种漫反射现象。

当反射面的表面粗糙度 d 比电磁波波长 λ 大得多,即

$$d \gg \lambda \tag{7.33}$$

时,电磁波的散射表现为与波长无关的散射,或者是几何光学意义上的散射,此时,反射电磁波与入射电磁波的传输特点如图 7.4 所示。

7.2.2.2　散射截面与散射系数[17]

散射截面是指一个可与目标等效的各向同性反射体的截面积,它对入射电磁波的反射功率能相等于实际目标的散射功率。

散射系数是指在给定方向上单位立体角内,单位散射体积对入射电磁波单位能流密度的散射功率。它是入射电磁波与地面目标相互作用结果的度量。

后向散射是指沿电磁波入射方向返回的散射。

后向散射截面是指入射方向的散射截面。

7.2.2.3　散射截面、散射系数与雷达接收功率的关系

雷达接收到的功率与目标散射截面有以下关系:

$$W_r = \frac{W_t G}{4\pi R^2} \sigma \frac{1}{4\pi R^2} A_r \tag{7.34}$$

式中,W_r 为雷达的接收功率;W_t 为辐射体的发射功率;G 为天线增益;R 为辐射体与雷达的距离;σ 为目标的雷达散射截面;A_r 为接收天线孔径的有效面积:

$$A_r = \frac{G\lambda^2}{4\pi} \tag{7.35}$$

则有

$$W_r = \frac{W_t G^2 \lambda^2}{(4\pi)^3 R^4} \sigma \tag{7.36}$$

以上计算公式是针对点辐射源,对于面辐射源:

$$\sigma = \sigma_0 A \tag{7.37}$$

则面辐射源的回波效率用面积分表示为

$$W_r = \int_A \frac{W_t G^2 \lambda^2}{(4\pi)^3 R^4} \sigma_0 \, dA \tag{7.38}$$

式中,σ_0 为后向散射系数;A 为雷达波束照射面积。若辐射源为散射体,则 σ_0 为单位体积的散射截面,A 则对应辐射体内的体积分。

从雷达方程可知,当雷达系数参数(W_t,G,λ)及雷达与辐射源距离(R)确定后,雷达天线接收的回波功率(W_r)与后向散射系数(σ_0)直接有关。

7.3　电磁功能纺织材料的散射特性

上节从理论和方法的角度分析了织物立体结构对电磁波散射性能的影响,本节将通过实际的测试结果来说明不同立体结构的电磁功能纺织材料的电磁散射特性。测试过程中,还考虑到材料在不同电磁波入射角度情况下有不同的电磁散射特性,因此还给出了不同电磁波入射角度情况下不同立体结构电磁功能纺织材料的反射系数。

7.3.1　立绒结构织物

将具有电磁功能的纤维作为织物的绒毛散立在织物表面,或者作为 U 字形结构单元固结在织物上形成绒毛,获得立绒结构雷达散射织物。图 7.6 为装饰用立绒机织物及其反射系数。

从测试结果可以发现,测试的结构单元在 10 GHz 的带宽内实现了 5 dB 的衰减。反射系数有 5 dB 的衰减,主要是因为结构单元上的金属绒毛和样品的平面之间有一定的夹角,当电磁波入射到样品时,那些与平面有一定夹角的金属绒毛对入射的电磁波产生了一定的散射使得接收天线接收的能量减小,所以实现了反射系数的减小,且峰值达到了 −30 dB。

图 7.7 为针织经编立绒织物的正、反面及其在不同频段内的反射系数。

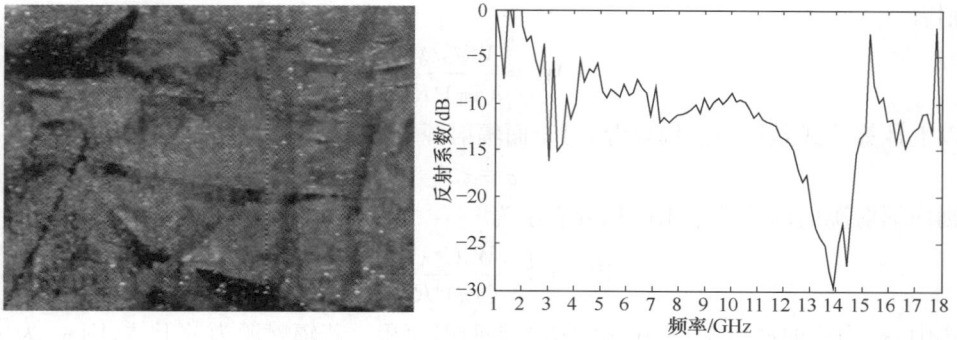

图 7.6　装饰用机织立绒织物及其反射系数

图 7.7　经编立绒织物正、反面

样品竖放、入射角度为 30°时,在 1～18 GHz 和 18～26.5 GHz 频段内的测试结果如图 7.8 所示。

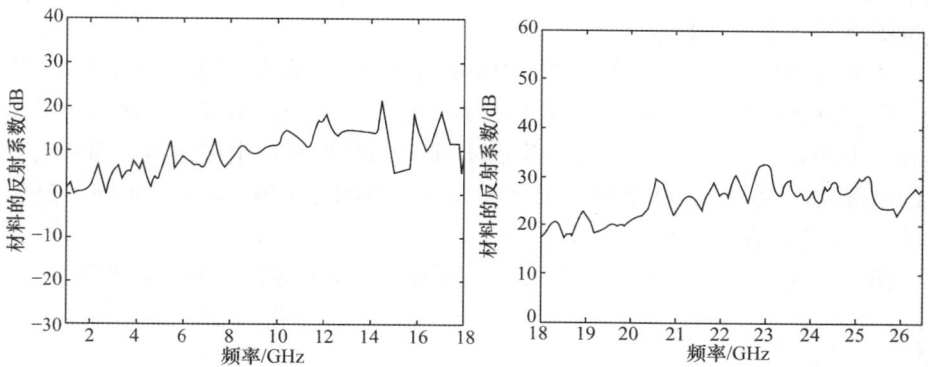

图 7.8　1～18 GHz、18～26.5 GHz 频段下样品的反射系数

图 7.8 分别为频段为 1～18 GHz、18～26.5 GHz 时材料的反射系数与频率的变化关系。当频段为 1～18 GHz 时,通过在测试过程中的对比发现,在垂直极化的情况下比在水平极化的情况下测试的结果要好,所以我们选取垂直极化的情况下进行测试,发现材料的反射系数在 0～18 dB 范围波动,中间频段维持在 10 dB 左右波动。在首末频段波动较大,主要是因为该频段下的喇叭天线的稳定性和方向性不好,电磁波的损耗比较严重。同时频率为 18 GHz 时,反射系数约为 12 dB;当频段为 18～26.5 GHz 时,材料的反射系数在 20～30 dB 范围波动,同时频率为 18 GHz 时,反射系数约为 18 dB。样品在两个频段的反射系数波动范围不同,说明在频段为 18～26.5 GHz 时样品的反射性能比在频段为 1～18 GHz 时好,当频率为 18 GHz 时,两个频段测试结果不同,主要是由于大喇叭天线的稳定性和方向性不如小喇叭天线好,且大喇叭天线受重力的影响较大,导致天线的端口误差较大。总体结果表明,样品在高频段的反射系数要比低频段的好。而且在高频段的反射系数波动较小,比较稳定,维持在 20 dB 以上。在低频段的反射系数在 10 dB 左右,波动较大。

采用表面镀覆银层的尼龙纤维制备立绒机织物,如图 7.9 所示。

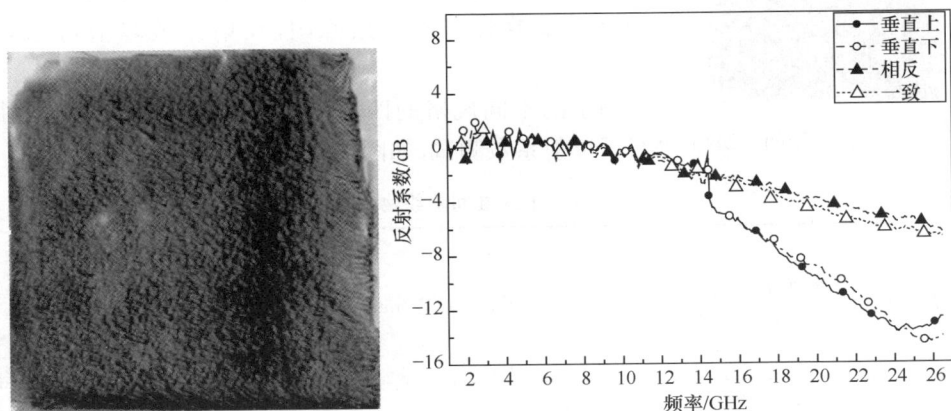

图 7.9 银纤维立绒织物及其反射系数

在频段为 1～26.5 GHz,发射天线与接收天线之间夹角为 15°时,测得样品垂直向上(绒毛倾斜方向向上)、垂直向下(绒毛倾斜方向向下)、相反(样品绒毛倾斜方向与电磁波传播方向相反)、一致(样品绒毛倾斜方向与电磁波传播方向一致)放置时测得样品反射系数与频率的关系。可知,样品 4 个方向放置时,在开始频段,样品的反射系数都在 0 dB 左右,吸波效能很差,随着频率的增大样品的反射系数都有所减小,尤其在末频段,样品的反射系数达到 -6 dB 以下,这说明样品在高频时吸波较好,主要是因为样品的绒毛短、细、密,在高频段时,波长短,样品就更容易吸收电磁波。

进一步观察可知,当发射天线与接收天线夹角为 15° 时,样品相反(样品绒毛倾斜方向与电磁波传播方向相反)方向放置和一致(样品绒毛倾斜方向与电磁波传播方向一致)方向放置时样品反射系数基本没差别,随着发射天线与接收天线夹角逐渐增大,这两者的反射系数有了一定的差距;但是垂直向上(绒毛倾斜方向向上)和垂直向下(绒毛倾斜方向向下)方向放置时反射系数基本无差别。

该织物由于绒毛过于密集,导致其表面类似金属平板的反射作用,因此,反射系数并不理想。需要合理设计金属(化)绒毛的电磁性能参数、间距和高度。

7.3.2　立体间隔织物

图 7.10　银纤维间隔织物

采用 75D/72f 的镀银长丝作为间隔织物的中间层,上、下表面采用涤纶纤维,在经编机上制备了银纤维间隔织物,如图 7.10 所示表面图。镀银纤维在中间层形成对雷达波的吸收、反射及多次反射。在 2~18 GHz,该类织物的反射系数会出现谐振峰,且反射系数峰值可达到 -30 dB。

制备的不同规格的四种该类织物,具体见表 7.1,并进行了反射系数测试,如图 7.11 和图 7.12 所示。

表 7.1　银纤维间隔织物参数

样品型号	坯布横密,纵行/cm	坯布纵密,横列/cm	克重/(g/m²)	厚度/mm	方阻/(Ω/□)	
					测试时平铺不用力	测试时用力压
DY003	11	14	240.8	3.38	8.77	6.85
DY004	11	14	264.8	3.63	7.76	5.08
DY007	10	15	264.5	3.96	5.70	3.39
DY010	10	16	288.8	3.82	3.75	2.39

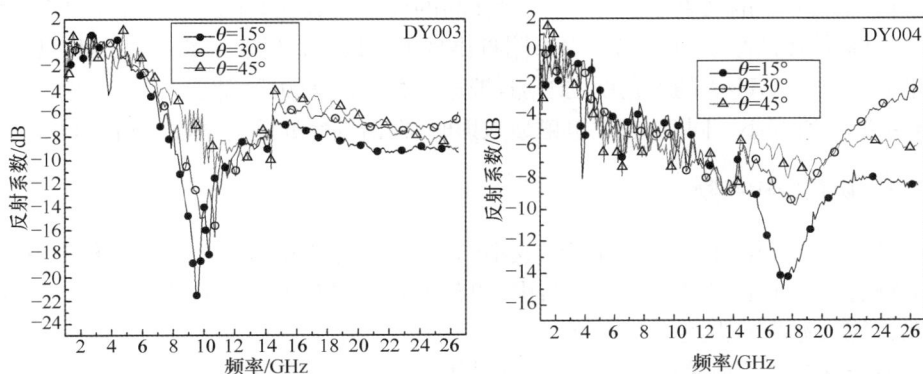

图 7.11　银纤维间隔织物样品的反射系数

样品 DY003 的结果显示,在低频段样品的反射系数接近于 0,随着频率的增大,反射系数逐渐减小,在 10 GHz 附近出现了谐振峰。反射系数在 −5 dB 以下的带宽不小于 18 GHz。随着角度的增加,带宽变化不明显。同时在 15°电磁波入射时,在谐振峰处反射系数达到 −22 dB。

样品 DY004 的结果显示,在低频段样品的反射系数在 0 的附近,随着频率的增大,反射系数逐渐减小,并在 18 GHz 附近出现了谐振峰。反射系数在 −5 dB 以下的带宽不小于 16 GHz。随着角度增加,带宽变窄。在高频段,随着入射角度的增加,反射系数有所变大。同时在 15°电磁波入射时,在谐振峰处反射系数达到 −15 dB。

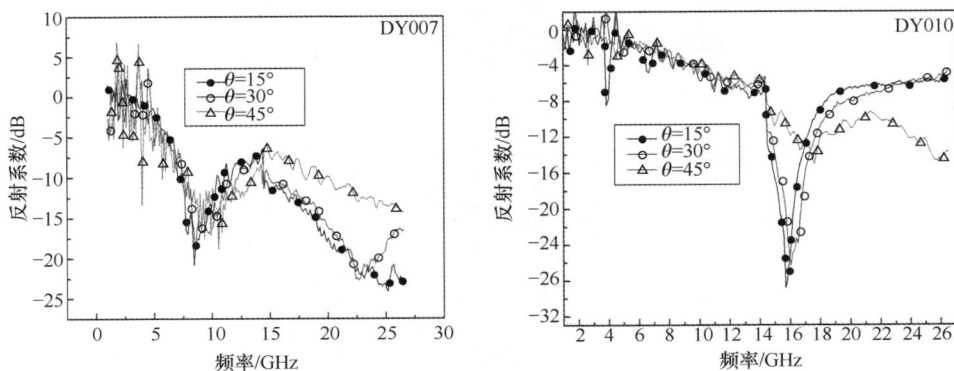

图 7.12　银纤维间隔织物样品的反射系数

样品 DY007 的结果显示,在低频段样品的反射系数在 0 的附近,随着频率的增大,反射系数逐渐减小,并在 8 GHz 附近出现了谐振峰。反射系数在 −5 dB 以下的带宽不小于 20 GHz。随着角度的增加,带宽变宽。在高频段,随着入射角度的增加,反射系数有所变大。同时在 15°电磁波入射时,在谐振峰处反射系数达到 −25 dB。

样品 DY010 的结果显示,在低频段样品的反射系数在 0 的附近,随着频率的增大,反射系数逐渐减小,并在 16 GHz 附近出现了谐振峰。反射系数在 −5 dB 以下的带宽不小于 18 GHz。随着角度的增加,带宽变宽。在高频段,随着入射角度的增加,反射系数有所变小。同时在 15°电磁波入射时,在谐振峰处反射系数达到 −30 dB。

7.3.3　切花结构织物

将含金属(化)纤维的面料切开成不同形状,获得切花织物。使用过程中,将平面织物通过一定的支撑形成立体结构,切花单元变成对雷达波的散射单位,是一种柔性、轻质、宽频的雷达隐身织物。

不锈钢含量 20％的不锈钢/涤/棉混纺织物,进行切花获得的织物如图 7.13 所示。该织物在立体状态和将织物拉平整(图 7.14)的状态下的反射系数分别如图 7.15 和图 7.16 所示。

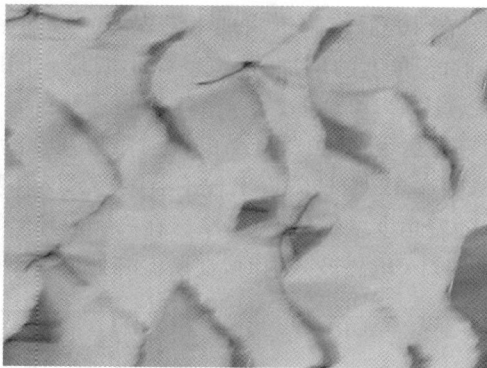

图 7.13　立体切花织物

图 7.14　平整的切花织物

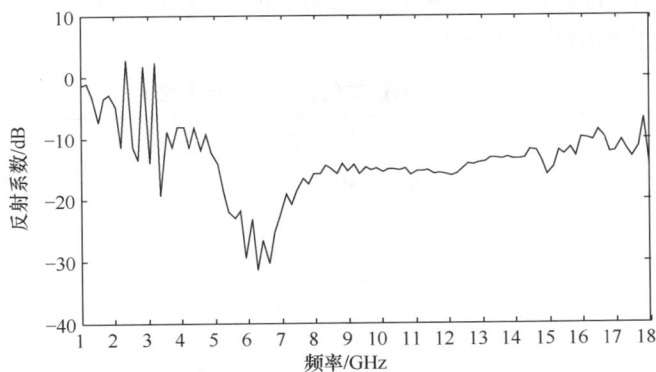

图 7.15　立体切花织物反射系数

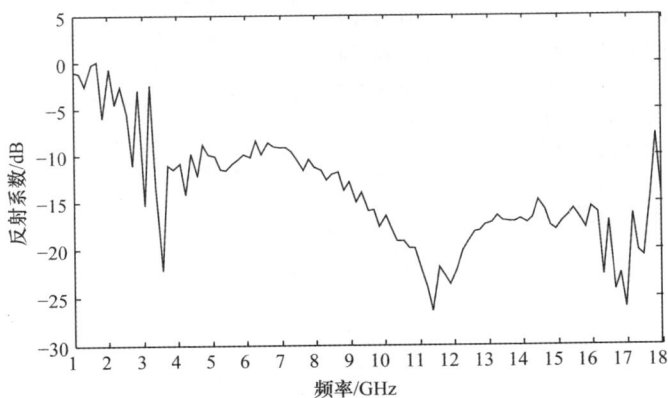

图 7.16　平整切花织物反射系数

　　从上面的测试结果可以发现,平整的结构单元和不平整的结构单元的反射系数在很宽的频带内的值都很大,在 2 GHz 时不平整的切花面料即可达到 −10 dB、平整的切花面料在 −5 dB。测试结果中,小于 3 GHz 和大于 17 GHz 的频段内测试的结果不规整,主要是由于测试中所使用的天线的原因。结构单元的不平整对电磁波产生了很强的散射,使得反射系数很小。但是在不平整和平整的结构单元的主要差距是出现的谐振峰的位置不同。主要的原因是在网结构变得平整时,单元结构尺寸变小,使得谐振峰向高频移动。

　　该类织物是目前各类雷达伪装遮障、伪装网、吉利服等常用的织物。表 7.2 为国内现有伪装网的指标及图片。

表 7.2　国内现有伪装网的指标及图片

名称	特征	性能			其他性能	图片
		可见光及近红外(0.4～1.2 μm)	中远红外(3～5 μm、8～14 μm)	雷达(多为2～18 GHz)		
JY-Leaf 多频谱伪装网	(1) 双层吸收与放射状强散射对雷达波实现了宽波段、强吸收 (2) 全法向热疏导降温 (3) 采用叶状仿生形态	自然绿色植物在形态、光谱反射特性、外观等方面具有良好的适应性，综合亮度对比不大于 0.2	目标与背景平均辐射温差不大于±4 ℃	(1) 目标 RCS 平均衰减 10 dB 以上 (2) 微波暗室反射率不大于—10 dB (3) 8 mm (26.5～40 GHz) 和 3 cm (8～18 GHz) 雷达波效果显著	(1) 克重≤250 g/m² (2) 断裂强力≤440 N (3) 野外连续使用2年，存储10年	
JY-Gras sland 全波段伪装网	采用独特的草状仿生形态	与自然绿色植物在形态、光谱反射特性、外观等方面达到了以假乱真	降低目标平均辐射温度 10 ℃以上	(1) 1～40 GHz 目标 RCS 平均衰减—10 dB 以上 (2) 微波暗室反射率达到—30 dB	(1) 克重≤400 g/m² (2) 断裂强力≤500 N (3) 野外连续使用2年，存储10年 (4) 伪装布离火自熄续燃≤5 s (5) 干摩擦牢度≥3 级	

续表

名称	特征	性能				图片
		可见光及近红外(0.4～1.2 μm)	中远红外(3～5 μm,8～14 μm)	雷达(多为2～18 GHz)	其他性能	
多频谱伪装网	(1) 由伪装网面和热隔绝层组成 (2) 热隔绝层是内表面高反射涂层、外表面高、低不同发射率涂层的构成 (3) 冲孔缝制	(1) 与各种背景颜色匹配 (2) 绿色伪装网近红外光谱反射率不小于0.5 (3) 白色伪装网近紫外光谱反射率不小于0.5	使目标与背景的辐射温度差值在±4℃以内	对毫米波、厘米波雷达RCS衰减值不小于10 dB	(1) 克重≤280 g/m² (2) 野外连续使用2年,存储10年 (3) 离火自熄续燃时间应≤10 s (4) 干摩擦牢度≥3级 (5) 使用环境:－40～50 ℃	
立体草状全波段伪装网	(1) 聚酯薄膜为基料 (2) 全波段隐身 (3) 单层网结构 (4) 直接覆盖,无需支撑 (5) 具有电磁屏蔽功能	(1) 颜色可以与各种背景颜色匹配 (2) 绿色伪装网近红外光谱反射率不小于0.5 (3) 白色伪装网近紫外光谱反射率不小于0.5	使目标与背景的辐射温度差值在±4℃以内	(1) 2～18 GHz 内目标RCS平均衰减10 dB以上 (2) 微波暗室反射率达到－30 dB	(1) 克重≤380 g/m² (2) 野外连续使用2年,存储10年 (3) 离火自熄续燃时间应≤10 s (4) 干摩擦牢度≥3级 (5) 使用环境:－40～50 ℃ (6) 不浸水,增重小	

7.3.4　凹凸面结构织物

采用嵌织热收缩丝的方法,可以获得含金属(化)纤维的凹凸结构织物,赋予其良好的电磁波散射性能。

将不锈钢纤维和棉纤维以 40/60 的比例分别混纺成 116 dtex 纱,在经向和纬向分别都嵌织沸水缩率为 53.7%、167 dtex 高收缩涤丝,织成 127 g/m² 的平纹织物。坯布经过不同温度的热处理,得到具有不同凹凸结构的织物,如图 7.17 所示。

图 7.17 原始平纹织物

从图 7.18 可知,处理温度越大,面料收缩程度越高。经过方阻仪测试,经向含有热收缩丝的原布两个方向的方阻分别为 200～330 Ω/□、650～820 Ω/□;经向和纬向均含有热收缩丝的原布两个方向的方阻分别为 360～390 Ω/□、660～950 Ω/□。但是离差较大。

不同的处理温度意味着不同的凹凸程度,处理温度越高,凹凸结构越大;处理温度越低,凹凸结构越小,在 58 ℃时,织物收缩较小。

97 ℃双向收缩   75 ℃双向收缩   65 ℃双向收缩   58 ℃双向收缩

图 7.18 嵌织高热收缩丝的凹凸结构不锈钢织物

在 2～18 GHz 范围内,对于双向都含有收缩丝的织物,随着处理温度的降低,织物的凹凸结构程度降低,凹凸的结构单位尺度变大,对雷达波的散射性能变差,反射系数越来越高,且差异明显,如图 7.19 所示。且在低频段差异较小,高频段差异较大,即这种差异随着频率的增加而增加。在 14 GHz 时,97 ℃、75 ℃、65 ℃、58 ℃、未处理的织物的反射系数依次为 -39 dB、-27 dB、-24 dB、-10 dB、-4 dB。从不同温度下的收缩结构可以看到:在 97 ℃处理后的布料皱褶程度要明显高于其他温度下的处理情况。结构的不平整度使得电磁波在结构中形成了漫散射。电磁波散射在相邻两个相交的斜面,形成了多次吸波。

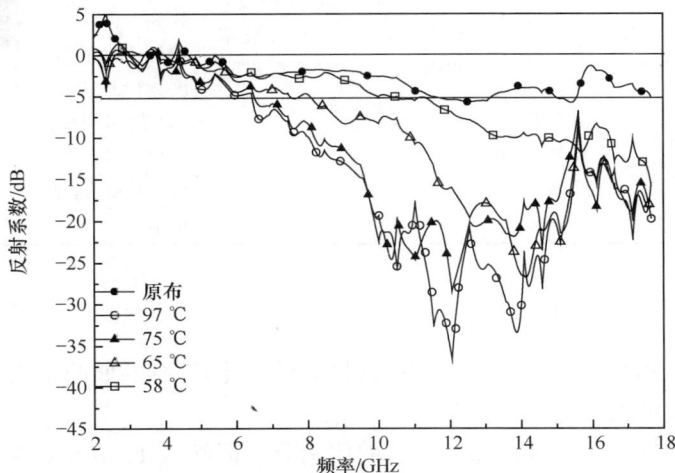

图 7.19 不同温度下收缩的样品的反射性能

在 18 cm×18 cm 的测试用金属基板上,在其四个角和中心位置贴上 2.5 cm 高的泡沫塑料块,将样品 1♯ 放上,形成 5 个大的凸起,整个织物就表现出大凸起上均匀布满了小的凹凸结构,该织物样品编号为样品 1♯ 大凸起。同时,将 2.5 cm 高的泡沫塑料块换成 1 cm 高,制成编号为样品 1♯ 小凸起的样品,如图 7.20 所示。

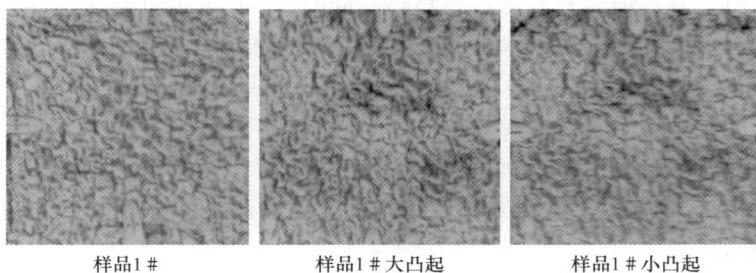

图 7.20　在测试支架上的固定的不同凹凸结构样品

图 7.20 所示样品反射系数的测试结果如图 7.21 所示。图中,在 10 GHz 以下,人为织造的凸起结构的两个样品的反射系数都比原较小、较细密的凹凸结构样品的反射系数大大降低;且大凸起的结构比小凸起的结构的反射系数更低些。在 5 GHz 时,样品 1♯、样品 1♯ 小凸起、样品 1♯ 大凸起的反射系数分别为 −3 dB、−6 dB、−15 dB;在 6 GHz 时,分别为 −3.3 dB、−7.2 dB、−15.4 dB;8 GHz 时,分别为 −6.0 dB、−10.7 dB、−14.3 dB。具有大凸起结构的样品的反射系数基本和切花织物的相当,无论是在高频段还是 2～6 GHz 的低频段。而在 10～18 GHz 的频段,这种结构的改变对反射系数的影响不大。

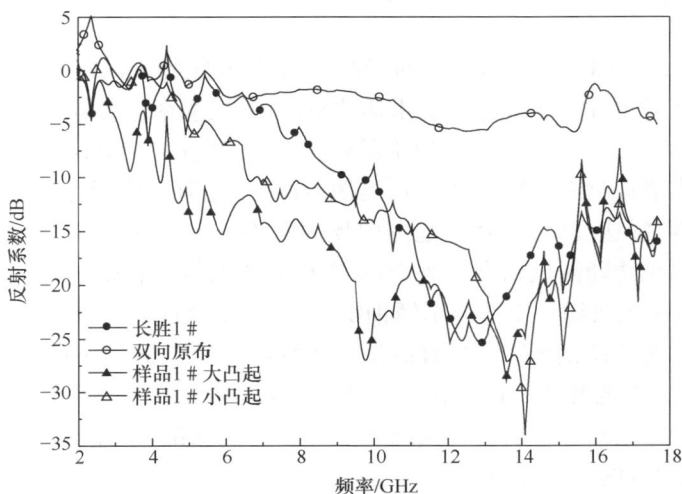

图 7.21　图 7.20 所示样品反射系数

　　这充分说明,目前获得的凹凸结构尺度较小,大于 10 GHz 以上频段的电磁波的波长,因此,在 10～18 GHz 频段内反射系数很低,可以推测,在更高频段内的反射系数会进一步降低。

　　通过在其四个角和中心位置贴上不同高度的泡沫塑料块,使得整体结构的周期结构变大,导致结构产生的谐振频率随着结构尺寸的变大而逐渐向低频漂移。随频率的增加,其反射系数有衰减的趋势。同时,由于凹凸的程度,使得一个周期结构内的小结构尺寸在变小。增加了结构的不平整性,导致其反射系数低。在 2～6 GHz内获得较好的雷达波反射性能,必须增加凹凸结构尺寸。

　　可见,凹凸结构对雷达波起到了很好的散射作用,使得凹凸结构织物对雷达波的反射系数大大降低。且双向收缩导致的凹凸结构均有更好的散射作用,具有各向同性;处理温度越高,获得的双向收缩织物的凹凸结构程度越强烈,对雷达波的散射作用越强。

7.3.5　四类立体结构织物的比较

　　本节主要介绍了四类可以散射电磁波的含金属(化)纤维的织物:一是立绒织物;二是间隔织物(银纤维);三是切花织物;四是凹凸结构织物。对比而言,分析如下。

　　(1)立绒类织物是典型的雷达波反射型织物,带宽长、没有谐振峰、反射率在整个带宽内比较一直平稳或者缓慢下降等趋势;相对而言,绒毛较短的银纤维立绒织物的反射率在低频段为 0,随频率增加,反射率逐渐降低,在 18 GHz 才能达到 −6 dB。而绒毛较长的普通金属立绒织物则具有较好的反射率,在 1～18 GHz,反射率基本在 −10 dB 以下。且立绒类织物对于测试角度没有敏感性,是性能优良的各向同性体。

　　(2)银纤维间隔织物具有显著的谐振峰,应该和织物中间层厚度有关,表明对雷达波的屏蔽效果并不主要是反射雷达波机理;其反射率值普遍不如立绒织物,但谐振峰处可达 −30 dB,且 −5 dB 以下的带宽很宽,可达 18 GHz,性能远远优于文献报道的各类吸波材料。但是和切花类伪装网比,还有一定差距。目前的各类切花散射伪装网,雷达 2～18 GHz 范围内反射率在 −30 dB,最差的也在 −10 dB。且银纤维间隔织物随测试角度的改变,对工作频段的带宽有影响。

　　(3)通过嵌入收缩丝织造的不锈钢织物,经过热处理后导致的凹凸结构样品,几乎具有和切花不锈钢织物一样好的反射系数,在 −20 dB 以下的带宽很宽,且可达到 −40 dB 以下的峰值。但是在 2～6 GHz 的低频段的反射系数不理想,主要是凹凸的结构尺寸较小导致的。应该织入更加稀疏的收缩丝,制造更大的凹凸结构尺度,满足低频段的反射性能要求。

　　(4)间隔织物、凹凸结构织物和切花织物,其实,都是通过结构形成对电磁波的反射及散射,原理都是一样的。只是,间隔织物的凹凸散射结构在两个平面之间;凹凸结构是连续的、没有破坏织物的整体结构;而切花则破坏了织物原有的结构。但是,无论采用哪种形式,为了达到良好的反射系数,其结构尺寸应该是相同的,除非加入吸波材料。

7.4　电磁功能纺织材料在雷达隐身中的应用

电磁功能纺织材料既具有良好的导电性能,又能保持织物的透气、柔韧、可折叠、粘结等诸多优点,因此在军事领域电子对抗中具有广泛的应用,如制备屏蔽服、隐身帐篷、伪装毯、单兵伪装服、吉利服等,以保证士兵人身安全、军事设备的信息安全以及对军事目标进行雷达隐身等。

7.4.1　雷达隐身原理及工作频率

雷达(Radar,Radio Detection and Ranging),即用无线电方法对目标进行探测和测距[18]。它以辐射电磁波能量并检测目标(反射体)回波的方式工作。回波信号的特性提供有关目标的特性。雷达有多种,其具体类别见表 7.3 所示。

表 7.3　雷达分类

按作用分类	军用雷达	地面雷达(对空监视雷达、卫星监视与导弹预警雷达、超视距雷达、火控雷达、精密跟踪雷达)、舰载雷达、机载雷达、星载雷达
	民用雷达	空中交通管制雷达、内河与港口管制雷达、气象雷达
按信号形式分类	信号	脉冲雷达:脉冲压缩雷达、噪声雷达、频率捷变雷达
		连续波雷达:调频连续波雷达
	相参信号	相参雷达和非相参雷达
	信号瞬时带宽的宽窄	窄带雷达、宽带雷达
按信号处理方式分类		动目标显示雷达、脉冲多普勒雷达、频率分集雷达、极化雷达、合成孔径雷达
按天线波束扫描方式分类		机械扫描雷达、电扫描雷达
按测量目标参数分类		两坐标雷达、三坐标雷达、测高雷达、测速雷达、目标识别雷达、敌我识别雷达
按角度跟踪方式分类		圆锥扫描雷达、单脉冲雷达、隐蔽锥扫雷达
按工作频段分类		短波雷达、米波雷达、分米波雷达、微波雷达、毫米波雷达

一个典型的雷达系统包括定时器、发射机、收/发转换开关、天线、接收机、显示器、天线控制装置及电源等。雷达的工作程序为:发射机产生的雷达信号(通常是重复的窄脉冲串)由天线辐射到空间。收发开关使天线可用于发射和接受。目标

截获并辐射一部分雷达信号,其中少量信号沿着雷达的方向返回。雷达天线收集回波信号,再经接收机加以放大。如果接收机输出的信号幅度足够大,就说明目标已被检测。

无论何种雷达,都遵循雷达方程[18]。雷达方程是描述影响雷达性能诸因素的唯一且是最有用的公式。它根据雷达特性,给出雷达的最大作用距离如下:

$$R_{\max} = \left(\frac{P_t G^2 \lambda^2 \delta}{(4\pi)^3 P_{\min} L} \right)^{\frac{1}{4}} \tag{7.39}$$

式中,P_t 和 G 为雷达发射功率和天线增益;λ 为雷达工作波长;δ 为被探测目标的雷达散射截面积;$P_{\min}$ 为雷达接收机最小可检测信号功率;L 为系统和传播损耗。可见,雷达在自由空间的最大探测距离与被探测目标的雷达散射截面积的 1/4 次方成正比,即雷达接收功率按照雷达到目标距离的 4 次方下降。所以,雷达检测一个给定 RCS 的目标的能力随着距离的增加而快速下降,要使雷达的探测距离降低,就必须降低目标的雷达散射截面积。雷达隐身是通过减弱、抑制、吸收、偏转目标的雷达波回波强度,降低目标的雷达散射截面积(RCS)值,使其在一定范围内难以被敌方雷达识别和发现的技术[19]。表 7.4 给出了 RCS 减少和雷达探测距离的关系。

表 7.4 RCS 减少和雷达探测距离的关系

RCS 减少/dBsm	雷达探测距离减小系数	RCS 减少/dBsm	雷达探测距离减小系数
10	0.56	20	0.32
12	0.5	25	0.24
15	0.42	30	0.18

雷达散射截面积减缩的技术途径主要有 4 种,各有优缺点和适用对象[19]:外形隐身技术、雷达吸波材料隐身技术、无源对消技术、有源对消技术。其中外形隐身技术是指通过外形结构的多个平面设计,消除镜面反射和角反射的技术,目前广泛用于隐形飞机的设计,这种技术在实际使用过程中,存在目标的部分外形无法随意更改、部分外形需要和固有设备匹配的问题;雷达吸波材料隐身技术是指通过能吸收和耗损雷达波的材料来降低雷达回波强度的技术,该技术存在面密度较大、频带较窄、难以拓宽的问题;无源和有源对消技术是指控制和降低机载电子设备的辐射强度用以降低雷达波回波强度的技术,诸如等离子体技术,通过附加的等离子体发生器,使目标表面的空气发生电离形成一层带电的等离子体云,使雷达波衰减主要用于飞机、大型武器装备和目标等。在大型军事目标的雷达隐身设计中,往往是几种技术的相互结合,例如一架隐身效果为 20 dB 的飞机,外形隐身技术贡献为5~6 dB,吸波材料贡献为 7~8 dB,再加上其他隐身技术的贡献。

利用电磁功能纺织材料对人体和装备进行隐身以减小其雷达散射截面积与外

形隐身技术类似,二者的工作原理都是通过外形结构消除电磁波的镜面反射,以达到降低回波强度进而降低目标的雷达散射截面积的目的。与外形隐身技术需要专门设计目标的外形结构不同的是,设计的电磁功能纺织材料本身具有凹凸不平的反射结构,原则上任意入射角的电磁波都能以不同的方向散射出去,极大程度地降低回波强度,而不是全部或大部分以回波的形式返回到入射方向。这一特性使得电磁功能纺织材料非常适合对人体和装备进行隐身,降低其雷达散射截面积。

按照雷达的工作原理,不论发射波的频率如何,只要是通过辐射电磁能量和利用从目标反射回来的回波而对目标探测和定位,都属于雷达系统工作的范畴。常用的雷达工作频率范围为 220 MHz～35 GHz,实际上各类雷达工作的频率在两头都超过了上述范围。例如,天波超视距(OTH)的工作频率为 4 或 5 MHz,地波超视距雷达的工作频率则低到 2 MHz。毫米波雷达可以工作到 94 GHz 以上,试验毫米波雷达可超过 240 GHz,激光雷达工作于更高的频率。工作频率不同的雷达在工程实现时差别很大。

实际上绝大部分雷达工作于 200 MHz～10 GHz。典型的战场侦察雷达则多工作于 8～20 GHz,如表 7.5 所示。除了少数军方具有低频侦察雷达外,比如美军的 AN/PPS-24 的工作频率为 0.3～1 GHz 和 4～8 GHz,我军也有 2～3 GHz 的,绝大部分多工作于 8～20 GHz。除了少数雷达为点频外,多数雷达可扫频工作,带宽多为 10 GHz、2 GHz 或 4 GHz[18]。

表 7.5　典型战场侦察雷达的工作频段

型号/国家	频段/GHz	波长/cm	单兵可探测距离和速度
FARA-1/俄	10～20	1.5～3.0	1～2 km
CREDO-1/俄	8～10	3～3.75	12 km
MSTAR/英	10～20	1.5～3.0	7 km;2 km/h
ZB198/英	8～12.5	2.4～3.75	20 km
RB12A,B/法	10～20	1.5～3.0	2 km(RB12)、6.5 km(RB12B);3 km/h
RASIT-E/法	8～10	3～3.75	23～30 km
RATAC-S/法、德	9.8	3.1	14 km
SCB-2130/比	8～18	1.67～3.75	10～12 km
BR2140E/比、以	8～18	1.67～3.75	15 km,1.5 km/h
EI/M-2140/以	10	3.0	15 km,1.0～1.5 km/h
AN/PPS-5/美	16～16.5	1.818～1.875	5 km,1.6 km/h
AN/PPS-15/美	10.4～10.8	2.78～2.88	1.5 km
AN/PPS-24/美	0.3～1;4～8	3.75～7.5;30～100	0.3 km
AN/PPS-74/美	10～20	1.5～3.0	15 km

型号/国家	频段/GHz	波长/cm	单兵可探测距离和速度
MSR-20/美	8～10	3～3.75	5.2 km
LMSR/美	10～20	1.5～3.0	2.5 km(匍匐前进的人)；12 km(4 人组)
374/中	8～10	3～3.75	3 km
378/中	8～1C	3～3.75	1 km
379/中	2～3	10～15	10 km
RQT-9X/意	10	3.0	0.4 km
JTPS-P6/日	10～20	1.5～3.0	—

7.4.2　雷达目标散射截面积 RCS

在现代军事领域中,隐身技术和反隐身技术是重中之重,研究隐身和反隐身技术就要研究目标的电磁散射特性。

雷达目标的散射特性是雷达系统研究中的一个重点,在工程应用研究中定义了一个最为关键的指标:RCS 是定量表征目标散射强弱的物理量,称为目标对入射雷达波的有效散射截面积,通常简称为目标的雷达散射截面或雷达截面(radar cross section,RCS)[3]。RCS 的定义为:单位立体角内目标朝接收方向散射的功率与从给定方向入射于该目标的平面波功率密度之比的 4π 倍。

$$\sigma = 4\pi R^2 \frac{Q_b}{Q_t} \tag{7.40}$$

式中,Q_b 为接收机接收到的目标后向散射功率密度或能量;Q_t 为目标处的雷达入射功率密度或能量。真实目标的雷达截面积不可能用一个简单的常数作为有效模型,通常是视线角、频率、极化的复杂函数,即使是简单目标。

不同性质、形状和分布的目标,其散射效率是不同的。为确定这一效率,目标的雷达截面积 σ,也可等效为一个各向同性反射体的截面积,其表达式为

$$\sigma = \frac{4\pi A^2}{\lambda^2} \tag{7.41}$$

式中,A 为照射面积;λ 为工作波长。

通常雷达发射天线和接收天线离目标很远,即到目标的距离远大于目标任何有意义的尺寸,因此入射到目标处的雷达波可认为是平面波,而目标则基本上是点散射体。如果我们假定该点散射体各向同性地散射能量,因散射场依赖于目标相对于入射和散射方向的姿态,所以假想散射体的散射强度和雷达散射截面都随目标的姿态角而变化,即雷达散射截面积不是一个常数,而是与角度密切相关的一种目标特性。

目标雷达散射截面的意义是：当目标各向同性散射时，总散射功率与单位面积入射波功率之比[3]。雷达散射截面积在本质上具有面积的量纲，单位平方米（m²）。为了扩大描述 RCS 的范围，工程上常用的是取其相对于 1 m² 的分贝数 dBsm（称为分贝平方米）。RCS 是评价目标散射特征的最基本参数之一，其计算和测量的研究具有重要意义。对于用于隐身技术的电磁功能纺织材料来说，如果其散射特性越强，则其对入射雷达波的有效散射截面积越小，即 RCS 越小。

根据测量方式的不同，可以分为远场测量、近场测量和紧缩场测量。远场测量在室外进行，虽然能直接得到目标 RCS，但是条件难以满足（满足远场条件时，被测目标与天线间的距离非常大），相比之下，在微波暗室中进行的近场测量由于采用缩比测量的方法更容易满足测试条件。相对于紧缩场测量，近场测量的精度更高，成本也有所降低，于是近场测量越来越成为研究的一个重点。近场测试到的雷达回波信号并不是工程中所关心的 RCS，而如何由近场测量数据得到目标 RCS，则是必须要解决的问题。

7.4.2.1　雷达目标 RCS 的测量方法

雷达散射截面 RCS 很长时间以来，一直都是电磁场理论研究的一个重要课题，当前对电大复杂目标 RCS 的分析尤为关注。我国从 1980 年开始研究包括吸波材料在内的隐身技术，目标整体或者部分的雷达散射截面分析，飞行目标（弹体、迹、飞行器等）的电磁散射特性。到现在，虽然取得了很大进展，但是和国外的技术相比，还是有很大的差距，需要更加深入的研究。其中，目标 RCS 的计算和测量一直都是研究的重点。RCS 的测量，按照测试目标尺寸可以分为缩比模型测量、全尺寸目标测量。根据测量方式的不同，可以分为远场测量、紧缩场测量和近场测量。

RCS 定义式中，测量散射场的点距离目标足够远，如果假设照射到目标上的入射波是平面波，那么测量点的散射场也就成为平面波。真正理想的平面波代表在平面内波的能量无限大，这是不存在的。

（1）在远场测量中，待测目标与测量点之间的距离要选得足够大，一般要满足远场条件，便可以将入射波和散射波近似地看作平面波。由于测量需要的空间很大，测量场地通常选在室外。但是这种方法存在很多问题，在室外测量，要受到天气的影响，如雨、雪、大风都会影响测量，地面反射等问题也使测量变得更加复杂。

（2）紧缩场测量，是利用平面波发生器（常用抛物面天线）把馈源辐射的球面波转换成平面波，将测量距离大大缩小。测量可以在微波暗室中进行，避免了远场法的一些缺点。但是为了产生精度比较好的平面波，以及减少抛物面天线的边缘绕射干扰，对抛物面天线的制作工艺要求就很高，制作成本自然也很高。根据被测目标的大小不同，需要抛物面天线的尺寸也不同，这种方法不具备通用性，对于电大尺寸目标,紧缩场法就无法达到要求。

(3) 近场测量,理想平面波表示在平面内波的能量无限大,实际上是不存在的。准平面波的概念由此提出,即使在有限区域内,空间场可以以任意精度逼近平面波,称之为准平面波。采用平面波照射,并将近场数据变换到远场,就是近场测量的核心。这种方法同样在微波暗室中进行,与紧缩场相比,精度有所提高,成本也相对大幅降低。近场散射数据的远场变换方法是具有发展前景的,由近场测量目标,获取目标远场雷达散射截面的方法之一。根据近场获得的散射数据,外推获取远场的目标散射特性,主要是利用平面波谱展开,推导了近远场转换公式。

7.4.2.2　雷达目标 RCS 的计算方法

根据电磁散射理论,并利用计算机技术,有很多近似计算方法可以预估各种情况下的雷达散射截面特征,如解析方法、精确预估技术和高频近似方法等[17]。

目前可以得到精确解的目标包括以下几种:完纯导体球、无限长导体、无限长劈、椭圆柱、法向入射抛物柱面等。这几种都是在理论研究中非常重要的,可以检验实际的测量是否正确,尤其是导体球,是很多测试系统中最为常用的定标体。但是在实际应用中除了导体球和椭圆柱其他的都不存在,如飞机、舰船、导弹、坦克等工程中常常需要研究的对象,在外形上更复杂,材料更多样,如果是在 RCS 减缩研究中,涂覆材料的使用使得 RCS 的计算更加复杂。目前已经有多种方法可以计算复杂目标(外形复杂、材料多样化)的 RCS。这些方法主要有解析方法、精确预估技术和高频近似方法。

一般认为,当散射体的最大尺寸 D 小于入射波的波长 λ 时为低频区,入射波在散射体上基本没有相位变化,也就是说,在某一时刻,散射体的每个部分受到相同的入射波照射,可以等效为静场问题,RCS 的决定因素是散射体的体积,也就是尺寸,RCS 一般与波长的四次方成反比。波长与 D 为同一数量级时为谐振区,散射体的每一部分都会和其他部分相互影响,目标表面入射波的相位变化非常明显,频率与目标姿态角对目标 RCS 的影响非常大。低频区和谐振区的雷达散射截面的基本分析方法是数值求解方法。

1. 有限元法(FEM)

这种方法是将三维空间分为多面体,曲面分成多边形,主要用于频域问题(将时间分步后也可用于时域问题)。这种方法用于求解有限空间区域的问题(如空腔内部)是成功的,但是求解三维散射问题遇到一些困难,因为散射体外空间为无限大,也就是意味着未知量无限多个,为了限制未知量个数,必须人为地将求解空间设定为有限区域,在区域外边界则需要设置边界条件(如吸收边界条件),这就会引入误差,时域问题还会出现网格色散误差,如何设置边界条件和提高求解精度是目前研究的重点。

2. 有限差分法

将连续的三维空间用网格划分开,将麦斯韦尔方程变换为差分方程(这些方程必须满足一定精度),代数方程可以表示出每一个网格点的未知电场强度,这就可以用计算机来求解,在实际的操作过程中,由于代数方程维数很大,需要计算机有很大的内存和很快的运算速度。

3. 积分方程法

在积分方程法中,导体表面电流和涂敷阻抗面的面电流是未知量,可透入散射体内部的体电流用体积分方程表示。通过等效原理,体积分可以转化为面积分方程,这样未知量就全部由面电流积分方程来表示。这种求解方法局限于散射体表面或内部,离散化后,未知量的数目比微分方程法的未知量数目少很多。散射场常采用辐射积分求出,可以保证计算精度,因此积分方程法处理具有开放边界的散射问题能得到非常好的结果。任何形状和材料组都可以用积分方程表示,最基本的方法就是矩量法(MOM)。但是,通过矩量法得到的代数方程组,其系数矩阵中大多数矩阵元素不为零,矩阵求逆的工作需要大量的计算机内存,计算时间很长,因此矩量法一般不能用于求解大尺寸三维目标的散射场。随着计算机技术的发展和数值方法的改进,快速傅里叶变换、快速多极子(FMM)等方法求解矩阵方程可以大大加快 MOM 的计算速度,使矩量法更加实用。在目前的研究中,雷达多数工作在高频区间,并且有频率越来越高的趋势,数值方法所要求解的未知量太多,导致计算时间很长。实际问题中目标的 D 与波长的比也远远大于 10,无法利用数值方法求解,在这种情况下,用高频近似方法来计算 RCS。

一般认为当 D 远大于波长时,目标处于高频区,也是常说的光学区。这个区域里目标的尺寸远远大于入射波波长,目标散射体各个部分之间的相互影响变得很小,散射情况呈现出"局部"的特性,即目标某一部分的感应场只由此部分上的入射波决定而与其他部分的散射能量无关。这样就只需要研究目标的各部分散射情况,散射场的计算变得非常简单,也简化了为求得远区散射场和计算 RCS 所进行的物体表面散射场积分。高频近似方法主要涉及以下几个理论。

(1) 几何光学和几何绕射理论。

几何光学(geometrical optics,GO)用于计算目标的 RCS 时,必须满足条件目标的尺寸远大于波长,理论上是电磁理论在波长趋于零时的极限情况(零波长),用经典的射线管来说明散射机理和能量传播,此时的散射现象可作为经典射线寻迹处理。

费马原理(认为在任意两点间,光线将沿着光程为极值(极小、极大)时的稳态路径而传播)确定了复杂传播条件下电磁波的传播路径。

GO 无法处理有绕射效应的问题,于是,很自然地提出了考虑绕射线的方法——几何绕射理论(the geometrical theory of diffraction,GTD)。

当入射波切向入射到目标表面,或者照射到目标上的尖顶、边缘,除了几何光学能解决的散射之外,还会产生绕射线。绕射线的传播服从费马原理。其幅度、相位有如下特征:

a. 沿射线路径的相位延迟等于介质波数乘上距离;

b. 绕射线代表的绕射场的初值等于绕射点处的入射场乘绕射系数,绕射系数主要和绕射点附近的几何形状有关。

c. 绕射线的特性只和目标上绕射点附近的几何形状与物理性质(介质特性等)有关。

GTD 和 GO 中射线的概念一样,GTD 中用绕射系数来描述散射场,在实际运用中解决了很多问题,但是由于绕射系数与入射场的极化有关,极化效应使得绕射系数在边缘上无穷大,这违反了边缘条件。

(2) 物理光学和物理绕射理论。

物理光学法是用目标在入射波照射下表面感应电磁流来替代目标散射场,将电磁散射的积分方程化为散射目标表面的定积分,然后计算这些定积分来求得散射场。物理光学必须满足以下条件:

a. 只适用于非闭合曲面或闭合曲面的有限积分;

b. 观察点到散射体的距离远远大于波长和散射体的尺寸,满足远场条件,目标表面曲率半径远远大于波长。

物理光学近似中,散射场由散射体表面的面电流的面积分确定。物理光学近似不能考虑目标上存在不连续性的情况,不能预估绕射产生的影响,物理绕射理论就可以很好地解决这些问题。物理绕射理论是在物理光学的基础上考虑边缘电流所引起的散射,以修正由于物理光学对棱边处理程度不高引起的误差。这种理论认为:当电磁波入射到目标表面时,表面总电流等于两种电流之和,一是物理光学理论中研究的表面电流,称为一致性部分,二是在边缘处产生的非均匀电流或者是某些不连续性导致的电流的非一致性部分,统称为边缘电流,将这两种电流产生的散射场叠加就得到总散射场。由于引入了边缘电流,使得物理绕射理论比物理光学法精度更高,但是边缘场非常难求得。

以上所述的低频数值方法和高频近似方法,都有优点,也都有局限性。低频数值方法能准确地解决几何形状和组成材料都很复杂的电磁问题,但目前只能处理小目标的电磁散射问题;而高频近似方法适用于电大尺寸目标的电磁散射问题,但是当目标的表面有突起形状或者细小腔体的情况时,高频近似方法就解决不了了。实际应用中,散射体多为电大尺寸目标,而目标上存在一些为电小尺寸的突起物(如飞机是电大尺寸目标,机翼上尖劈是电小尺寸目标),高频近似法和数值方法均难以单独处理。混合方法就是将上述两种方法结合起来,用以解决实际中常常遇到的复杂目标。实现方法是,根据等效原理将目标的散射场分解为电大目标散射场(用高频近似方法计算)和电小尺寸散射场(用数值方法计算),然后再将各部分的散射场叠加得到目标总的 RCS。这种方法保留了两种方法的优点成为一种非常实用的方法,实际操作中,具体的问题要选择不同的方法组合。

7.4.3　不锈钢凹凸结构织物及服装的 RCS 测试

前面从反射系数的测试结果分析了电磁散射纺织材料对电磁波的散射作用,然而,这种漫反射虽然导致固定位置接收到的电磁波减小,从而测试的反射系数很小,但可能在某些位置仍有较大的电磁波反射能量,从而可能被其他位置的空间雷达捕捉到。因此,单一的反射系数对电磁散射纺织材料进行评估显得不够,需要全面测试 360°情况下将电磁散射纺织材料覆盖在目标上时的 RCS。为此,在中国航天科工集团某实验室内进行了凹凸结构织物服装的 RCS 测试和凹凸结构材料的平板反射率测试。紧缩场尺寸 30 m×40 m,测试系统示意图如图 7.22所示。

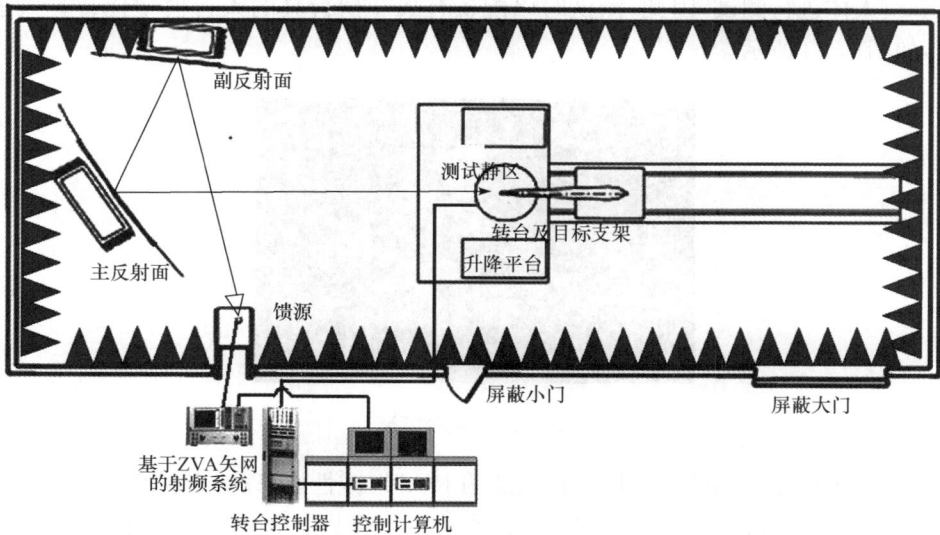

图 7.22　RCS 紧缩场测量系统组成

该测量系统的主要参数如下所示。

(1) 系统功能。

RCS 点频测量、RCS 扫频测量、RCS 成像测量(包括一维成像、二维成像、三维成像、成像门技术)、吸波材料反射率测量。

(2) 静区尺寸:ϕ2 m×2 m。

(3) 工作频率:2~40 GHz。

（4）频率采样间隔：0.005 GHz。

（5）方位角范围：−180°～180°。

（6）静区性能：

振幅锥削：<1.0 dB；

振幅波纹：<±0.8 dB；

相位波纹：<±8°；

交叉极化：<−30 dB。

（7）背景电平：−80 dBsm（时域）。

（8）动态范围：≥100 dB。

（9）测试误差：小于±0.5 dB（对于大于−50 dBsm 的目标）；成像分辨率：2 cm。

7.4.3.1　RCS 扫频测试结果分析

防多频谱侦视服装主要用于作战部队，需要和携行具配套使用。由于难以使用真实人体进行测试，因此，测试时以配备有战斗携行具的人台模型代替真人进行，如图 7.23 所示。

图 7.23　人台模型

为了体现设计的凹凸结构织物服装的 RCS 缩减性能，以着金属纤维织物服装样品进行对比，如图 7.24 中的状态 A。在该织物服装上套穿上待测凹凸结构织物样品，获得状态 B，如图 7.24 所示。

测试时，模型置于透波泡沫支架上，电磁波入射方位角 0°为正对人台面部方向，不同状态下人台模型测试姿态保持一致。测试结果见图 7.25～7.27。可见，在 2～18 GHz 频段内，状态 A 的 RCS 平均都在 15 dB 以上，状态 B 的 RCS 平均都在−5 dB 以下。

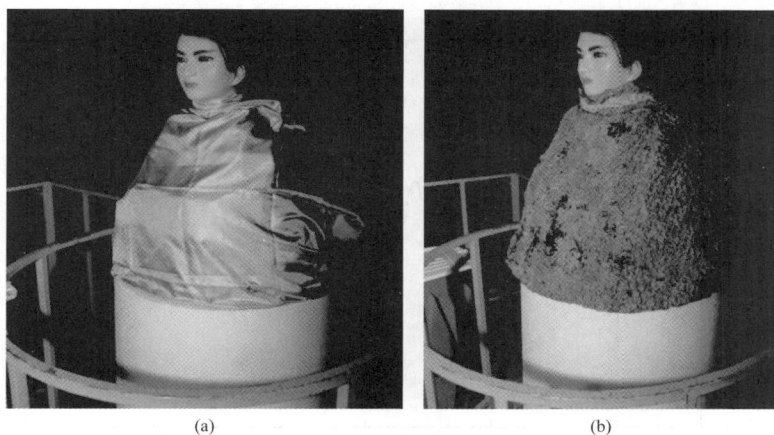

图 7.24　人台模型测试状态

(a)测试状态 A；(b)测试状态 B

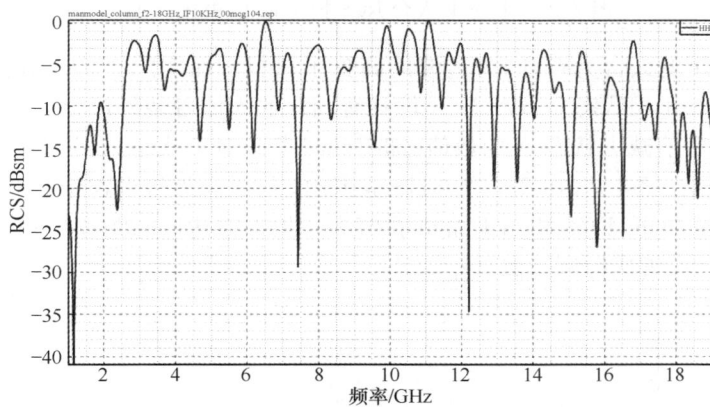

图 7.25　人台模型的 RCS

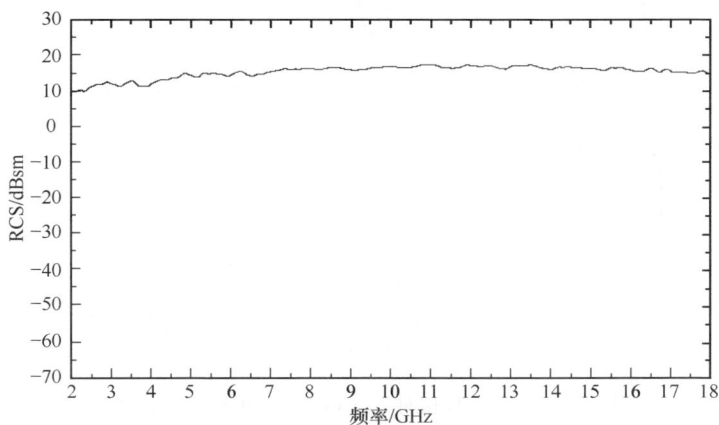

图 7.26　状态 A 人台 RCS 扫频曲线（极化：HH）

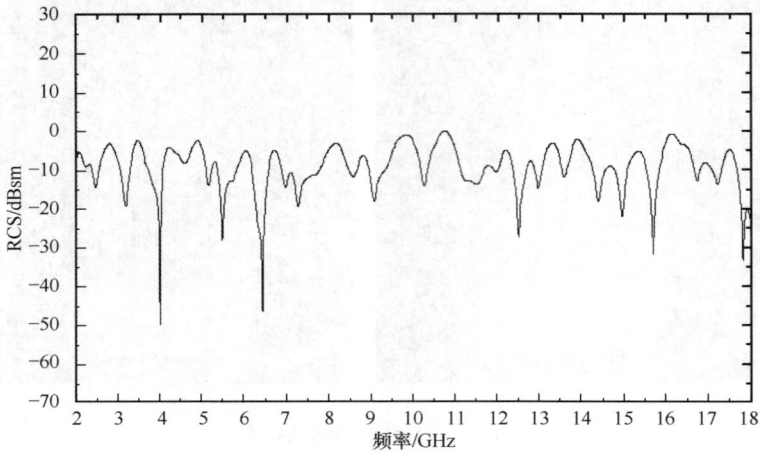

图 7.27　状态 B 人台 RCS 扫频曲线(极化：HH)

　　测试使用的人台为石膏,为透波的高分子材料。而实际上,人体的 RCS 大约为 1 m²,即 0 dB。状态 B 和状态 A 均具有同样的人体着装外形,具有可比性。采用状态 B 的数值减去状态 A 的数值,即得到状态 B 对于状态 A 的 RCS 缩减情况,见图 7.28 所示。可见,在 2～18 GHz 范围内,人体着凹凸织物服装后的 RCS 缩减−15 dBsm 以下,RCS 相当于缩减了 97％。根据雷达探测距离公式,可知,在该 RCS 缩减值下,雷达探测距离减小 57％。

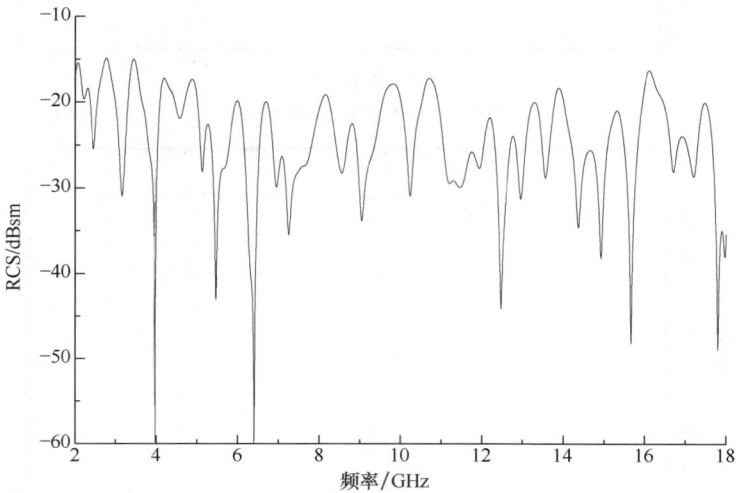

图 7.28　状态 B 相对于状态 A 的 RCS 缩减效果

状态 B 减去人台的 RCS 值,然后进行平滑处理后,得到如图 7.29 所示的缩减效果。在 2～18 GHz 范围内,RCS 缩减基本在 −3 dB 以下,相当于 RCS 缩减了50％以上。但是,由于人台着战斗携行具的外形和状态 B 的外形存在显著差异,而外形对 RCS 的影响巨大,所以,难以进行有效的比较,该值仅供参考。

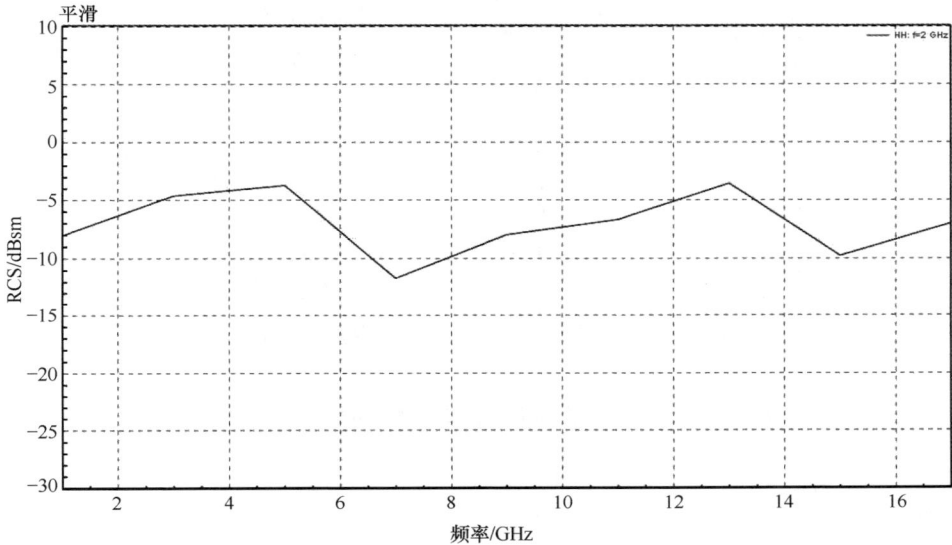

图 7.29　状态 B 相对于人台的 RCS 减缩效果

7.4.3.2　RCS 点频测试结果分析

由于 RCS 值是频率、方位角、附仰角等的函数。在扫频状态下,只能反映被测目标某一个方位的 RCS 值,难以反映其 360°全方位的 RCS 值。所以,也采用点频进行全方位扫描测试目标 RCS。通常选用几个波段的中心频点来扫描,一般为3 GHz(S 波段)、5.6 GHz(C 波段)、9.4 GHz(X 波段) 和 15 GHz(Ku 波段)。在这四个频点分别测试上述状态 A 和状态 B 的 RCS,得到全方位下的 RCS 缩减。

从图 7.30～图 7.33 可知,在不同点频下的全方位 RCS 测试过程中,着凹凸织物服装的人台在 RCS 值方面并不具有显著优势。可能的原因是,除了正面和背部外,人台各个方位呈现出较为光滑的曲面,导致着金属织物服装结构的人台对于入射雷达波也实现了良好的散射。

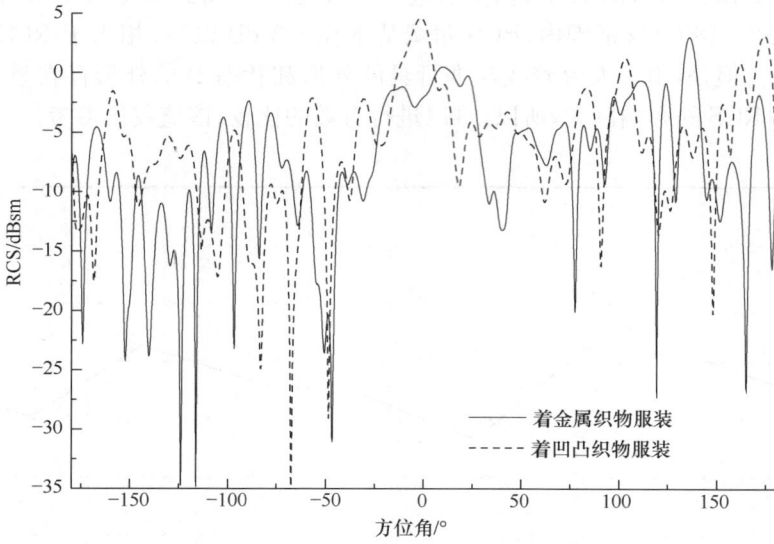

图 7.30　3 GHz 频点的人体着凹凸织物服装的 360°全方位 RCS 值

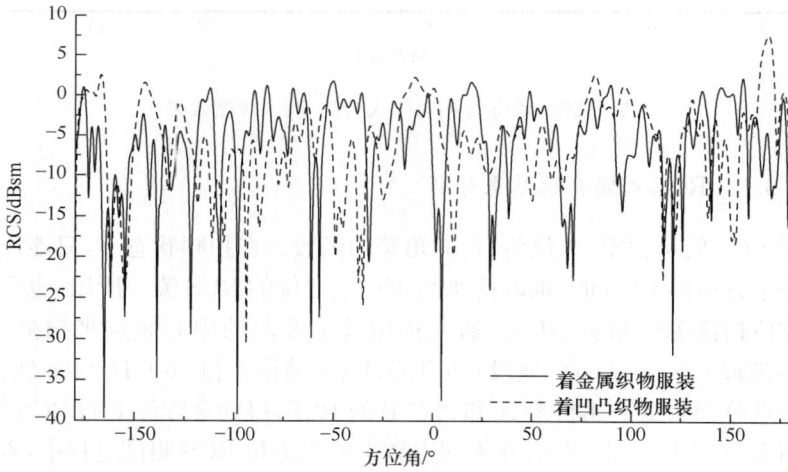

图 7.31　5.6 GHz 频点的人体着凹凸织物服装的 360°全方位 RCS 值

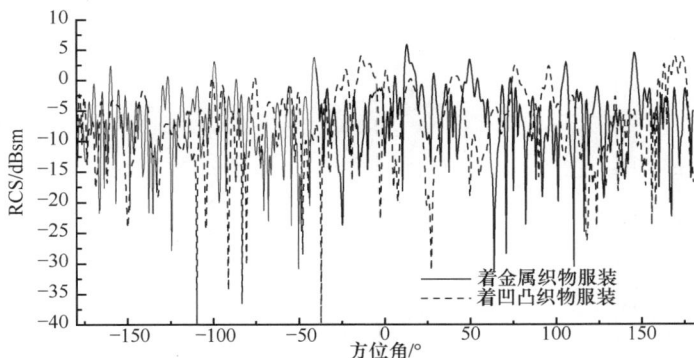

图 7.32　9.4 GHz 频点的人体着凹凸织物服装的 360°全方位 RCS 值

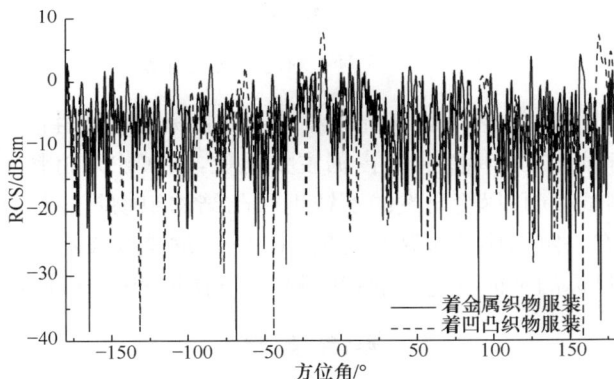

图 7.33　15 GHz 频点的人体着凹凸织物服装的 360°全方位 RCS 值

7.4.3.3　紧缩场的材料反射率测试

为了进一步考察材料的雷达吸波性能,在紧缩场下,同时测试了如图 7.24 所示的金属织物和凹凸结构织物的平板反射率,平板尺寸 18 cm×18 cm,如图 7.34所示。图 7.24 状态 A 所用金属织物在 2～18 GHz 范围内的反射率基本为 0(图 7.34所示虚线),表明其对雷达波实现全反射,具有类似金属特性。而图 7.24状态 B 所用凹凸结构织物则具有极好的雷达吸波性能(图 7.34 所示实线),在5.5 GHz 下,发射率达到−5 dB;在 8.4 GHz 下,达到−10 dB;在 16 GHz 出现峰值,达到−38 dB,反射率小于−5 dB 的带宽大于 12 GHz,基本实现了轻质宽频,吸波性能远远优于状态 A 的金属织物及各种吸波剂构成的吸波体。

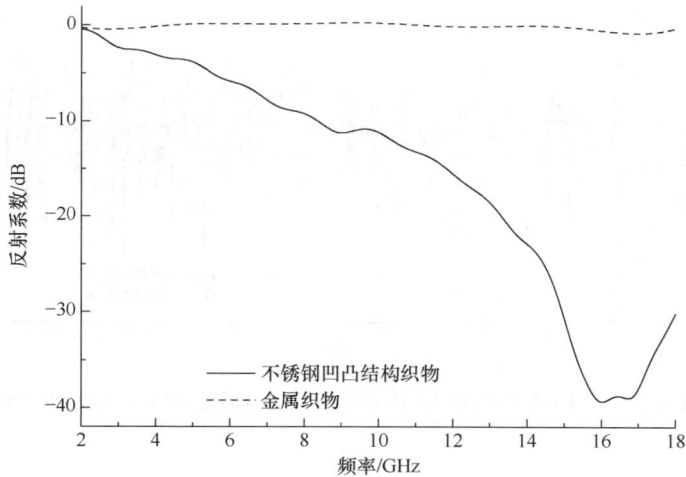

图 7.34　两种材料的平板反射率

　　结合 RCS 测试数据,表明材料的吸波性能和目标的吸波性能并没有显著相关性。即外形隐身设计在目标隐身中占据主要地位,其次才是材料吸波技术。前面的点频全方位测试表明,尽管研发的不锈钢凹凸结构织物具有极好的平板吸波性能,而当形成具有一定结构的服装目标时,其 RCS 缩减并没有呈现优势。但是对于固定方位、对目标的平面状进行的扫频测试,不锈钢凹凸织物则具有显著优势。

参 考 文 献

[1] 谢处方,饶克谨. 电磁场与电磁波[M]. 北京:高等教育出版社,1999.

[2] 马保科,等. 地面电磁(光)波散射特性研究[J]. 西安工业大学学报,2008,27(6):527-530.

[3] 培康,等. 雷达目标特性[M]. 北京:电子工业出版社,2005.

[4] 吴禄军. 周期性结构单元的结构及物理参数对频响特性的影响[D]. 北京:北京工业大学学位论文,2013.

[5] Kuester E F,Holloway C L. Comparison of approximations for effective parameters of artificial dielectrics[J]. Microwave Theory Tech,1990,38(11):1752-1755.

[6] Regalado C M. A physical interpretation of logarithmic TDR calibration equations of volcanic soils and their solid fraction permittivity based on Lichtenecker's mixing formulae[J]. Geoderma,2004,123(11):41-50.

[7] Weng C C,Friedrich J A,Geiger R. Multiple-scattering solution for the effective permittivity of a sphere mixture[J]. Transactions on Geoscience and Remote Sensing,1990,28(2):207-214.

[8] Looyenga H. Dielectric constants of heterogeneous mixtures[J]. Physica,1965,31(3):401-406.

[9] Sihvola A H,Lindell I V. Chiral Maxwell-Garnett mixing formula[J]. Electronics Letters,

1990,26(2):118-119.

[10] Cohen M H,Jortner J. Effective medium theory for the hall effect in disordered materials effective medium theory for the hall effect in disordered materials[J]. Physical Review Letters,1973,30(15):696-698.

[11] 丁世敬,葛德彪,申宁. 复合介质等效电磁参数的数值研究[J]. 物理学报,2010,59(2):943-946.

[12] 贾宝富,刘述章,林为干. 结构型吸波材料电磁特性的预测[J]. 航空学报,1990,11(9):480-486.

[13] 吴明忠,赵振声,何华辉. 单轴各向异性吸波材料对斜入射电磁波的反射[J]. 华中理工大学学报,1998,26(11):29-31.

[14] 任玉超. 随机粗糙表面电磁散射与逆散射中的若干问题研究[D]. 西安:西安电子科技大学学位论文,2007.

[15] 吴健,杨春平,刘建斌. 大气中的光传输理论[M]. 北京:北京邮电大学出版社,2005.

[16] 任俊,沈健,卢寿慈. 颗粒分散科学与技术[M]. 北京:化学工业出版社,2005.

[17] 何十全. 非均匀复杂结构目标电磁散射理论建模与高效算法研究[D]. 西安:西安电子科技大学学位论文,2011.

[18] 丁鹭飞,耿富录. 雷达原理[M]. 西安:西安电子科技大学出版社,2003.

[19] 阮颖铮. 雷达截面与隐身技术[M]. 北京:国防工业出版社,1998:269-285.

第8章 频率选择表面纺织材料

采用频率选择表面(frequency selective surface，FSS)结构的纺织材料实现了纺织品和电子元件的完美结合，赋予了传统纺织品智能化的新功能。频率选择表面纺织材料既有 FSS 的频率选择特性，同时也具备纺织材料特有的轻质柔性特点，能够直接集成到帐篷、服装、装饰制品等各种军用纺织品上，实现可移动军事设施的电磁屏蔽与防护、军事伪装与隐身、无线通信、远程监控等多种功能，具有便携性、免保养、低成本等优势。

8.1 频率选择表面基础

FSS 通常是指一种由谐振单元按特定排列方式而成的二维平面周期结构[1]。图 8.1 给出了一个简单的矩形栅格排列的周期阵列示意图。它在二维空间以 d_x、d_y 间隔排列成无限矩形阵列，d_x、d_y 称为周期间距。谐振单元通常由周期性排列的金属贴片单元形成偶极子阵列或在金属屏上周期性开孔单元形成缝隙阵列构成。FSS 在实际应用中必须依附在介质基板上或嵌入介质基片里。

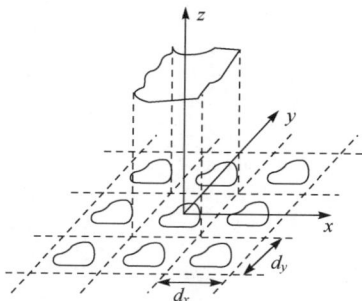

图 8.1 FSS 阵列结构图

FSS 本身不吸收微波能量。在某些频带内，它对入射波几乎全部透过；而在另一些频带内，它对入射波则呈现几乎全部反射的特性。FSS 实质上是一个开放的空间电磁滤波器。FSS 的滤波特性主要受周期单元的拓扑结构、单元之间的间距、介质层参数(介电常数、介质层厚度)等因素的影响[2-5]。

8.1.1　频率选择表面的基本分类

FSS 种类较多,其分类方法也有多种,但主要有以下 4 种[1]。

（1）按结构组成可分为两种,贴片型和孔径型。不同类型的 FSS 单元基本上呈现两种标准的滤波特性,即带阻、带通。偶极子与缝隙阵列滤波特性如图 8.2 所示。

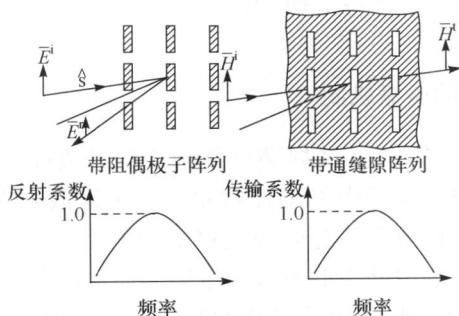

图 8.2　不同类型 FSS 的滤波特性

（2）按激励方式可分为无源 FSS 和有源 FSS。基本上,任何周期阵列都可采用两种方式激励:一种是入射平面波,另一种是单独的电压源连接到每个单元上。显然,无源 FSS 是通过外部入射的电磁波进行激励,进而激发出 FSS 的滤波特性。有源 FSS 单元自身含有外部激励源(如电流、光等),单元与单元之间通过集总元器件(有源器件,如 PIN 二极管、可变电容等)进行连接。

（3）按单元图形的类型可分为四组,如图 8.3 所示。

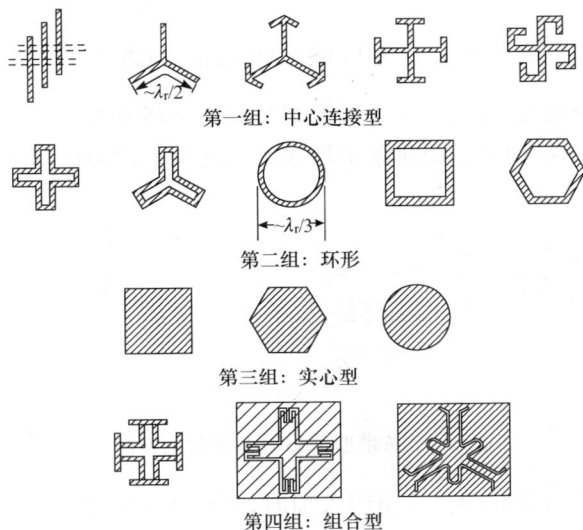

第一组：中心连接型

第二组：环形

第三组：实心型

第四组：组合型

图 8.3　不同形状的 FSS

第一组：中心连接型，如最简单的直线单元、三极子单元、锚形单元、耶路撒冷十字形单元、方形螺旋单元。

第二组：环形单元，如三腿和四腿加载单元，以及圆环、方环和六边形环。

第三组：实心单元或各种形状的板式单元。

第四组：组合单元。

（4）按表面平整性可以分为平面 FSS 和曲面 FSS。现在还出现了一种三维频率选择结构[6-8]。

8.1.2　频率选择表面的谐振机制

FSS 是一种周期结构单元，其周期单元的结构参数决定了 FSS 的谐振特性，可以用等效电路法对自由空间中 FSS 结构单元发生谐振的物理机制进行分析，如图 8.4 所示。FSS 的表面电阻可等效为电路中的电阻元件，其周期单元的形状和相邻单元的间距可等效为电路中的电容和电感。通过调节 FSS 的结构参数，可以改变等效电路的电容和电感，在某个频点使它们的相位相同，整个电路呈现为纯电阻性，等效电路发生谐振，从而对于入射的空间电磁波表现出选择性透过的滤波特性。

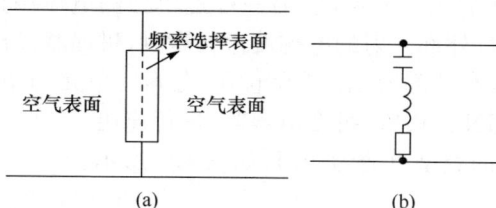

图 8.4　单层 FSS 结构及等效电路

下面以单一条带型 FSS 单元为例分析其等效电路模型[9]。

平行条带 FSS 结构是由金属条带形成的无限长平面栅格，如图 8.5 所示。

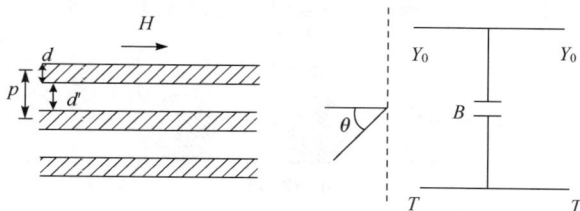

图 8.5　条带型 FSS 及其等效电路图

当平面波在自由空间中以 θ 角度入射时，金属条带的长边方向垂直于电场 E 方向，磁场 H 方向平行于金属条带的长边，此时金属条带为容性条带，这里假设金属条带的厚度忽略不计。d 为金属带的宽度，d' 为缝隙宽度，p 是周期大小，λ 为入射波波长，B 是等效电路模型中的容抗，Y_0 是特征导纳，则可知该金属条带的归一化容抗如式（8.1）所示[10,11]

$$\frac{B}{Y_0} \approx 4F(p,d,\lambda,\theta) \tag{8.1}$$

式中

$$F(p,d,\lambda,\theta) = \frac{p}{\lambda}\cos\theta\left[\ln\left(\csc\frac{pd}{2p}\right) + G(p,d,\lambda,\theta)\right] \tag{8.2}$$

$$G = \frac{1}{2}\left\{\frac{(1-\beta^2)^2\left[\left(1-\frac{\beta^2}{4}\right)(A_+ + A_-) + 4\beta^2 A_+ A_-\right]}{\left(1-\frac{\beta^2}{4}\right) + \beta^2\left(1+\frac{\beta^2}{2}-\frac{\beta^4}{8}\right)(A_+ + A_-) + 2\beta^6 A_+ A_-}\right\} \tag{8.3}$$

$$A_\pm = \frac{1}{\sqrt{1\pm\frac{2p\sin\theta}{\lambda}-\left(\frac{p\cos\theta}{\lambda}\right)^2}} - 1 \tag{8.4}$$

$$\beta = \sin\frac{(\pi d)}{2p} \tag{8.5}$$

式（8.1）中等效电路成立的条件是入射波波长 λ 和入射角 θ 满足以下条件

$$p(1+\sin\theta)/\lambda < 1 \tag{8.6}$$

当图 8.5 中所示的磁场方向改为电场方向时，此时金属条带的长边方向和电场方向一致，则所得的金属条带是感性条带，整个感性条带等效为感抗。同理，可以得到该感性条带的归一化感抗如式（8.7）所示

$$\frac{X}{Z_0} \approx F(p,d,\lambda,\theta) \tag{8.7}$$

式中，Z_0 为特性阻抗。

公式中 $F(p,d,\lambda,\theta)$ 的表达式同式（8.2）。最后，根据传输线理论，就可以获得 FSS 的传输系数。

当金属条带的厚度不能忽略时，同样以单一介质为衬底的单层条形带单元进行考虑，其结构单元的上方为空气，下方为介质衬底，为了分析方便，可以把空气与介质衬底等效为一个相对介电常数为 ε_{eff} 的单一介质，ε_{eff} 为等效介电常数，则金属条带的归一化容抗如式（8.8）所示[12]

$$\frac{B}{Y_0} \approx 4\varepsilon_{\text{eff}}F(p,d,\lambda,\theta) \tag{8.8}$$

从条带型单元的等效电路推导中可以看出，其等效电路中影响归一化容抗和感抗的因素包括平面波的入射角度 θ，周期结构的大小 p，以及周期单元的宽度 d。

8.1.3　周期结构频响特性表征

FSS 是一种空间滤波器,其工作频谱主要在微波及以上波段,FSS 的频响特性可以用 S 参数进行表征。

FSS 的 S 参数测量主要采用以下两种方法。

8.1.3.1　自由空间法

自由空间法主要用来测量平板样品的透射系数,是一种非接触和非破坏性的测试方法,利用天线喇叭将电磁波辐射到自由空间,在样品的另一侧,再用天线喇叭接收并测量材料对所发射电磁波的反射特性和透射特性[13,14]。这种测试方法对待测试的样品没有特别的形状和工艺要求,只需要样品厚度均匀,但是样品必须有一定大小的测试面积。如果样品面积太小,电磁波将会从边缘绕射过去,影响测量结果。采用自由空间法可以随意地改变入射电磁波的入射角度、极化方向和极化方式,并且可以测试不同频带内的电磁参数,测试带宽比较广。

图 8.6 是自由空间法测试系统的结构示意图,系统有两个喇叭天线,天线连接

图 8.6　自由空间法测试系统

到矢量网络分析仪,由计算机控制矢量网络分析仪。图中,由天线 1 向自由空间辐射电磁波,作为样品的入射电磁波,由虚线箭头表示;天线 1 一侧的实线箭头表示由样品反射的电磁波信号,并由天线 1 接收;天线 2 一侧的实线箭头代表透射电磁波信号,由天线 2 接收。通过将接收到的反射电磁波信号、透射电磁波信号与入射电磁波信号的等效电压进行对比,便能测出反射系数 S_{11} 和透射系数 S_{21}。

在使用自由空间法测试 FSS 的 S 参数时,首先要进行校准,主要分为两步:首先用同轴标准件对矢量网络分析仪进行校准;然后再将矢量网络分析仪与自由空间系统连接,分别进行一次直通校准和一次隔离校准,直通校准能够计算出电磁波在当前空气状态下的传播损耗,而隔离校准可以计算出电磁波在当前空气状态下的相位变化。

8.1.3.2　弓形法微波反射率测量系统

与自由空间法类似,弓形法[15-17]也是一种非接触和非破坏性的测试方法,一般用于测试样品的平板发射率。弓形法是由 20 世纪 40 年代末美国海军实验室(Naval Research Laboratory,NRL)的近场弓形法发展而成。我国关于弓形法的标准为军标 GJB2038-94《雷达吸波材料反射率测试方法》,按照这个要求搭建的测试系统如图 8.7 所示,包括弓形支架、样品支架、发射天线、接收天线、矢量网络分析仪、计算机以及打印机等。

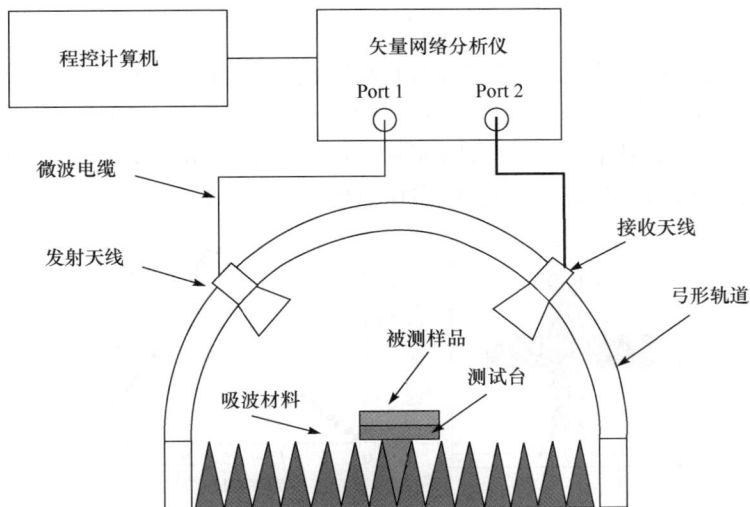

图 8.7　弓形法测试系统

弓形法测试系统中,为了减少背景反射对测量精度的影响,在样品支架周围的地面上需铺设高性能暗室用吸波材料。测试时样品一般放置于金属铝板上,这样更接近于实际情况。和自由空间法一样,弓形法开始测试前也应该进行校准,这样可以减少两个测试天线之间的耦合。首先将金属铝板放在样品支架上进行校准,然后放上锥形尖劈吸波材料,通过比较前后两次的平板反射率来确定吸波材料的平板反射率。将矢量网络分析仪调零,然后放上待测样品,为了减少天线与待测样品之间的多次反射,调整两个天线之间的夹角为 $5°$,近似认为垂直入射。

8.2　频率选择表面频响特性的影响因素

FSS 频响特性受到单元图形、单元尺寸、介质层、入射电磁波极化方式与入射角度等因素的影响,接下来将对这些影响因素进行详细的分析和讨论。本节中所有例子的频响特性均采用 HFSS 电磁仿真软件模拟计算得到。

8.2.1　单元形状的影响[18]

不同的单元形状具有不同的谐振特性,下面对几种常见的单元形状类型的 FSS 图形的频响特性进行分析,以揭示其谐振特性规律。

8.2.1.1　中心连接图形

十字结构是典型的中心连接图形,其物理拓扑结构如图 8.8(a)所示。单元间距为 D,长边长度为 l,短边长度为 g。取 $D=10$ mm,$l=8.75$ mm,$g=1.25$ mm,经过数值计算其反射率如图 8.8(b)所示。由图 8.8(b)可见,在 0～30 GHz 范围内该无耗十字结构具有单谐振特性,谐振点约为 16.5 GHz。

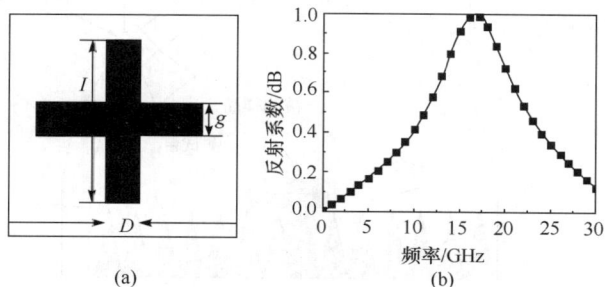

(a)　　　　　　　　　　(b)

图 8.8　十字形 FSS 单元图形及反射率

8.2.1.2　实心图形

方形结构是典型的实心图形,其物理拓扑结构如图 8.9(a)所示。单元间距为 D,方形边长为 b。取 $D=10$ mm,$b=7.5$ mm,经过数值计算其反射率如图 8.9(b)所示。由图 8.9(b)可见,在 0～30 GHz 范围内该无耗方形结构具有单谐振特性,谐振点约为 28.4 GHz。

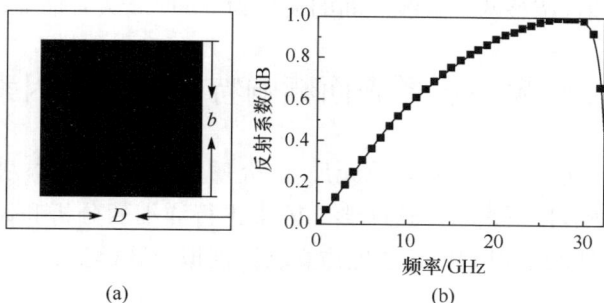

(a)　　　　　　　　　　(b)

图 8.9　方形 FSS 单元图形及反射率

8.2.1.3　环状图形

下面重点分析三种典型的环状图形。第一种是圆环形结构,其物理拓扑结构如图 8.10(a)所示。单元间距为 a，圆环内环半径为 R_2，外环半径为 R_1。取 $a=$ 10 mm，$R_2=4.25$ mm，$R_1=4.75$ mm，经过数值计算其反射率如图 8.10(b)所示。由图 8.10(b)可见，在 2～18 GHz 范围内该无耗圆环形结构具有单谐振特性，谐振点约为 10 GHz。

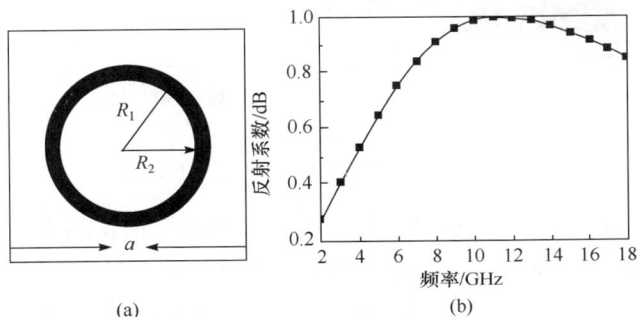

图 8.10　圆环形 FSS 单元图形及反射率

　　第二种是十字环形结构，其物理拓扑结构如图 8.11(a)所示。单元间距为 D，十字环内环长度为 L，环宽为 G。取 $D=10$ mm，$L=8.56$ mm，$G=0.25$ mm，经过数值计算其反射率如图 8.11(b)所示。由图 8.11(b)可见，在 2～18 GHz 范围内该无耗十字环形结构具有单谐振特性，谐振点约为 10 GHz。

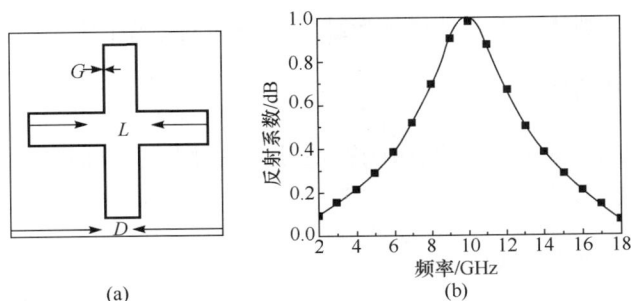

图 8.11　十字环形 FSS 单元图形及反射率

　　第三种是方环形结构，其物理拓扑结构如图 8.12(a)所示。单元间距为 D，方环内环长度为 r，外环长度为 R。取 $D=10$ mm，$r=7.5$ mm，$R=8.75$ mm，经过数值计算其反射率如图 8.12(b)所示。由图 8.12(b)可见，在 2～18 GHz 范围内该无耗方环形结构具有单谐振特性，谐振点约为 10 GHz。

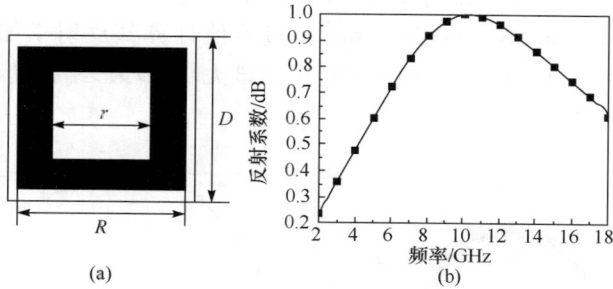

图 8.12　方环形 FSS 单元图形及反射率

　　通过分析以上三种典型结构发现,无耗 FSS 的第一谐振频率点主要依赖于单元的尺寸。例如,对于第一种中心连接图形的十字结构,当一端到另一端的最大长度近似等于半个波长时将产生谐振;第二种实心图形的方形结构其横截尺寸近似为半个波长时将产生谐振;第三种环状图形的平均周长近似等于一个波长时产生谐振。对于前面三种图形,单元间距 D 均取 10 mm,目的在于使不同单元对不同的入射角有较稳定的谐振频率,要满足这个条件则必须使单元间距的电长度尽量小。通过数值计算发现,在相同的单元间距的条件下,十字结构和方形结构两种图形的谐振点均在 15 GHz 以上,而通过设计合适尺寸的环形结构图形均能满足在 10 GHz 左右产生谐振。通过比较可知,环形结构相对于中心连接和实心结构具有更小的电长度,则优先考虑选择环形结构 FSS 进行应用设计。

8.2.2　单元尺寸的影响

　　FSS 单元的尺寸直接影响其频响特性,这里以图 8.10(a)所示的圆环贴片型结构建立模型进行分析讨论[9]。

8.2.2.1　内环半径变化

　　圆环贴片型附着的介质层厚度 $h=1$ mm,相对介电常数 $\varepsilon=1.4$,周期单元间距 $a=12$ mm,圆环外环半径 $R_1=4$ mm,圆环内环半径 R_2 由 2.0 mm 逐渐增加为 3.5 mm,步长为 0.5 mm。通过仿真计算,得到在垂直入射电磁波激励下频响特性随 R_2 变化的透射系数曲线图如图 8.13 所示。

　　从图 8.13 可以得出结论:当圆环的内环半径逐渐增加时,谐振频率变低,带宽变化不明显。

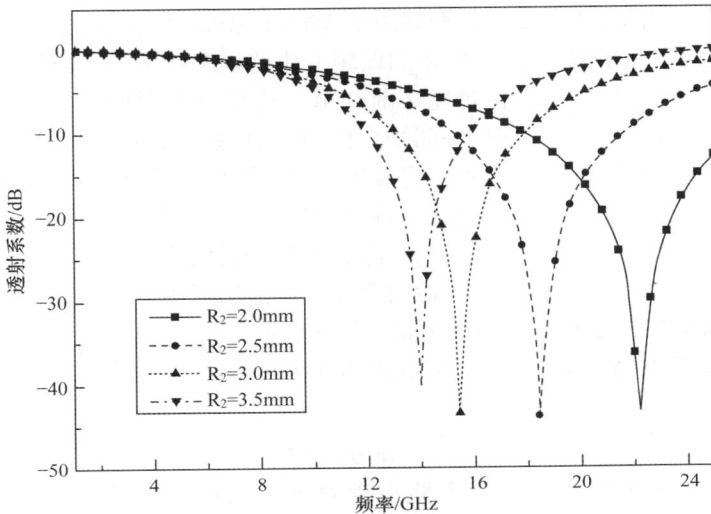

图 8.13　内环尺寸对频响特性的影响

8.2.2.2　周期尺寸变化

圆环贴片型附着的介质层厚度 $h=1\ \text{mm}$,相对介电常数 $\varepsilon=1.4$,其中周期单元间距 a 由 13 mm 逐渐增加为 16 mm,步长为 1.0 mm,圆环外环半径 $R_1=5\ \text{mm}$,圆环内环半径 $R_2=3\ \text{mm}$。通过仿真计算,得到其频响特性随 a 变化的透射系数曲线图如图 8.14 所示。

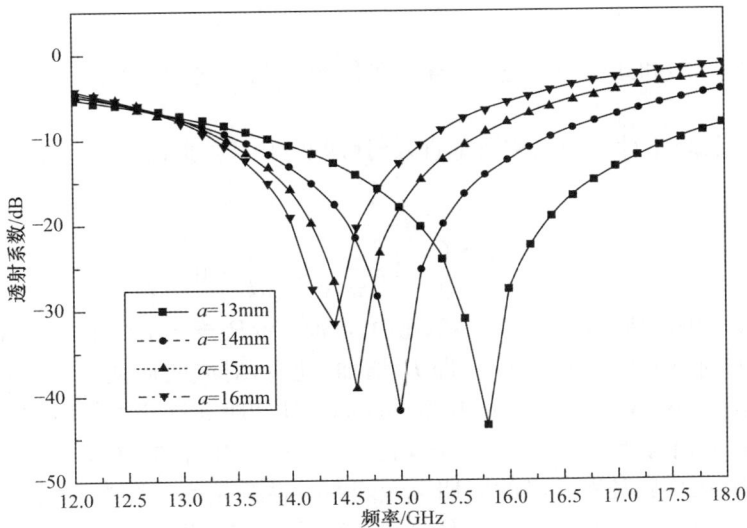

图 8.14　周期间距对频响特性的影响

从图 8.14 可知,当单元的周期间距变大时,谐振频率向低频方向移动,并且随着周期间距的进一步增大,谐振频率向低频变化的幅度就不明显;同时,在 $-40\ dB$

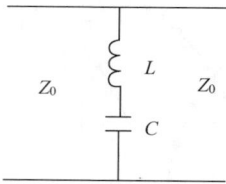

图 8.15　圆环等效电路模型

的带宽逐渐变窄。这是因为周期单元的间距在变大时,环间耦合的电容在逐渐变大,当环之间的间距增大到一定程度时,耦合效应可以忽略,谐振频率变化不明显;而带宽的变化主要是与周期结构单元中周期间距有关,随着周期单元间距增加,带宽逐渐变窄[1]。这里,运用等效电路给出了圆环型结构单元的等效电路模型如图 8.15 所示。

在 LC 串联电路中,其谐振频率的表达式为

$$f=\frac{1}{2\pi\ \sqrt{L\cdot C}} \tag{8.9}$$

根据金属条带型 FSS 等效电路中等效电容式(8.1)、式(8.2)和等效电感式(8.7),当条形单元之间的间距 d' 远小于周期间距时,可以推导出周期方环型贴片的电容和电感表达式如式(8.10)和式(8.11)所示[10,11]

$$C=\frac{\varepsilon_0 2a\cos\theta}{\pi}\left[\ln\frac{2a}{\pi d'}+\frac{1}{2}(3-2\cos^2\theta)\left(\frac{a}{\lambda}\right)^2\right] \tag{8.10}$$

$$L=\frac{\mu_0 a\cos\theta}{2\pi}\left[\ln\frac{2a}{\pi d'}+\frac{1}{2}(3-2\cos^2\theta)\left(\frac{a}{\lambda}\right)^2\right] \tag{8.11}$$

式中,a 为周期间距;d 为环宽;d' 为贴片型单元之间的间距;θ 为入射电磁波的入射角。

对式(8.10)和式(8.11)进行分析,在低频段范围之内,由于 $\frac{a}{\lambda}\ll1$,故公式中 $\left(\frac{a}{\lambda}\right)^2$ 可以忽略不计。当电磁波垂直入射(即 $\theta=0°$)时,此时

$$f=\frac{1}{2\pi\ \sqrt{L\cdot C}}=\frac{1}{2\pi\dfrac{a}{\pi c}\sqrt{\ln\dfrac{2a}{\pi d'}\cdot\ln\dfrac{2a}{\pi d}}} \tag{8.12}$$

在图 8.10(a)所示的圆环结构单元中,此时 $d=R_1-R_2,d'=2(a-R_1)$。当圆环型单元的内环半径逐渐增加时,即 R_2 增加,此时,对应的环宽 d 减小,使得谐振频率 f 逐渐减小;同时,在圆环贴片型单元的周期间距 a 逐渐增加时,此时 d' 也在增加,限制了谐振频率的整体下降,使得图 8.14 中谐振频率的变化范围在 1.5 GHz 内,因而圆环贴片型的周期单元间距对谐振频率的影响相对内环半径的变化要小,与图 8.13 和图 8.14 的仿真计算结果相互印证。

8.2.3　多层频率选择表面混合结构的影响

在实际的微波设计中,FSS 需要实际的介质片作为支撑基板,并且需要将两个或多个周期表面前后级联,将介质片夹嵌在级联的周期表面之间,形成混合周期表面。混合周期表面将受到介质片电磁参数与厚度的影响。

FSS 的谐振频率与其介质衬底有很大的关系,随着介质衬底厚度逐渐减小,谐振频率将向自由空间谐振频率爬升[1]。

为了具体地研究介质层对频响特性的影响,这里选取耶路撒冷十字缝隙型结构单元混合周期结构进行分析[9]。

8.2.3.1　自由空间中单层 FSS 结构设计

模型如图 8.16 所示,模型尺寸:$a=1.9$ mm,$b=1.9/2+3.8=4.75$ mm,$c=5.7$ mm,$d=14.8$ mm。

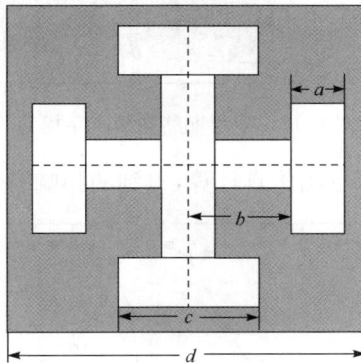

图 8.16　单层耶路撒冷十字形状模型

当电磁波垂直入射时,其传输特性曲线如图 8.17 所示。

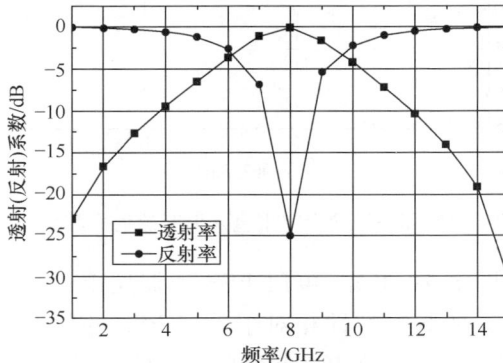

图 8.17　单层耶路撒冷十字 TE 极化传输特性

8.2.3.2　自由空间中双层 FSS 结构设计

按照单层 FSS 的模型尺寸不变,选取双层结构的 FSS。保持两个单元之间的间距为 2 mm。其结构模型如图 8.18 所示。

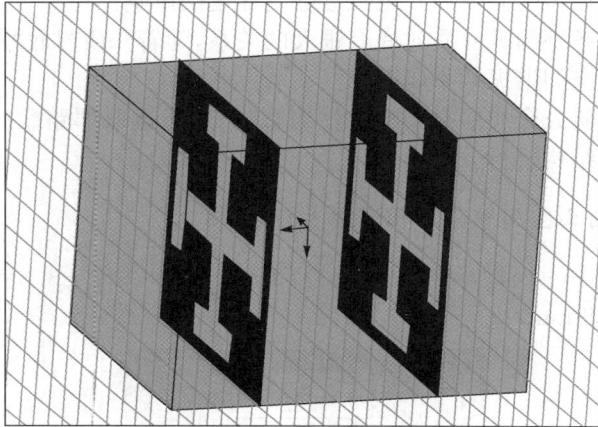

图 8.18　双层耶路撒冷十字模型

结合上面的结构模型,运用仿真计算,得到的频响特性曲线如图 8.19 所示。

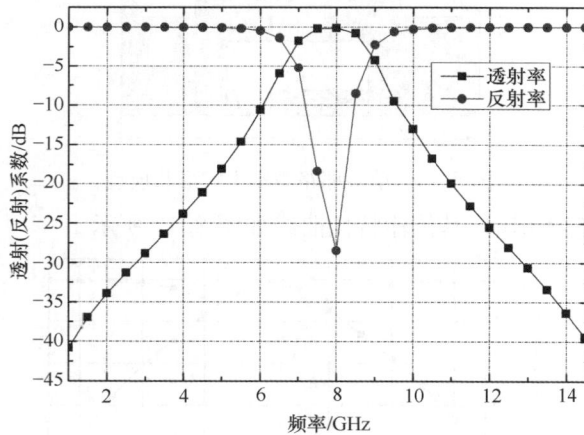

图 8.19　双层耶路撒冷十字垂直入射时透射率和反射率曲线

比较图 8.17 和图 8.19 可知,单层 FSS 和双层 FSS 产生的谐振频率都在 8 GHz。双层结构单元的频响特性相对于单层 FSS 的频响特性曲线有所变化。由图 8.18 可见,双层 FSS 结构在谐振频率附近 1 GHz 带宽出现平顶通带,在阻带区相对于单层结构出现较陡峭的上升和下降趋势。

8.2.3.3　介质层中的频率选择表面

在 FSS 两侧加载厚度为 d 的相同介质,改变介质厚度 d 的取值计算得到的频响特性曲线如图 8.20 所示。

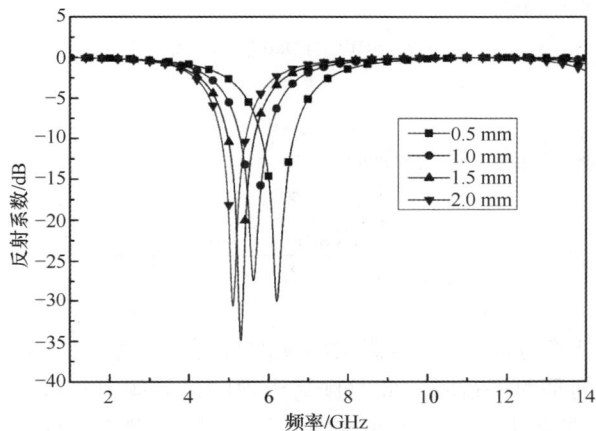

图 8.20　双侧介质对频响特性的影响

从图 8.20 可以看到,随着介质衬底厚度 d 逐渐减小,谐振频率将向自由空间谐振频率爬升;随着两侧介质层厚度 d 的增加,其谐振峰逐渐向低频方向移动。此时对应的谐振频率分别为 6.2 GHz,5.6 GHz,5.2 GHz,5.1 GHz。

8.2.4　栅瓣的影响

栅瓣是指电磁能量在不希望的方向上出现的传输或散射现象。在图 8.21 中,当电磁波以角 θ 入射到单元间距为 T 的周期结构上时,每个单元的相位相对于其左边相邻单元有 $\beta T\sin\theta$ 的延迟,在透射和反射方向上,周期单元的所有平面波均处于同相状态,因此在这些方向上的平面波能够向前进行传播[1]。

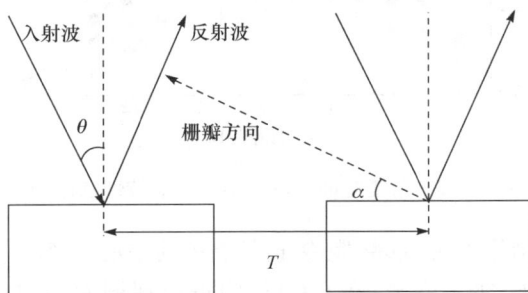

图 8.21　FSS 的栅瓣形成条件示意图

　　然而,还有一些其他方向也会发生传播,如图8.21所示,入射波的方向不变,一个可能的传播方向用 α 角度表示,此时,两个相邻单元之间的总相位延迟为 $\beta T(\sin\theta+\cos\alpha)$,当该值达到 2π 的整数倍时,所有周期单元出来的电磁波在 α 方向是同相位的,即可能出现传播,这个方向的传输波就称为栅瓣。

　　此时出现栅瓣的条件为[1]

$$\beta T(\sin\theta+\cos\alpha)=2n\pi \tag{8.13}$$

式中, $\beta=\dfrac{2\pi}{\lambda_g}$。

　　栅瓣出现的频率如式(8.14)所示

$$f_g=\frac{c}{\lambda_g}=\frac{c}{\dfrac{2\pi}{\beta}}=\frac{c\beta}{2\pi}=\frac{c\dfrac{2n\pi}{T(\sin\theta+\cos\alpha)}}{2\pi}=\frac{nc}{T(\sin\theta+\cos\alpha)} \tag{8.14}$$

　　当平面波以任意方向入射时,栅瓣出现的最低频率发生在 $\alpha=0°$,亦即栅瓣传播方向与周期阵列平面平行时。此时栅瓣出现的最低频率只依赖于入射角 θ 与单元间距 T,与其他参数无关。入射角和单元间距越大,栅瓣出现的频率越低。

　　以下仍然选取图8.16中自由空间中的耶路撒冷十字缝隙型结构单元进行分析[9],当平面波以不同的入射角 $\theta(0°,15°,30°,45°,60°)$ 入射时,透射率计算结果如图8.22所示。

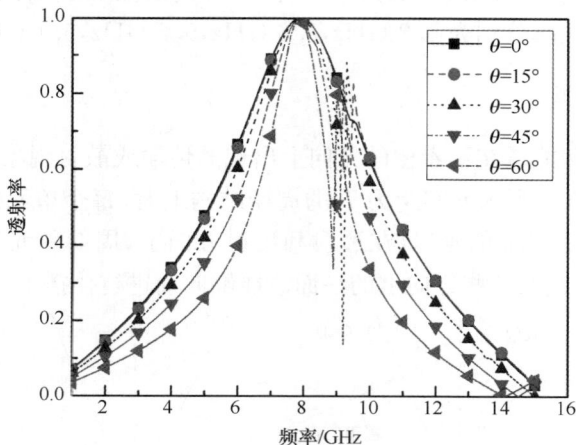

图8.22　栅瓣对耶路撒冷结构频响特性的影响

　　从上面的计算结果发现,耶路撒冷十字结构的中心频率稳定在8 GHz附近,随着入射角度的增加,带宽变窄;在9 GHz附近出现栅瓣现象。出现栅瓣的频点依次为9.5 GHz,9.4 GHz,9.2 GHz,9.1 GHz,8.9 GHz。可以看到随平面波入射角度的增加,栅瓣出现的频率逐渐向低频方向移动。上面的仿真计算结果与式(8.14)的理论分析基本一致。

8.2.5　入射角度和极化方式的影响

FSS 作为一种空间滤波器其传输特性将受到电磁波的入射角度和极化方式的极大影响。以下仍然选取图 8.16 中自由空间中的耶路撒冷十字缝隙型结构单元进行分析,当平面波以 TE 和 TM 两种极化方式入射时,透射系数计算结果如图 8.23所示。

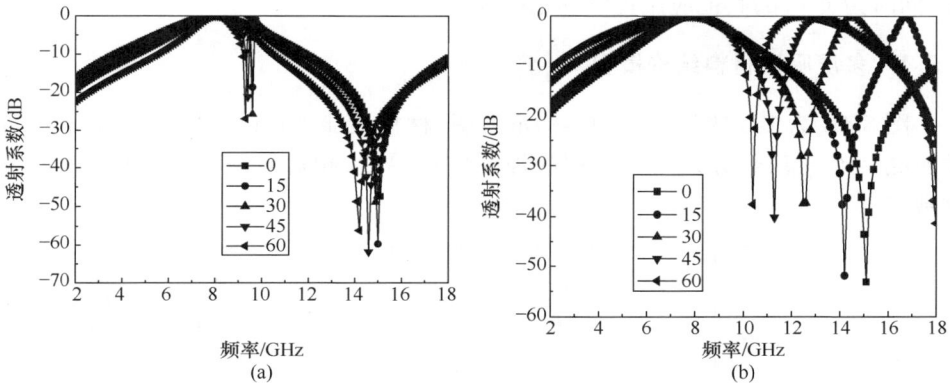

图 8.23　极化方式对耶路撒冷结构频响特性的影响
(a)TE;(b)TM

从上面的计算结果发现,在 TE 和 TM 极化波的作用下耶路撒冷十字结构的第一谐振频率稳定在 8 GHz 附近,在 0°,15°时,耶路撒冷十字结构对入射电磁波的极化方式不敏感,随着入射角度的增加,TM 极化波对入射角度的变化较大,透射零点向低频移动,第二谐振频率也向低频移动。由上述计算结果可以看出,入射电磁波的入射角度和极化方式会对 FSS 的传输特性造成极大的影响,在某些应用领域中需要通过级联和多层混合设计,以得到宽角度和极化无关的 FSS 结构。

综上所述,FSS 周期阵列的选择必须适当[1],防止栅瓣的过早出现,防止电磁能在不希望的方向上出现,一般抑制栅瓣的准则为:对于垂直入射时,单元周期应该小于一个波长;对于斜入射情况,单元周期应该小于半个波长。FSS 结构设计准则为:从单元形状的选择上优先考虑电长度较小的环形单元;通过多层 FSS 的级联与夹嵌介质板混合周期表面的设计实现谐振曲线的"整形",使谐振曲线具有平顶和陡截止的特性;通过设计较小介电常数的补偿介质板来保持带宽随入射角变化的稳定性。

8.3　频率选择表面的传输线建模与图解分析

　　FSS 在微波隐身技术、移动通信中的电磁屏蔽、雷达卫星天线等领域有重要应用,其以结构新颖、组成简单、性能优良等特性成为未来频率选择性纺织材料发展的必然趋势。下面以 FSS 在吸波材料上的应用为例对频率选择表面进行传输线建模与图解分析,提出适用于宽频吸波结构体系分析与优化的直接图解设计方法,建立 FSS 单层与双层吸波结构的理想阻抗匹配模型,用于指导宽频吸波结构设计,同时为 FSS 的其他应用提供理论指导。

8.3.1　多层吸波材料结构模型

　　图 8.24 为多层吸波材料的结构示意图,材料顶部为自由空间,材料底部为金属衬底。d_k、μ_{rk}、ε_{rk} 分别为第 k 层吸波层的层厚度、相对复磁导率和相对复介电常数。

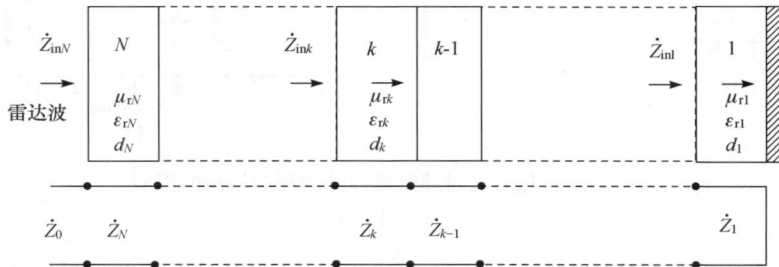

图 8.24　多层吸波材料分层结构和等效电路图

　　由微波传输线理论可知,图 8.24 中第 k 层端面处的输入阻抗$\dot{Z}_{ink}$ 为[19]

$$\dot{Z}_{ink} = \dot{Z}_k \frac{\dot{Z}_{ink-1} + \dot{Z}_k \operatorname{th}(\dot{\gamma}_k d_k)}{\dot{Z}_k + \dot{Z}_{ink-1} \operatorname{th}(\dot{\gamma}_k d_k)} \tag{8.15}$$

式中,$\dot{Z}_k$ 是第 k 层材料的特性阻抗($k=0$ 时表示空气的特性阻抗)

$$\dot{Z}_k = \sqrt{\frac{\mu_0}{\varepsilon_0}} \times \sqrt{\frac{\mu_{rk}}{\varepsilon_{rk}}} \tag{8.16}$$

$\dot{\gamma}_k$ 为第 k 层的传播常数

$$\dot{\gamma}_k = \mathrm{j} \frac{2\pi f}{c} \sqrt{\mu_{rk}\varepsilon_{rk}} \tag{8.17}$$

f 为入射电磁波频率;c 为光速;$\mu_{r0} = \varepsilon_{r0} = 1$。则第 k 层吸收体的反射系数 RC(reflection coefficient)和反射率 R(reflectivity)分别为

$$RC = \frac{\dot{Z}_{ink} - Z_0}{\dot{Z}_{ink} + Z_0} \tag{8.18}$$

$$R = 20\lg|RC| \tag{8.19}$$

将 FSS 引入复合吸波材料之后,由于 FSS 层的厚度很薄,需要对上述等效传输线反射率计算模型中 FSS 所在的层进行修正。本文采用微波等效传输线理论,对 FSS 层的迭代计算进行了修正,得到了含 FSS 复合吸波结构反射率的计算模型。含双层 FSS 的双层吸波结构的物理结构和等效电路分别如图 8.25、图 8.26 所示。[18]

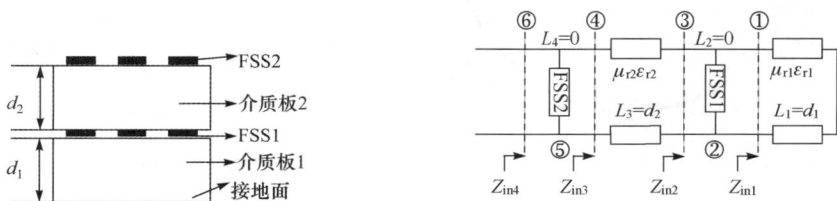

图 8.25　含双层 FSS 吸波结构物理结构图　　图 8.26　含双层 FSS 吸波结构等效电路图

图 8.26 中,L_k 为第 k 层吸波结构的等效传输线长度,其他参数定义见图 8.24。

由式(8.15)可得,双层 FSS 第 k 层端面处的输入阻抗 $\dot{Z}_{ink}$ 为

$$
\begin{aligned}
\dot{Z}_{ink} &= \dot{Z}_k \frac{\dot{Z}_{ink-1} + \dot{Z}_k \operatorname{th}(\dot{\gamma}_k L_k)}{\dot{Z}_k + \dot{Z}_{ink-1}\operatorname{th}(\dot{\gamma}_k L_k)} \quad (k=1,3) \\
\dot{Z}_{ink} &= \frac{\dot{Z}_k \dot{Z}_{ink-1}}{\dot{Z}_k + \dot{Z}_{ink-1}} \cdots \quad (k=2,4)
\end{aligned}
\tag{8.20}
$$

式中,

$$\dot{Z}_k = Z_0 \sqrt{\frac{\mu_{rk}}{\varepsilon_{rk}}} \quad (k=1,3)$$

$$\dot{Z}_k = R_k + jX_k \quad (k=2,4)$$

R_k、X_k 分别为复合吸波结构中 FSS 层的电阻、电抗。$L_1 = d_1, L_2 = 0, L_3 = d_2, L_4 = 0$。则 k 层吸收体的反射系数为

$$RC = \frac{\dot{Z}_{ink} - Z_0}{\dot{Z}_{ink} + Z_0} \quad (k=4) \tag{8.21}$$

将图 8.26 中的等效电路中的阻抗参数换算成导纳参数分层绘制在 Smith 圆图上表示,如图 8.27(a)所示,曲线①表示第一层接地板的等效导纳,曲线②表示下层 FSS 在自由空间中的等效导纳,曲线③表示含 FSS 的下层吸波体等效输入导纳,曲线④表示含 FSS 的下层吸波体经过上层介质板后从端面看进去的等效导

纳,曲线⑤表示上层 FSS 在自由空间中的等效导纳,曲线⑥表示整个含双层 FSS 吸波体的等效导纳。曲线⑥对应的反射率如图 8.27(b)所示。

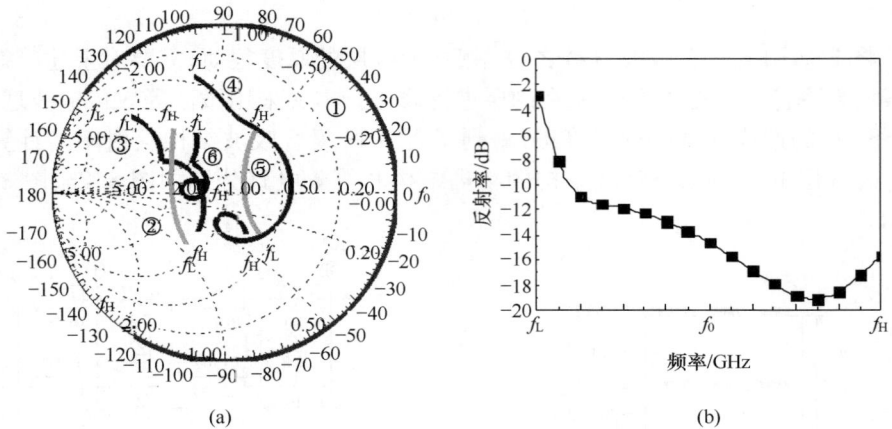

(a)　　　　　　　　　　　　　　　　(b)

图 8.27　含双层 FSS 吸波结构的 Smith 圆图和反射系数

8.3.2　自由空间中 FSS 的计算[18]

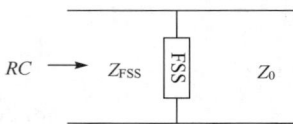

图 8.28　自由空间中的 FSS 等效电路图

自由空间中 FSS 的等效阻抗参数可由反演法获得,通过有限元法可以得到自由空间中 FSS 的反射电场的反射系数,再根据式(8.23)即可得到等效阻抗。该反演法相对于传统的等效电路法[20]具有普适性和准确性,能够处理任意形状的单元,偶极子和缝隙的混合阵列,兼顾考虑相邻单元间、阵列与介质间以及多层耦合的影响。

由图 8.28 的等效电路易得自由空间中的 FSS 的反射系数为

$$RC = \frac{Z_{FSS} \parallel Z_0 - Z_0}{Z_{FSS} \parallel Z_0 + Z_0} = \frac{\dfrac{Z_{FSS} Z_0}{Z_{FSS} + Z_0} - Z_0}{\dfrac{Z_{FSS} Z_0}{Z_{FSS} + Z_0} + Z_0} = -\frac{Z_0}{Z_0 + 2Z_{FSS}} \tag{8.22}$$

式中,Z_{FSS} 为自由空间中 FSS 的等效阻抗,求解式(8.22)中的 Z_{FSS} 可得

$$Z_{FSS} = -\frac{Z_0(1 + RC)}{2RC} \tag{8.23}$$

则自由空间中的 FSS 的等效导纳 Y_{FSS} 为

$$Y_{FSS} = -Y_0 \frac{2RC}{1 + RC} \tag{8.24}$$

由式(8.24)可得自由空间中的 FSS 的等效导纳参数,如图 8.29 所示。该图中的 6 条曲线分别表示同一种形状的 FSS 在某一频率范围内当其物理参数改变时对应的不同导纳。

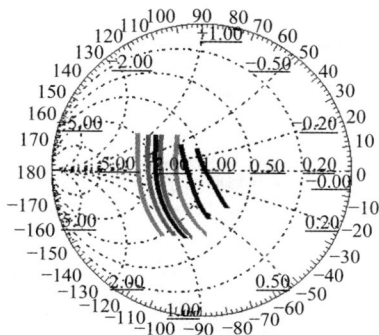

图 8.29   自由空间中 FSS 等效导纳的 Smith 圆图

8.3.3   频率选择表面吸波结构的设计与优化[18]

FSS 的优化设计问题是针对给定的频率响应,通过综合设计多层 FSS 结构来满足要求[21]。与 FSS 的分析方法相比,此问题是一个难度更大、更灵活的综合过程。首先,问题涉及的变量很多,比如 FSS 各层的单元形状、单元的排列方式、介质的电磁性能等。它要求设计者必须对 FSS 各变量对频率响应的影响有深入的了解。其次,FSS 的优化设计过程是一个搜索求解的过程,它是以 FSS 的分析问题为前提和基础的,必须先建立起各种典型 FSS 问题的计算模型。最后,还必须采用合适的搜索方法和具备一定的搜索技巧。

为了设计出满足要求的 FSS,第一,要对不同种类的 FSS 的频率特性进行定量分析,熟悉各种单元形状、单元尺寸、单元阵列排布方式、极化方式、介质参数等对 FSS 频率特性的影响;第二,要建立起求解各种典型、规则单元频率响应的计算模型;第三,为了能快捷方便地得到设计结果,可以使用各种优化方法来加速解的搜索。

对于含 FSS 的宽带吸波结构的优化设计,单纯依靠优化程序很难一步到位实现满意的设计,它需要设计者在非常宽的频带进行匹配设计,而单纯采用优化程序往往只能得到窄带的吸波效果。本文提出了一种宽带雷达吸波结构的直接图解设计方法,采用 Smith 圆图进行阻抗匹配,从而实现宽带吸波设计。下面就将给出两种理想的含 FSS 的宽带吸波结构模型与设计方法。

8.3.3.1   单层吸波结构建模

单层吸波结构由 FSS 和接地介质板组成,如图 8.30(a)所示。该结构的总厚

度为 d，FSS 单元间距为 D，表面阻抗为 R_s，吸波体等效电路如图 8.30(b)所示。Z_g 描述了接地板的输入阻抗，Z_a 描述了 FSS 板的阻抗，Z_{in} 描述了垂直入射吸波体的自由空间输入阻抗。

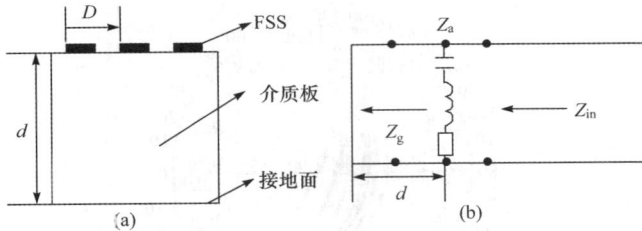

图 8.30　单层 FSS 吸波结构及等效电路

图 8.30(b)中所示等效电路的导纳如图 8.31(a)所示，图中显示了一个由单层 FSS 构成的吸波结构的理想阻抗匹配模型。接地板可等效为终端短路传输线，其输入电导为零，电纳 $Y_g=1/Z_g$ 如图 8.31(a)中曲线①所示。$Y_a=1/Z_a$ 如图 8.31(a)中曲线②所示。二者的导纳之和如图 8.31(a)中曲线③所示。在 f_L 到 f_0 低频段，Y_g 表现为感性；而在 f_0 到 f_H 高频段，Y_g 表现为容性，如图 8.31(a)中曲线①所示。与此对应，Y_a 在 f_L 到 f_H 频段由容性转化为感性。在中心频率 f_0 处，接地平面与 FSS 的距离大约为 $\lambda_0/4$，此时 FSS 等效 RLC 电路谐振，曲线③的导纳等于 Y_a，其虚部为零，只剩下实部电导部分且接近圆图的圆心（即最佳匹配点）。由图 8.31(a)可见，Y_g 和 Y_a 的电抗部分在大部分频段相互抵消，使得二者之和在 f_L 到 f_H 频段均接近于圆图中心，通过建模预测得到宽频吸波性能，反射率-频率曲线如图 8.31（b）所示。

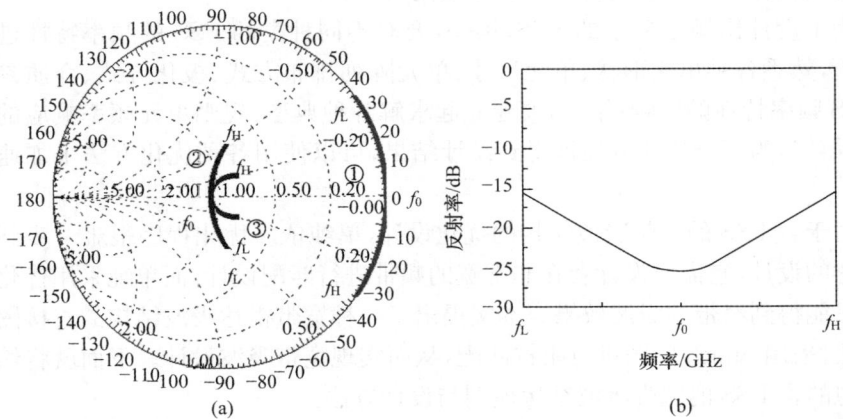

图 8.31　含单层 FSS 理想宽频匹配电路模型的 Smith 圆图及反射率曲线

8.3.3.2 双层吸波结构建模

双层吸波结构由两层 FSS 和两层接地间隔板组成,如图 8.32(a)所示。该结构的总厚度为 $d_1 + d_2$,FSS 单元间距为 D,表面阻抗为 R_s,吸波体等效电路如图 8.32(b)所示。Z_g 描述了接地板的输入阻抗,Z_{a1} 和 Z_{a2} 分别描述了底层 FSS 和顶层 FSS 的阻抗,Z_{in} 描述了垂直入射吸波体的自由空间输入阻抗。

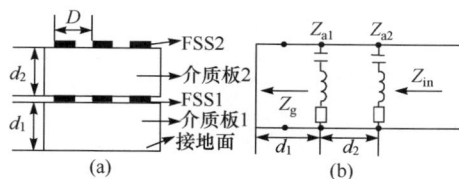

图 8.32 双层 FSS 吸波结构及等效电路

图 8.32(b)所示等效电路的导纳如图 8.33(a)所示,图中显示了一个由双层 FSS 构成的吸波结构的理想阻抗匹配模型。介质板 1 可等效为终端短路传输线,其输入电导为零,电纳 $Y_g = 1/Z_g$ 如图 8.33(a)中曲线①所示。$Y_{a1} = 1/Z_{a1}$ 为下层 FSS 对应导纳如图 8.33(a)中曲线②所示。二者的导纳之和如图 8.33(a)中曲线③所示。在 f_L 到 f_0 低频段,Y_g 表现为感性;而在 f_0 到 f_H 高频段,Y_g 表现为容性,如图 8.33(a)中曲线①所示。与此对应,Y_{a1} 在 f_L 到 f_H 频段由容性转化为感性。在中心频率 f_0 处,接地平面与 FSS 的距离大约为 $\lambda_0/4$,此时 FSS 等效 RLC 电路谐振,曲线③的导纳等于 Y_{a1},其虚部为零,只剩下实部电导部分。为了使得整条曲线频率更加集中,并且尽量接近圆图的圆心,将原单层吸波体加载介质板 2,则曲线③沿螺旋线顺时针旋转相应角度至曲线④。由于不同频点旋转角度不同,使曲线④相对于曲线③的频点更加集中。接着加载上层 FSS 其对应导纳 $Y_{a2} = 1/Z_{a2}$ 如图 8.33(a)中曲线⑤所示。曲线④和曲线⑤的导纳之和如图 8.33(a)中曲线⑥所示。由曲线⑥可见,通过上层 FSS 合理的阻抗加载,中心频率 f_0 已接近圆图的圆心,曲线④和 Y_{a2} 的电抗部分在大部分频段能够相互抵消,使得二者之和在 f_L 到 f_H 频段均接近于圆图中心,通过建模预测得到宽频吸波性能,反射率-频率曲线如图 8.33(b)所示。

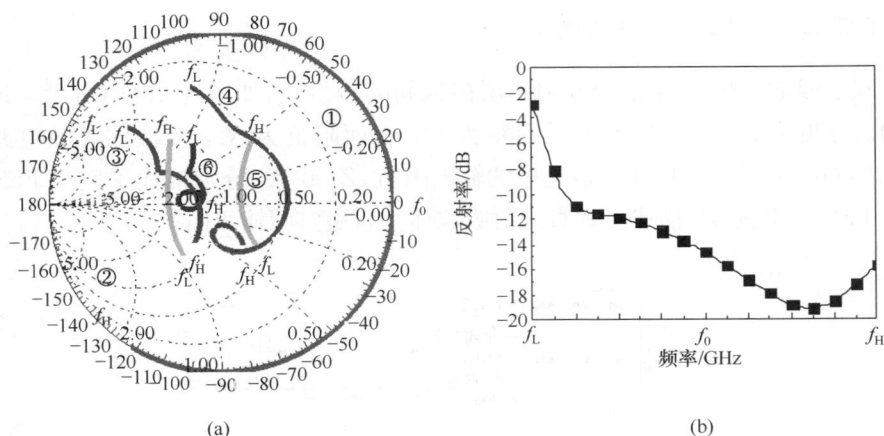

图 8.33　含双层 FSS 理想宽频匹配电路模型的 Smith 圆图和反射率曲线

8.4　频率选择表面纺织材料的制备技术

如前所述,电磁纺织材料 FSS 在结构上包括贴片型图案和孔径型图案,前者为周期性导电图案离散地结合于织物表面,而后者为在连续的导电层中分布有周期结构的非导电或孔洞图案。这两类结构可以采用选择性化学镀、导电涂料丝网印花、导电长丝电脑绣花、烫金纸转移、激光雕刻、气相沉积、磁控溅射、导电墨水喷墨打印等方法制备;同时,还可以采用导电热塑性材料 3D 打印,导电纤维提花织造等方法制得立绒织物、簇绒织物、间隔织物等立体 FSS 图案。这些方法大体可分为两类加工方法:(1) FSS 图案织造;(2) FSS 图案整理。

8.4.1　频率选择表面纺织材料图案织造

FSS 图案织造方法包括针织、机织和电脑刺绣等工艺。可以采用电脑刺绣制备平面 FSS 图案;采用导电纤维提花织造等方法制得立绒织物、簇绒织物、间隔织物等立体 FSS 图案。在电脑绣花的加工过程中,导电长丝需要经绣花针迹的堆垒才能形成导通的 FSS 图案,故绣花处的厚度会比较明显地高出织物平面,并造成织物整体不够平整。因此,需要选用较厚的织物作为基材,并需要选用短而密的针迹。图 8.34 为采用粗纺呢绒织物为基材、用镀银锦纶长丝刺绣得到的电脑刺绣织物 FSS,包括由镀银长丝堆砌成为导电圆环的贴片型 FSS,以及以导电长丝铺满织物、漏出非导电圆环的孔径型 FSS。

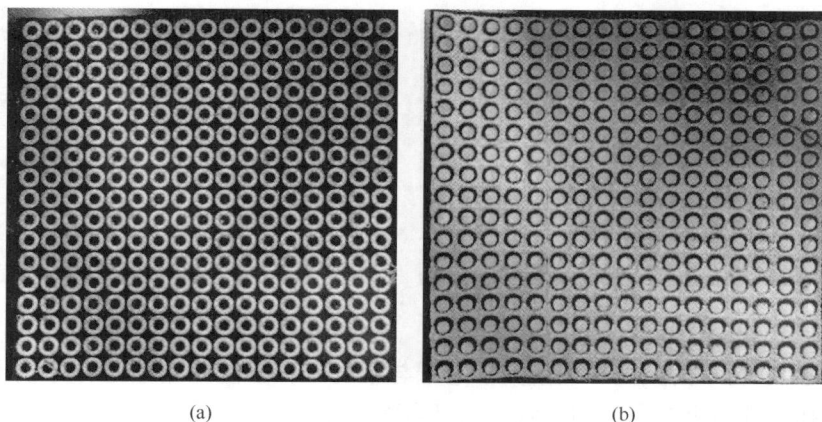

(a)　　　　　　　　　　　　　　　　　(b)

图 8.34　电脑刺绣织物 FSS
(a) 贴片型；(b) 孔径型

8.4.2　频率选择表面纺织材料图案整理

FSS 图案整理方法包括选择性化学镀、导电涂料丝网印花、烫金纸转移、激光雕刻、掩模法气相沉积金属元素、掩模法离子溅射、导电墨水喷墨打印，以及采用含导电粉体的热塑性材料进行 3D 打印制备平面或立体的 FSS 图案。

选择性化学镀的具体工艺可以千差万别，但按其基本流程，主要包括清洗、粗化、活化、施镀等工序，其中清洗工序是为了去除油污，提高加工液对织物的润湿性；粗化工序是为了增加所沉积的金属层与纤维的结合力；活化工序是为了诱导金属在有机高分子纤维上的化学沉积。按其基本原理，关键在于活化剂的图案化施加。织物作为非金属材料不具有活性，不能直接诱导金属的化学沉积，只有通过活化后才能沉积，而要实现选择性化学沉积，可以通过区域活化的方法，使经活化的区域可沉积金属，而未经活化的区域不能实现金属沉积。区域活化也有很多方法，可以采用印刷方法将活化剂按照 FSS 图案印制到织物表面，也可以在织物施加活化剂后按 FSS 图案对活化层进行钝化、遮挡甚至剥离，使活化剂不起作用，从而在织物表面出现不能沉积金属元素的区域。活化剂的种类也很多，包括离子钯、胶体钯等。为了兼顾金属层的导电性和耐久性，常采用首先化学镀铜，再在铜镀层的表面进行电镀镀镍，利用镍的抗氧化性来保护铜镀层。以胶体钯为活化剂，并采用选择性钝化，即按照 FSS 图案使活化剂失效的加工方法制得的织物选择镀 FSS[22]，如图 8.35 所示。

丝网印花 FSS 是在经碱减量处理的纯涤纶织物上，用片状银包铜粉和丙烯酸酯类黏合剂制成印花浆，用按照 FSS 图案制备的丝网印制而成的。片状银包铜粉的银包覆层占银包铜粉的质量比例约 4%，印花浆中银包铜粉的用量约 30%，涂层厚度约 $15\mu m$，可得到良好的导电图案。图 8.36 为制得的丝网印花织物 FSS 样品。

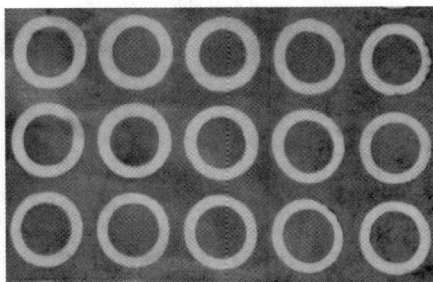

图 8.35　选择镀织物 FSS

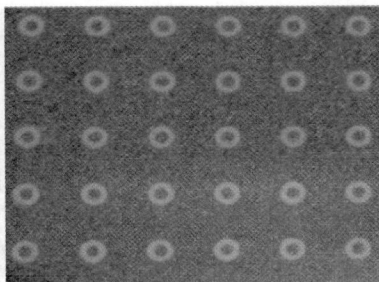

图 8.36　丝网印花织物 FSS

图 8.37 所示为英国拉夫堡大学电子与系统工程学院采用喷墨打印技术用导电银墨在涤棉布上打印得到的频率选择表面[23]。

气相沉积和离子溅射的方法均需要按照 FSS 图案的设计,先制备掩模,即按照 FSS 图案设计的薄膜覆盖于织物,再经气相沉积或离子溅射加工,在掩模的镂空处形成导电图案。这两种方法会因加工温度而对织物的材质提出专门的要求。

市场上有很多现成的薄片状导电层,如金属箔、带有保护膜和热塑性黏结层的金属箔等。采用激光刻蚀、电脑刻绘机切割等方法将金属箔,特别是带有黏结层的金属箔按照设计刻出图案,再通过压烫将金属箔图案黏结到织物,即可制成织物 FSS。图 8.38 所示为铝箔采用激光刻蚀方法制得的十字型 FSS。对于贴片型 FSS 及图案中存在分立部件的孔径型 FSS,在与织物复合时会难以定位,故只能适合于实验样品的制作。

28 mm

每个单元=40 mm

图 8.37　织物喷墨打印 FSS

图 8.38　铝箔经激光刻蚀制得的 FSS

市场上还存在两类含金属箔的材料。第一类现成的材料是织物本身已经复合好金属箔层,故可按照 FSS 图案的轮廓用激光进行雕刻,将金属箔按周边实施分离,再将多余的金属箔分离,即得到织物 FSS,且不论是贴片型还是孔径型均有效。但在金属箔与织物黏结牢固时剥落较难顺利进行。第二类现成的材料是烫金纸,即在表面敷有防氧化保护膜、底层预置热熔黏结层的金属箔。将热熔黏结层与织物密贴,并用一个凸版加热花辊加热并施压,使凸版花纹对应的黏结层熔融并黏结到织物上,而花辊的凹陷部分因没有压力和高温,未实施黏结。此后再将未黏结部分撕去,即在织物上留下与花辊凸起部分相同的导电图案。故只要按照 FSS 图案设计制备花辊,即可进行工业化的织物 FSS 加工。还有一种烫金纸不带底胶,故有另一种烫金机可以在复合时边施加底胶边进行热合。

8.5　频率选择表面纺织材料的应用

8.5.1　频率选择表面纺织材料在雷达吸波材料上的应用

21 世纪是信息爆炸的时代,各种信息设备越来越多地应用于民用与军事领域。信息设备之间电磁传输与电磁兼容、精密仪器抗电磁干扰、人体防电磁辐射以及雷达精确远距离探测、武器装备隐身设计等均要求对电磁信号实现传输控制。为满足上述需求,电磁屏蔽材料、电磁吸波材料、电磁滤波材料等成为研究的热点。其中,电磁吸波材料因在电磁噪声抑制和雷达散射截面(radar cross section,RCS)缩减方面的重要应用而备受关注。因此,无论在军事技术领域还是国民经济领域,高性能吸波材料的研究和开发都具有重大的意义。

对于高性能吸波材料的研究,除了以强吸收为主要目标外,同时还需向具有吸收频带宽、质量轻、厚度薄、物理机械性能好、使用简便等特点的理想吸波材料方向发展。传统涂覆型吸波材料的研究发展很快,但是面临吸波频带窄、低频吸收强度弱的设计瓶颈。基于 FSS 体系的吸波材料以结构新颖、组成简单、性能优良等特性成为未来吸波材料发展的必然趋势,是实现宽频吸波结构的理想选择。

FSS 的传统制备方法包括丝网印刷、激光刻蚀、电子束曝光等。目前,印刷电路技术仍然是 FSS 的主要制备方法,其制备的吸波材料比重较大、刚性大,而轻质柔性的电磁吸波材料一直是人们的追求。于是,采用纺织工艺制备 FSS 给它赋予了新的功能,这种基于织物的 FSS 吸波结构能够直接集成到帐篷、服装、装饰制品等各种军用纺织品上,实现可移动军事设施的电磁屏蔽与防护、军事伪装与隐身等多种功能,具有便携性、免保养、低成本等优势。

下面将列举 2 个实际设计实例。

8.5.1.1　多层频率选择表面纺织材料-介质复合结构吸波材料的设计[24]

选用两种吸波材料 RX 和 RXJ4,电磁参数曲线分别如图 8.39 和图 8.40 所示。

选取频率选择表面纺织材料的结构单元为带通型圆环单元,如图 8.35 所示。则由两层介质和一层频率选择表面纺织材料构成的复合吸波结构组成如图 8.41 所示。

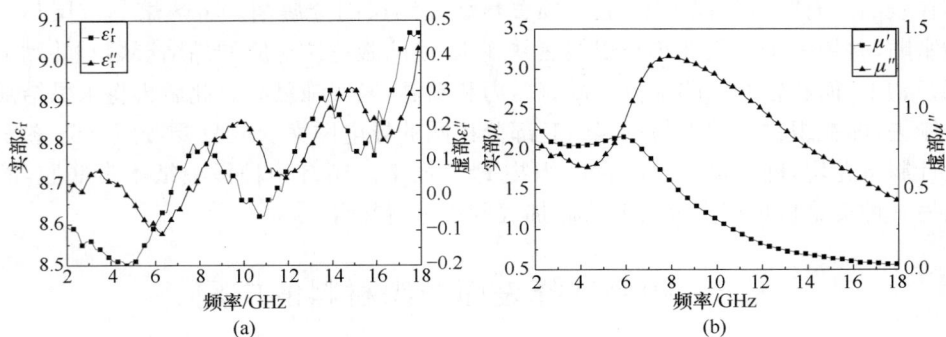

图 8.39　RX 电磁参数

(a)相对介电常数；(b)相对磁导率

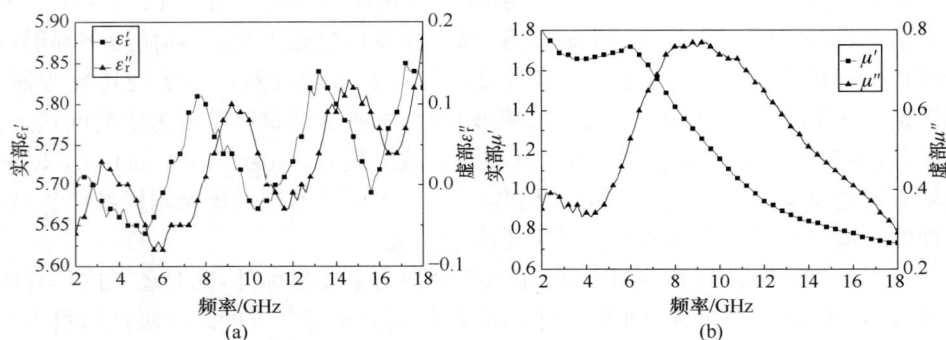

图 8.40　RXJ4 电磁参数

(a)相对介电常数；(b)相对磁导率

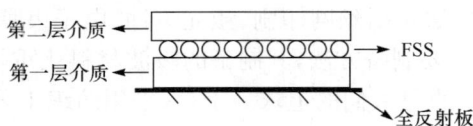

图 8.41　频率选择表面纺织材料复合结构图

　　采用式(8.15)分层计算复合吸波结构的等效导纳，由式(8.24)可得自由空间中 FSS 的等效导纳，根据图 8.33 中双层吸波结构的阻抗匹配模型经过差分进化算法优化可得当圆环单元的平均半径为 8 mm，单元周期为 10 mm，第一层介质选用 RX，第二层介质选用 RXJ4，每层材料厚度都为 2 mm 时，复合结构的反射系数如图 8.42 中—▲—所示，采用弓形法对复合结构进行测试，吸波效果如图 8.42 中——所示。由式(8.15)可得加入 FSS 前复合结构的反射系数如图 8.42 中—■—所示。

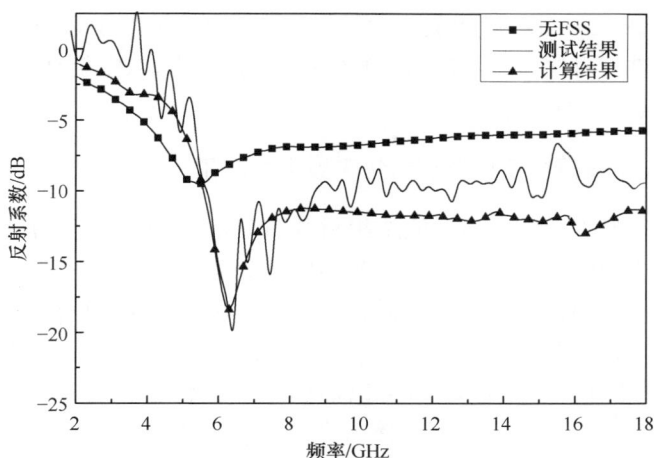

图 8.42　频率选择表面纺织材料对吸波材料反射系数的影响

由图 8.42 可知,加入 FSS 后,在 6 GHz 至 18 GHz 频段范围内,反射系数有了明显降低,最低达到−18.4 dB;带宽也明显拓宽,−10 dB 的带宽变为 12 GHz。从图中还可以看到,加入 FSS 后,谐振频率向高频偏移,由原来的 5.8 GHz 变为 6.3 GHz。解析计算结果和测试结果基本吻合,进一步验证了含 FSS 的多层复合结构等效电路计算方法的正确性。总之,FSS 的加入不但提高了吸波强度,而且增大了吸波带宽,为 FSS 在吸波材料中的应用奠定了基础。

8.5.1.2　超薄、超宽频段多频谱伪装立体频率选择表面织物仿真设计[25]

利用立体双螺旋结构单元实现了 10～20 GHz 范围内高于−5 dB 的吸波效果,该材料厚度仅为 3 mm。图 8.43(a)为双螺旋立体周期结构单元,该双螺旋结

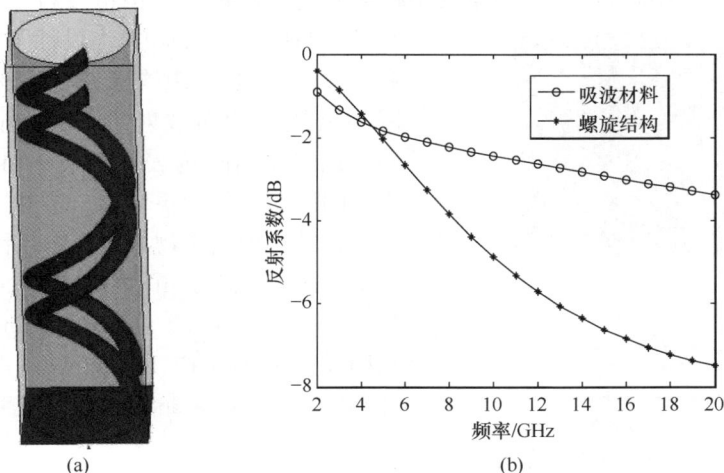

图 8.43　(a)双螺旋立体结构织物单元结构;(b)双螺旋立体结构织物的反射率

构吸波材料在 2～20 GHz 频段的吸波效果如图 8.43(b)所示,通过与相同厚度的同种实心材料进行对比可以看出,在较宽的频段范围内,双螺旋结构材料的吸波效果优于同种实心材料的吸波效果。

8.5.2　频率选择表面纺织材料在织物天线上的应用

　　近年来最有代表性的电磁功能纺织材料就是电子织物天线的设计,该织物天线能够直接集成到服装上。这种新型智能电子织物能够实现定位、无线监控和紧急个人无线系统,同时具有免保养、低成本、低功耗的优势。美国国家航空航天局设计了可穿戴织物天线阵列,如图 8.44 所示。该宽带多天线系统支持多种无线通信协议,覆盖率超过多数弧度球体,可以加载在宇航舱外活动服上,成为未来月球或火星栖息地 802.11,802.16 无线接入点[26]。英国拉夫堡电子系统工程学院和诺丁汉特伦特大学先进纺织物研究小组的研究人员开发出一款可以绣在衣服上的原型天线。据称该天线是完全灵活、轻便、防水的,已确定将用于军事和应急服务的即时应用。该设备可以作为体积大、笨重和不易断裂的单极天线可行的替代物[27]。

图 8.44　舱外活动服阵列织物天线
左:天线单元;右:天线阵列位置

英国谢菲尔德大学电子与电气工程学院在电磁带隙结构毡材料基板(介电为 1.38,损耗角正切 0.02)上设计了 2.45 GHz 和 5 GHz 双波段织物天线[28],该基板可以减小天线的背向散射,同时提高天线的增益。该织物高阻抗表面具有柔性轻质的特点,比强度高,使用灵活。

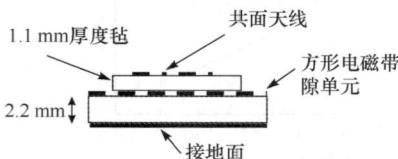

图 8.45　基于电磁带隙基板的双波段共面天线

　　该结构天线实物如图 8.45 所示,天线尺寸 55 mm × 55 mm,内片尺寸 21 mm × 17 mm,外环尺寸 32 mm×28 mm,电磁带隙结构尺寸 120 mm×120 mm,3×3 每个单元外环尺寸 36 mm×36 mm,内环尺寸 17 mm× 17 mm。

　　图 8.46 为基于电磁带隙基板的双波段

共面天线的方向图,从图中可以看出,没有电磁带隙结构背板的共面偶极子天线具有全向辐射特性,当将其嵌入到织物中将对人体产生辐射作用。而当电磁带隙结构放在天线的背面时将使天线的背向辐射降低 12 dB,同时使天线增益提高 3 dB。由此可见,电磁带隙结构基板的使用可以减小织物天线的背向散射,同时提高织物天线的增益。

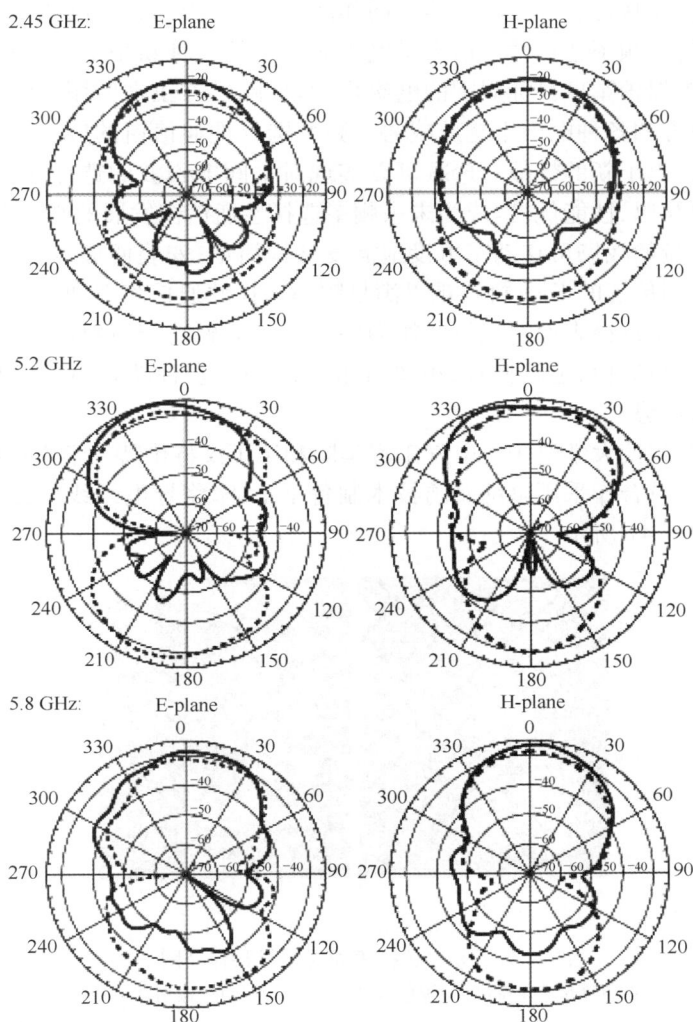

图 8.46 天线不同频点的 E 面和 H 面方向图
虚线:天线;实线:天线与电磁带隙复合结构

8.5.3　频率选择表面纺织材料在频率选择性通信窗上的应用

信息化战争条件下,专门用于电子对抗的飞机、舰艇、卫星,以及用来摧毁雷达等装置的反辐射导弹相继出现,使电子对抗的地位和作用日益提高。能否夺取电磁频谱的控制权,即"制电磁权",往往在第一时间决定了交战双方力量角逐的演变形势。尤其在多兵种、大纵深、立体协同作战情况下,协同各方的通信流畅性是克敌制胜的关键。频率选择性通信窗是电子对抗中的一种新型电磁防护武器,其作用在于改变被保护军事目标周围的电磁环境,保障己方正常使用战时通信信道的同时,屏蔽对方的各种电磁干扰及威胁。频率选择性通信窗的应用需求对传统电磁屏蔽手段提出了新的挑战。FSS 可以实现对空间电磁波的选择性控制,其以结构新颖、组成简单、性能优良,成为未来频率选择性通信窗发展的必然选择。

然而,大量的战场可移动军事设施需要结构简单、安装便捷、响应迅速的电磁防护装备,采用传统的 FSS 材料难以满足频率选择性通信窗对便携性和灵活性的特殊要求。频率选择表面纺织材料作为一种新型电磁功能材料,可以实现可移动军事设施的无线通信、远程监控、电磁屏蔽与防护等多种功能,具有便携性、免保养、低成本等优势。

英国谢菲尔德大学电子与电气工程学院和诺丁汉特伦特大学先进纺织物研究小组的研究人员合作采用电脑刺绣技术制备了 FSS,将导电纱线直接绣在非导电织物上,如图 8.47 所示[29]。

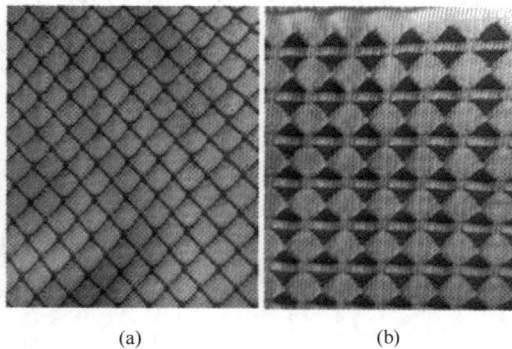

(a)　　　　　　　　　　(b)

图 8.47　频率选择表面纺织材料样品图片
白色区域为聚酯纱线;深色区域为导电纱线。(a)栅格;(b)片状

经过测试表明,该频率选择表面纺织材料具有典型的滤波效果,图 8.47(a)中的感性栅格单元在垂直入射电磁波的激励下表现出低通高阻的滤波效果,如图 8.48(a)所示;图 8.47(b)中的容性片状单元在垂直入射电磁波的激励下表现出高通低阻的滤波效果,如图 8.48(b)所示。该频率选择表面纺织材料具有柔性轻

质的特点,比强度高,使用灵活,具备美观和实用的特点。

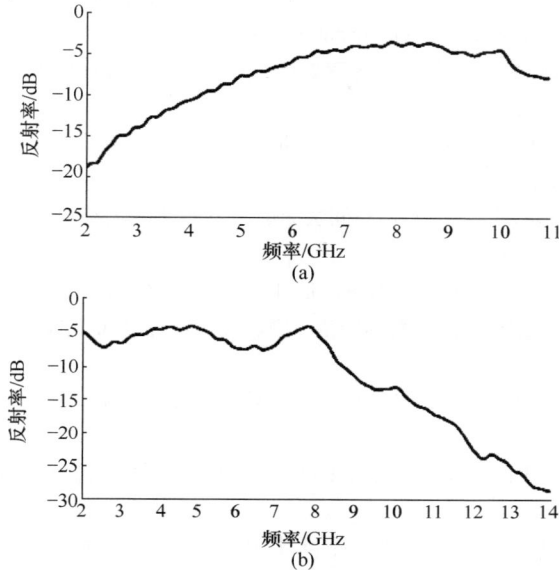

图 8.48　频率选择表面纺织材料垂直入射反射率测试结果
(a)栅格;(b)片状

参 考 文 献

[1] Munk B A. Frequency selective surface: theory and design[M]. New York: Wiley, 2000:1-53.

[2] Wu T K. Frequency selective surface and grid arrays[M]. New York: Wiley, 1995.

[3] Munk B A. Finite antenna arrays and FSS[M]. New York: Wiley, 2003:1-13.

[4] 侯新宇. 复杂介质加载频率选择表面研究及其在雷达罩中的应用[D]. 西安:西北工业大学博士论文,1998.

[5] 邢丽英. 含电路模拟结构吸波复合材料研究[D]. 北京:北京航空航天大学博士论文,2003.

[6] Lu Z H, Liu P G, Huang X J. A novel three-dimensional frequency selective structure[J]. IEEE Antennas and Wireless Propagation Letters, 2012, 11: 588-591.

[7] 侯新宇,张澎,卢俊,等. 一种双曲率雷达罩的频率选择表面分片设计[J]. 弹箭与制导学报,2006, 26(1): 123-125.

[8] 李小秋,高劲松,赵晶丽,等. 一种适用于雷达罩的频率选择表面新单元研究[J]. 物理学报,2008, 57(6): 3803-3806.

[9] 吴禄军. 周期性结构单元的结构及物理参数对频响特性的影响[D]. 北京:北京工业大学硕士论文,2013.

[10] Marcuvitz N. Waveguide Handbook[M]. New York: The Institution of Electrical Engi-

neers Publication，1985：280-285.

［11］Antonio L P，Siqueira C. A Comparison Between the Equivalent Circuit Model and Moment Method to Analyze FSS［C］. International Microwave & Optoelectronics Conference，2009.

［12］崔尧，侯新宇，唐成凯. 等效电路在双方环回路 FSS 特性分析中的应用［J］. 弹箭与制导学报，2006，26(2)：322-324.

［13］卢子炎，唐宗熙，张彪. 用自由空间法测量材料复介电常数的研究［J］. 航空材料学报，2006，26(2)：62-66.

［14］裴志斌，顾超，屈绍波，等. 自由空间法测试超材料的电磁参数［J］. 空军工程大学学报：自然科学版，2008，9(5)：86-90.

［15］徐德忠，翟宏. 微波吸收材料发射率测量［J］. 宇航计测技术，2001，21(5)：1-2.

［16］何燕飞. 复合多层结构吸波材料的制备与吸波性能研究［D］. 武汉：华中科技大学博士学位论文，2007.

［17］王鲜. 片状合金磁粉吸收剂制备与电磁性能研究［D］. 武汉：华中科技大学博士学位论文，2007.

［18］徐欣欣. 频率选择表面吸波特性的直接图解法分析与优化设计［D］. 武汉：华中科技大学博士学位论文，2013.

［19］康青. 新型微波吸收材料［M］. 北京：科学出版社，2006：291-304.

［20］Berral R R，Medina F，Mesa F，et al. Quasi-analytical modeling of transmission reflection in strip/slit gratings loaded with dielectric slabs［J］. IEEE Transactions on Microwave Theory and Techniques，2012，60(3)：405-418.

［21］张耀锋. 频率选择表面分析与优化设计［D］. 西安：西北工业大学硕士论文，2003.

［22］李传友. 织物图案金属化的研究［D］. 北京：北京工业大学硕士论文，2011.

［23］Whittow W G，Li Y，Torah R，et al. Printed frequency selective surfaces on textiles［J］. Electronics Letters，2014，50(13)：916-917.

［24］郑晓静. 低 RCS 多层频率选择表面复合结构的研究［D］. 北京：北京工业大学硕士论文，2013.

［25］韩井玉. 周期结构人工电磁媒质频响特性的理论研究及优化设计［D］. 北京：北京工业大学硕士论文，2011.

［26］Timothy F K，Patrick W F，Andrew W C，et al. Body-worn E-textile antennas：The good，the low-mass，and the conformal［J］. IEEE Transactions on Antennas and Propagation，2009，57(4)：910-918.

［27］Rob S，Shiyu Z，et al. Effect of the fabrication parameters on the performance of embroidered antennas［J］. IET microwaves Antennas & Propagation，2013，7(14)：1174-1181.

［28］Shaozhen Z，Richard L. Dual-band wearable textile antennaon an EBG substrate［J］. IEEE Transactions on Antennasand Propagation，2009，57(4)：926-935.

［29］Tennant A，Hurley W，Dias T. Experimental knitted，textile frequency selective surfaces［J］. Electronics Letters，2012，48(22)：1-2.

第9章 电磁辐射防护服屏蔽效能测量

9.1 电磁辐射防护服研究背景

9.1.1 电磁辐射管理的基本思路

随着科学技术的不断发展,电磁技术已广泛应用于国民经济的各个部门。它的应用为人类创造了巨大的物质文明和精神文明,但同时也把人们带进一个充满人造电磁辐射的环境里。电磁辐射已经成为全球继大气污染、水污染、固体废弃物和噪声污染之后的第五大污染源,对人类健康造成潜在的威胁和危害。

除了因太阳风暴、雷电、火山喷发等原因产生的自然电磁辐射外,环境电磁污染主要源于人为产生的各类电磁辐射或环境电磁场,包括雷达、广播电视发射设备、通信基站、工业感应设备、医疗仪器、科研设备、高压电力设施、交通工具以及各种家用电器和电子设备等。依据场源的频率特性,电磁场可分为工频电磁场、射频电磁波及微波。

电磁污染产生的影响主要涉及两方面内容:对生物体的影响,即人们所说的电磁生物效应;对电子设备的影响,即电磁兼容性。本书主要分析和讨论与电磁生物效应有关的电磁辐射防护问题。

电磁生物效应包括热效应、非热效应和累积效应三个方面。热效应是指生物器官受电磁波辐照导致升温而造成的损伤,这种损伤是国际学者所公认的;非热效应是指生物组织、器官在外界电磁场的作用下出现功能性失调,甚至器质性病变,这种损伤被一部分研究人员(如欧洲)所认可,而有的学者(如美国研究者)认为非热效应对人体不至于造成损伤,正因为如此,欧、美分别制定的人体电磁曝露限值标准曾经相差1000倍;累积效应是指虽然人体所处环境的电磁场强度低于曝露限值,但长时间受到辐射也会因辐射效果的日积月累而导致损伤。

针对电磁辐射的不利影响,政府部门采取了如下管理措施来保证公众或职业电磁辐射安全,加强电磁辐射管理。

(1)环保部门对环境电磁场进行宏观管理,制定电磁辐射环境标准,监督工程建设项目的电磁污染排放。

(2)工业部门对涉及电磁辐射的工业产品实施3C认证制度,所谓3C认证,就是中国强制性产品认证制度,英文名称China Compulsory Certification,英文缩写CCC。3C认证制度是中国政府为保护消费者人身安全和国家安全、加强产品质量管理、依照法律法规实施的一种产品合格评定制度。通过发放"CCC+EMC 电磁兼容类认证标志"来控制管理工业产品的电磁兼容性技术指标。

（3）卫生部门及科技部门开展电磁生物效应的基础性研究，通过大量的研究成果及大规模的统计学分析，制定电磁辐射人体曝露标准限值，为相关部门或行业提供电磁辐射监管的理论依据。

9.1.2　我国电磁辐射防护标准回顾

电磁辐射曝露限值是确定环境是否存在辐射危害，是否需要采用防护措施的基本判据。自 1988 年以来，先后由国家卫生部、原国家环保总局和原电子部起草制定过 6 个相关标准，分别为：

（1）GB 9175-1988 环境电磁波卫生标准；

（2）GB 10436-1989 作业场所微波辐射卫生标准；

（3）GB 10437-1989 作业场所超高频辐射卫生标准；

（4）GB 16203-1996 作业场所工频电场卫生标准；

（5）GB 8702-1988 电场辐射防护规定；

（6）GB 12638-1990 微波和超短波通信设备辐射安全要求。

2001 年 3 月信息产业部、卫生部、国家环保总局、国家广电总局、国家电力公司（代表原国家电力部）、国家质量监督检验检疫总局组织专家成立专门的委员会，试图对上述 6 个标准进行归并，并统一成一个国家标准，以体现"曝露限值"的先进概念。2001 年 12 月形成《电磁辐射曝露限值和测量方法》征求意见稿。

为贯彻《中华人民共和国环境保护法》，保护环境，保障人体健康，防治电磁污染，国家环境保护部于 2014 年 9 月 29 日印发了关于发布国家环境质量标准《电磁环境控制限值》的第 63 号文件，批准《电磁环境控制限值》为国家环境质量标准，并由国家环保部与国家质量监督检验检疫总局联合发布。该标准具有强制执行的效力，规定自 2015 年 1 月 1 日起在全国实施。

新的国家标准《电磁环境控制限值》（GB 8702—2014）是对《电磁辐射防护规定》（GB 8702-1988）和《环境电磁波卫生标准》（GB 9175-1988）进行的整合修订，新标准参考了国际非电离辐射防护委员会（ICNIRP）《限制时变电场、磁场和电磁场（300 GHz 及以下）曝露导则，1998》，以及电气与电子工程师学会（IEEE）《关于人体曝露到 0～3 kHz 电磁场安全水平的 IEEE 标准》，并考虑了我国电磁环境保护工作实践。

公告同时指明，在满足新标准限值的前提下，鼓励产生电场、磁场、电磁场设施（设备）的所有者遵循预防原则，积极采取有效措施，降低公众曝露。标准中规定了电磁环境中控制公众曝露的电场、磁场、电磁场（1 Hz～300 GHz）的场量限值、评价方法和相关设施（设备）的豁免范围。

中国军方 1984 年以来先后制定过 7 个相关标准,分别为:

(1) GJB 7-1984 微波辐射安全限值;

(2) GJB 475-1988 微波辐射生活区安全限值;

(3) GJB 476-1988 生活区微波辐射测量方法;

(4) GJB 1001-1990 作业区超短波辐射测量方法;

(5) GJB 1002-1990 超短波作业区安全限值;

(6) GJB 2420-1995 超短波辐射生活区安全限值及测量方法;

(7) GJB 3861-1999 短波辐射曝露限值及测量方法。

上述 7 项标准的制定和实施曾发挥了一定的作用,但随后也暴露出管理分散、执行不便等具体问题。为此,我国军方于 2004 年将上述 7 项标准统一为 GJB 5313—2004《电磁辐射曝露限值和测量方法》。

9.1.3　电磁辐射防护服的国内外标准情况

国外出现过两个有关电磁辐射防护服的标准:MIL-C-82296B—1984《微波辐射防护连体工作服》和 DIN 32780-100 2002《防护服　第 100 部分　频率范围为 80 MHz 至 1 GHz 的电磁场防护要求和试验方法》。

MIL-C-82296 微波辐射防护连体工作服标准曾有过 1976 年版和 1984 年版两个版本,但是,1997 年 4 月 24 日 MIL-C-82296 标准最终废止。

DIN 32780-100 2002《防护服　第 100 部分　频率范围为 80 MHz 至 1 GHz 的电磁场防护要求和试验方法》的主要特征为:

(1) 防护频率范围为 80 MHz~1 GHz;

(2) 可在 10 倍于曝露限值的电磁场中使用;

(3) 可通过比吸收率 SAR(W/kg)、电场强度(V/m)或磁场强度(A/m)的测量来检验防护服的屏蔽效能。

显然,现行有效的 DIN 32780-100 2002 标准由于其适用频率太窄而无法满足当前电磁防护的要求,需要根据我国的实际情况,制定我国自己的电磁辐射防护服标准。新的标准应该覆盖公众日常生活以及工业生产过程中所能够涉及的电磁污染的所有频率范围。

特别是,在现代军事领域,电子对抗是一项重要的高科技军事技术,如何在复杂电磁环境、高曝露电磁场强情况下保障士兵的电磁辐射安全是世界各国普遍关注的课题。

针对上述问题,施楣梧教授、王群教授等研究人员,在国内率先开展了有关电磁辐射防护服标准的基础性研究工作。经过多年努力,研究组编制出电磁辐射防护服标准《防护服　微波辐射防护服》(GB/T 23464—2009),该标准于 2009 年颁布。

9.1.4　电磁辐射防护服标准的技术要素

9.1.4.1　电磁辐射曝露限值的选用

图 9.1 列出了国内各电磁标准所规定的曝露限值的对比情况。为了便于比较,均采用电场强度作为曝露限值的评价指标。同时,图 9.2 给出了 GB 8702—2014 标准的电场强度曝露限值。

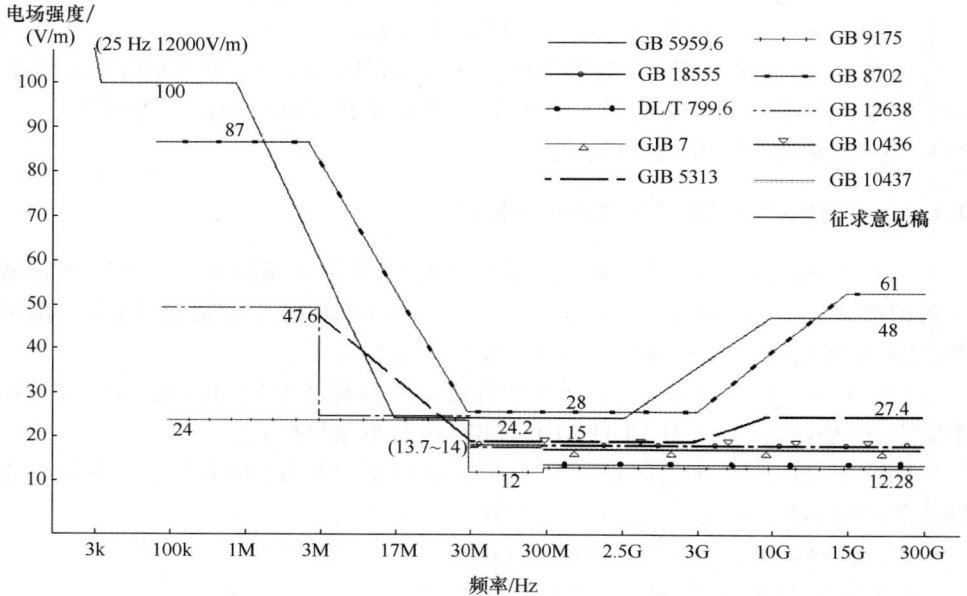

图 9.1　国内各典型电磁标准的曝露限值对比

图 9.1 可以看出,各种标准的曝露限值均表现为在频率轴上"两头高、中间低"的曲线走向,即对于大约在 30 MHz 以下频率和 10 GHz 以上的电磁波,标准中规定的曝露限值相对较大,而对 30 MHz～10 GHz 范围内的电磁波,标准中规定的曝露限值较为严格。因此,在 30 MHz～10 GHz 频率范围成为较为敏感的频段,在实施电磁辐射防护技术措施中需要重点考虑。

图 9.2 给出的是电场强度公众曝露限值。比较《电磁环境控制限值》(GB 8702—2014)标准和《电磁辐射防护规定》(GB 8702-1988),不难发现,新标准中未对职业曝露限值进行规定,而《电磁辐射防护规定》(GB 8702-1988)已经废止。因此,为制定电磁辐射防护服标准,就需要确定一个能够同时适用于公众曝露和职业曝露的"上位标准",以其曝露限值作为标准制定的基本依据。

通过比较,作者认为 GJB 5313—2004《电磁辐射曝露限值和测量方法》标准是

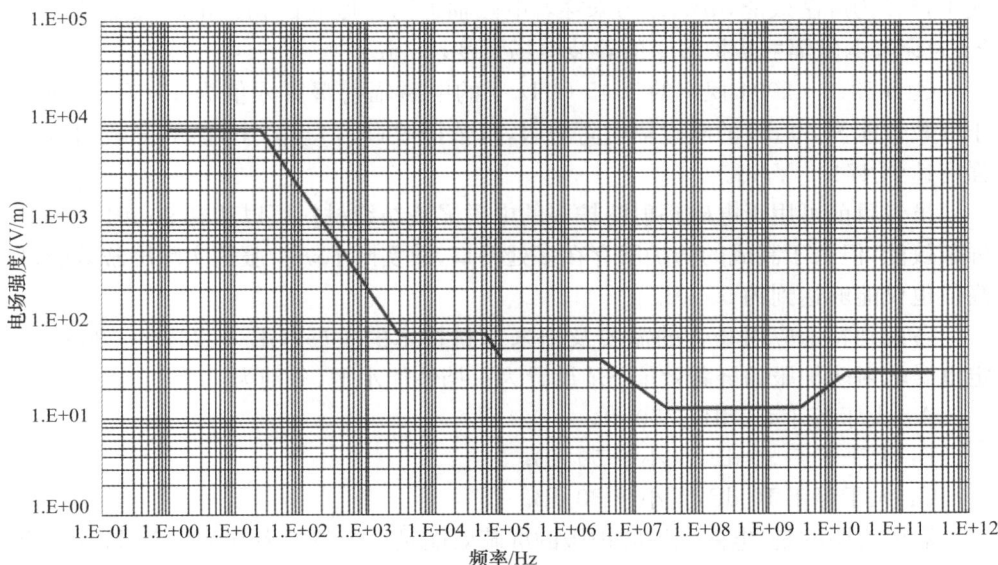

图 9.2　GB 8702-2014 标准中规定的公众曝露电场强度控制限值与频率关系

比较先进和宽严适度的,可作为制订电磁辐射防护服的"上位标准"。以此为据,对电磁辐射防护服的屏蔽效能进行合理的评价,最终达到对公众及职业曝露人员的电磁辐射防护的目的。

9.1.4.2　电磁辐射防护服的适用频率范围

电磁污染源的种类有很多,有高压输变电工程产生的工频电磁场;在 10~300 kHz 范围,有高压直流输电高次谐波、交流输电及电气铁路高次谐波造成的高频电磁波;在 30 kHz~300 MHz 范围,有广播电视发射天线产生的无线电波;在 300 MHz~100 GHz,有移动通信设备、雷达、卫星通信等设施辐射的微波。

可以看出,在公众日常生活以及工业生产过程中,环境电磁场污染源的频率范围非常宽,几乎涵盖了所有频段。《防护服 微波辐射防护服》(GB/T 23464—2009)标准在充分考虑到电磁辐射防护的实际需要以及当前电磁辐射防护服的有效工作频段两方面因素,规定了其覆盖的频率范围是 300 MHz~300 GHz。

9.1.4.3　电磁辐射防护服的电磁屏蔽效能等级设置

电磁辐射防护服功能以屏蔽效能 SE 来表示,定义为:在相同电磁环境和同一测量位置点的条件下,人体模型上某部位未穿着电磁辐射防护服时的电场强度 E_0 与穿着电磁辐射防护服后的电场强度 E_1 之比,并以对数表示,如下式

$$SE = 20 \lg \frac{E_0}{E_1} \tag{9.1}$$

式中，SE 为屏蔽效能，dB；E_0 为未穿着电磁辐射防护服时的初始电场强度，V/m；E_1 为穿着电磁辐射防护服时的着装电场强度，V/m。

GJB 5313—2004 规定的 2.45 GHz 下的电磁辐射曝露限值为 15 V/m，则对于屏蔽效能为 30 dB 的电磁辐射防护服，可依照式（9.1）计算出，能够屏蔽的电场强度达到 474.3 V/m。

虽然目前可用于电磁辐射防护服的电磁屏蔽纺织材料可以达到 90 dB 左右的屏蔽效能，但由于制成的防护服存在多处开口，故实际上防护服的实际屏蔽效能最高值也仅能够达到约 50 dB。

考虑到特殊应用场合的需要及未来材料技术的发展，GB/T 23464—2009 规定电磁辐射防护服的屏蔽效能 SE 设置为三挡性能水平，分别为：

A：大于等于 50 dB，≥50 dB；

B：大于等于 30 dB，且小于 50 dB；

C：大于等于 10 dB，且小于 30 dB。

需要说明的是，电磁辐射防护服的屏蔽效能是一个与频率有关的变量，其对应变化关系是由电磁屏蔽纺织材料的屏蔽效能的频谱特性所决定。正因如此，需要用一个或几个参考频点下的屏蔽效能值作为描述防护服性能的标称值。在《防护服 微波辐射防护服》（GB/T 23464—2009）标准中作如下规定：

（1）在防护服的适用频率范围内，取首、尾频点和 915 MHz、2.45 GHz 这四个频点作为必测频点；

（2）规定不同频段范围内的测量点数，如表 9.1 所示，同时要求在整个适用频率范围内，根据对数坐标等间距原则选定各个测量频点；

（3）有特定频率用途的防护服，还应增加在该使用频率下的屏蔽效能的测量。

表 9.1　屏蔽效能的各频段测量点数要求

频率范围/GHz	应测频点个数（含首、尾频点）
0.3～1	≥4
1～10	≥6
10～40	≥8
40～100	≥8
100～300	≥10

9.1.4.4　电磁辐射防护服的结构

电磁辐射防护服的结构对防护服的屏蔽效能有很大的影响。由于常规款式的服装在其开口处会泄漏电磁波，故成衣的防护效果与面料相比会下降很多。对于复杂电磁环境下使用的电磁辐射防护服,其屏蔽效能至少要达到 30 dB 左右,这就需要防护服尽可能采用全身密闭、带帽罩、手套、鞋子的结构形式;对于场强较低的作业环境,可以采用无帽、分体式结构,甚至只在人体敏感器官局部使用电磁屏蔽面料,以兼顾防护性和穿着舒适性及工效学的综合性能的要求。

此外,为了减少电磁波从服装开口处进入防护服内部,在不影响穿着舒适性的前提下,应尽可能选用尺寸合体的服装,适度紧身,并将领口、袖口、裤脚口及上衣下摆适度收紧;对于相邻部位的屏蔽层,应设置好电连接,以保证屏蔽效果,如图 9.3 所示。

图 9.3 　防护服穿着效果

9.2 　电磁辐射防护服屏蔽效能测量系统

9.2.1 　测量系统总体说明

9.2.1.1 　系统基本架构

1. 工作频率范围

按照 GB/T 23464—2009 标准,电磁辐射防护服电磁屏蔽效能测试装置应该具有覆盖 300 MHz~300 GHz 的整个频段的 SE 测试能力。然而,在确定防护服测量系统的实际工作频率范围时还应考虑以下一些因素:

(1) 现实工作和生活中,公众很少能够接触到 18 GHz 以上频率的电磁波;

(2) 电磁辐射场强分布呈指数衰减规律,即随着与辐射源距离的增加,环境电磁场强度迅速降低。因此,即使职业人员有机会接触到高频率的微波环境,他们一般都能够通过空间隔离的方法进行较好的自我防护。

基于上述原因,课题组将测量系统的频率范围确定为 300 MHz~18 GHz。

2. 测量系统的天线布置

根据 GB/T 23464—2009 的规定,人体模型内的场强天线,应分别在头部(齐眼高)、胸部(齐乳高)和下腹部(脐与会阴的中点)3 个部位进行测量,因此,需要在测量系统的人体模型上,对应上述规定的 3 个部位分别安装测量天线。

测量系统的收发天线的选择需要考虑系统工作频段和人体模型内的天线安装空间两方面因素,首先,在 300 MHz~18 GHz 频率范围内不能用一副天线来覆盖整个工作频段,必须分频段设置、分频段测量;其次,在人体模型内的狭窄空间中布设多个天线有一定的困难。因此,在研制测量系统时,课题组将低频天线和高频天线分别安装在两个同样的人体模型中,在实际测量时,通过电子开关在高低频段内进行自动切换。

3. 系统软件

系统软件的主要功能是对不同频率、不同测点位置下所获得的初始场强 E_0 和着装场强 E_1 测量信号进行自动数据采集、存储和运算,并最终完成测量报告。

4. 测量环境

为提高电磁辐射防护服电磁屏蔽效能测量系统的测试精度,避免环境电磁场对测量结果的干扰,可采用以下测量环境:开阔场、全电波暗室、半电波暗室、加载吸波内衬的屏蔽室。

9.2.1.2　测量系统构成

防护服屏蔽效能测量系统由以下 6 部分构成:

(1) 信号发生源;

(2) 信号接收机;

(3) 系统控制软件;

(4) 电子开关;

(5) 收发天线;

(6) 人体模型。

研制的测量系统是由"信号源+频谱仪"配合多对收发天线组成。发射天线被置于远离人体模型的一端,但需要和信号源尽可能靠近,以减少发射信号的馈电损耗;接收天线置于人体模型内,频谱仪靠近人体模型放置,以减少接收信号的馈电损耗。

安装接收天线与发射天线时,应该使两种天线保持同极化方式。

由于信号源和频谱仪两台仪器距离较远,需要采用网线将信号源与计算机、频谱仪与计算机进行连接。系统连接框图如图 9.4、图 9.5 所示。

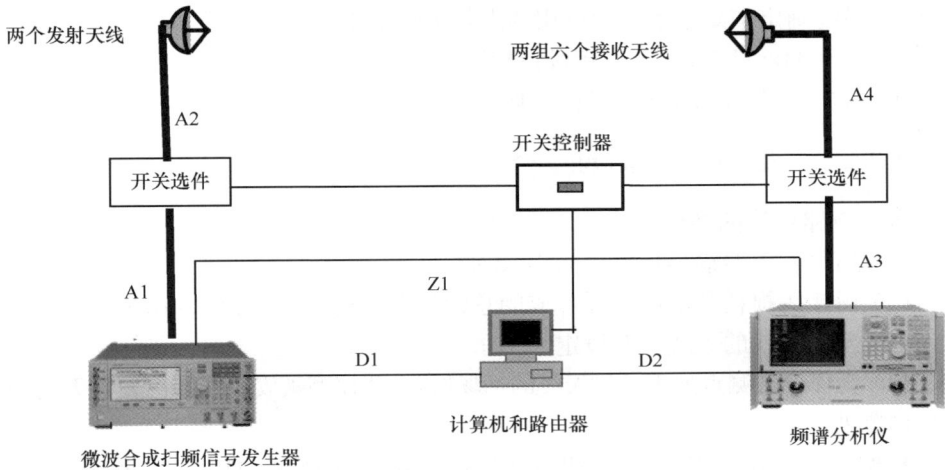

图 9.4　电磁辐射防护服测量系统连接框图

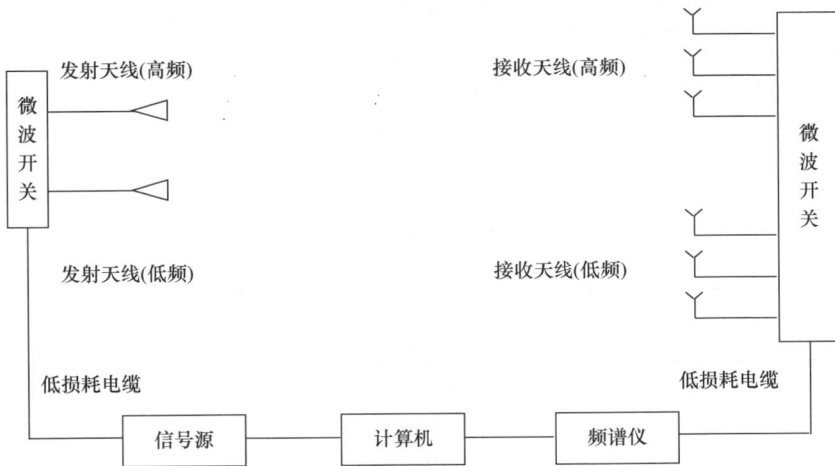

图 9.5　系统连接示意图

9.2.2 测量系统的发射天线

9.2.2.1 发射天线的选定

如前所述,测量系统的频率范围是 300 MHz～18 GHz,如此宽的频段一般至少需要两副天线来进行频率覆盖。参考许多天线生产厂商所提供的各种天线的性能指标,最终确定本测量系统所选用的发射天线如下:

- 300 MHz～1 GHz 工作频段:对数周期天线;
- 1～18 GHz 工作频段:双脊喇叭天线。

9.2.2.2 发射损耗链路估算

进行链路估算的参数如下:

(1) 信号发生器输出功率设为 10 dBm;

(2) 由接头损耗和电缆损耗形成的总的馈电损耗一般约为−3 dB;

(3) 发射天线的天线增益设定为 10;

(4) 为保证被测点处于发射天线的远场区,人体模型被安置在距离发射天线8 m 远的位置处。

根据以上参数,可以估算出测量系统的发射损耗情况,如表 9.2 和表 9.3 所示。表中,取 1 GHz 和 18 GHz 作为两个估算参考频点。

表 9.2 测量系统在 1 GHz 频点处的发射损耗链路估算表

序号	参数项目	电平值
1	合成源输出功率	10 dBm
2	2.5 m 低损耗电缆损耗	−3 dB
3	发射天线增益	10 dB
4	空间衰减($R=8$ m,$\lambda=300$ mm)	−50.5 dB
5	收发未对准等不可预见损耗	−3 dB
6	累计	−36.5 dBm

表 9.3 18 GHz 测量系统链路估算表

序号	参数项目	电平值
1	合成源输出功率	10 dBm
2	2.5 m 低损耗电缆损耗	−4 dB
3	发射天线增益	10 dB
4	空间衰减($R=8$ m,$\lambda=15$ mm)	−76.5 dB
5	收发未对准等不可预见损耗	−3 dB
6	累计	−63.5 dBm

以上估算可以看出,发射信号由信号源输出后,经馈电电缆传送到发射天线,再经过空间衰减,到达被测点位时,信号强度已经被大大地减弱,频率越高,则信号衰减越明显,这对于信号接收机的性能指标提出了更高的要求。

为提高测量精度,测量人员通常从以下几方面入手。

(1) 增加信号源的输出功率;

(2) 信号输出端增加功率放大器;

(3) 采用高增益的发射天线;

(4) 提高接收机的测量动态范围;

(5) 在信号接收机前段增加前置放大器。

实际测量时,不一定要全部采用以上各项措施,测量人员可以根据现有的仪器条件来确定合适的测量方法。一般来说,如果接收机的动态范围足够宽,能够接收到很微小的信号值,则系统中可以减少各种放大器的使用。因此,测量系统的动态范围估算就显得十分必要。

9.2.2.3　发射天线的安装

选取合适型号的专用落地支架来分别架设对数周期天线和双脊喇叭天线,支架可调节前后、左右、高低位置。安装时,天线并排放置在相同高度的两个支架上,同时使天线高度与安装在人体模型胸部位置的接收天线保持相同高度。为避免两副天线在相近频段间的干扰,两副天线的水平间距需间隔约 1 m 的距离,如图 9.6 所示。

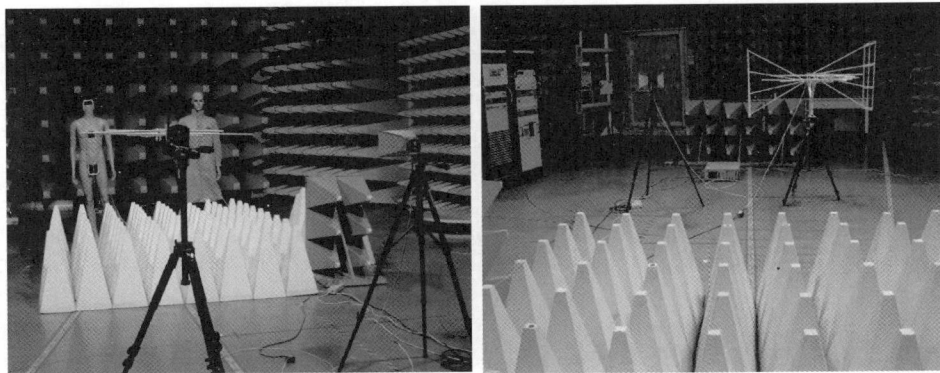

图 9.6　发射天线架设方式

9.2.2.4　发射天线的远场区条件

电磁测量中必须要考虑被测电磁场的场区条件,在近场区条件下,电场强度与磁场强度之间不具有固定关系,因此,$SE_E \neq SE_H$,这就意味着要分别测量电场强度和磁场强度,因而使测量工作变得复杂;相反,在远场区条件下,$SE_E = SE_H$,一般仅需测量电场强度。

为简化测量过程,规范测量方法,提高测量精度,电磁辐射防护服屏蔽效能测量系统规定:接收天线必须位于发射天线的远场区边界之外。

工程上,关于近场与远场的场区分界距离可由下式计算:

$$R = \frac{2D^2}{\lambda} \qquad (9.2)$$

式中,D 为天线最大口径尺寸;λ 为工作波长。

因此,实现发射天线远场测试的最小测试距离应为

$$R \geqslant \frac{2D^2}{\lambda}$$

测量系统中,所安装的高频发射天线的工作波长范围为 0.017~0.3 m(1~18 GHz),天线口径为 0.2 m,根据式(9.2)计算可知,高频发射天线的远场区边界距离等于 4.8 m;对于低频发射天线而言,工作波长范围是 0.3~1.0 m(300 MHz~1 GHz),天线直径为 1.0 m,故低频发射天线的远场区边界距离为 6.7 m。为统一起见,测量系统设定发射天线的远场边界距离统一为 8.0 m,这也就是发射天线与安置接收天线的人体模型的间距。

9.2.3 测量系统的接收天线

接收天线的选定应该考虑以下因素:测量的频率范围、测量的动态范围、天线类型、尺寸以及安装方式。

9.2.3.1 接收天线的测量频率范围

测量系统的工作频段是 300 MHz~18 GHz,据此,接收天线的频段划分为:

300 MHz~1 GHz　　低频段

1~18 GHz　　　　高频段

可以看出,以上接收天线的工作频段划分与前述的发射天线的工作频段划分是一致的。

9.2.3.2 接收天线灵敏度链路估算

天线可以选择两种类型:电场探头、接收天线。比较两种接收设备不难发现,电场探头的尺寸相比接收天线要小许多,探头便于安装到人体模型中去。但在使用之前,必须要先了解探头的灵敏度情况,确定其是否可用。

据调查,目前能够购置到的电场探头的最小灵敏度约为 0.14 V/m,即能够准确测量的最低场强值为 −13 dBm。这样一种探头能否使用,需通过灵敏度链路估

算进行确定。

接收探头链路估算的参数如下：

（1）信号发生器输出功率设为 10 dBm；

（2）信号发射端的接头损耗和电缆损耗形成的总的馈电损耗一般约为 −3 dB；

（3）发射天线的天线增益设定为 10；

（4）人体模型距离发射天线 8 m 远的位置处。

根据以上参数，可以估算出测量系统的接收探头的灵敏度，如表 9.4 和表 9.5 所示。表中，取 1 GHz 和 18 GHz 两个频点作为估算参考点。

表 9.4　1 GHz 频点接收探头灵敏度链路估算表

估算项目	电平值	累积
合成源输出功率	10 dBm	10 dBm
2.5 m 低损耗电缆损耗	−3 dB	7 dBm
发射天线增益	10 dB	17 dBm
空间衰减（$R=8$ m，$\lambda=300$ mm）	−50.5 dB	−33.5 dBm
收发未对准等不可预见损耗	−3 dB	−36.5 dBm
接收探头的灵敏度		−36.5 dBm

表 9.5　18 GHz 频点接收探头灵敏度链路估算表

估算项目	电平值	累积
合成源输出功率	10 dBm	10 dBm
2.5 m 低损耗电缆损耗	−4 dB	6 dBm
发射天线增益	10 dB	16 dBm
空间衰减（$R=8$ m，$\lambda=15$ mm）	−76.5 dB	−50.5 dBm
收发未对准等不可预见损耗	−3 dB	−63.5 dBm
接收探头的灵敏度		−63.5 dBm

可以看出，接收探头在低频段和高频段的灵敏度分别为 −36.5 dBm 和 −63.5 dBm。如前所述，目前市场上的探头的最低场强测量值为 −13 dBm，远大于要求的灵敏度，无法作为测量系统的信号接收装置。

因此，电磁辐射防护服屏蔽效能测量系统最终采用天线接收方式，分频段选用 2 种接收天线。

（1）外径为 14 cm 的低频段的环形天线，频率范围为 30～200 MHz，进行天线修正后，天线的实际使用频段为 30 MHz～1 GHz，如图 9.7 所示；

（2）高频段迷你型双脊喇叭天线（14 cm×8.5 cm×8 cm），频率范围是 2.5～18 GHz，进行天线修正后，实际使用频段为 1～18 GHz，如图 9.8 所示。

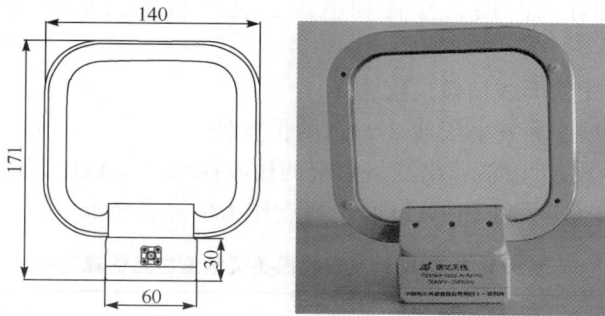

图 9.7　低频段接收天线

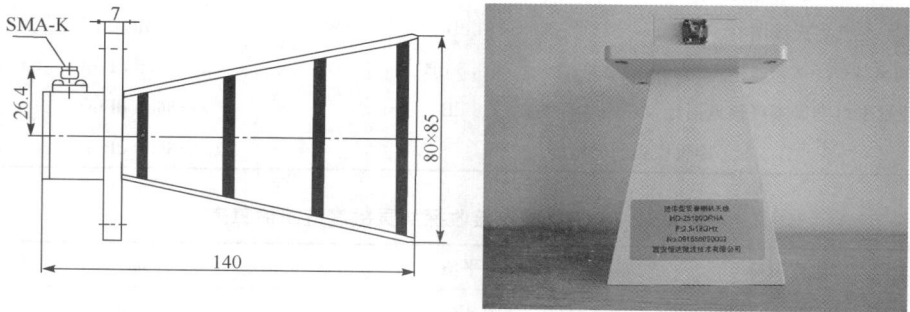

图 9.8　高频段接收天线

9.2.3.3　接收天线的安装

安装接收天线的人体模型采用低损耗介质材料。将高频接收天线和低频接收天线分别安装在两个人体模型上，其安装位置与 GB/T 23464—2009 的规定相一致，即分别是人体头部（齐眼高）、胸部（齐乳高）和下腹部（脐与会阴中间）3 个电磁波敏感部位，如图 9.9 所示。

可以看出，选定的两种类型的接收天线有较小的外形尺寸，完全能够安放于人体模型的相应位置，并留有足够的前后放置空间，如图 9.10 所示。

在测量屏蔽效能时，防护服和天线之间必须留有一定间隔距离，当距离过近时，天线受到防护服上感生电流的影响，会造成测量数据的波动。另外，重复测试时，由于服装对天线的隔离状态发生变化，也会对测试结果产生一定的影响。

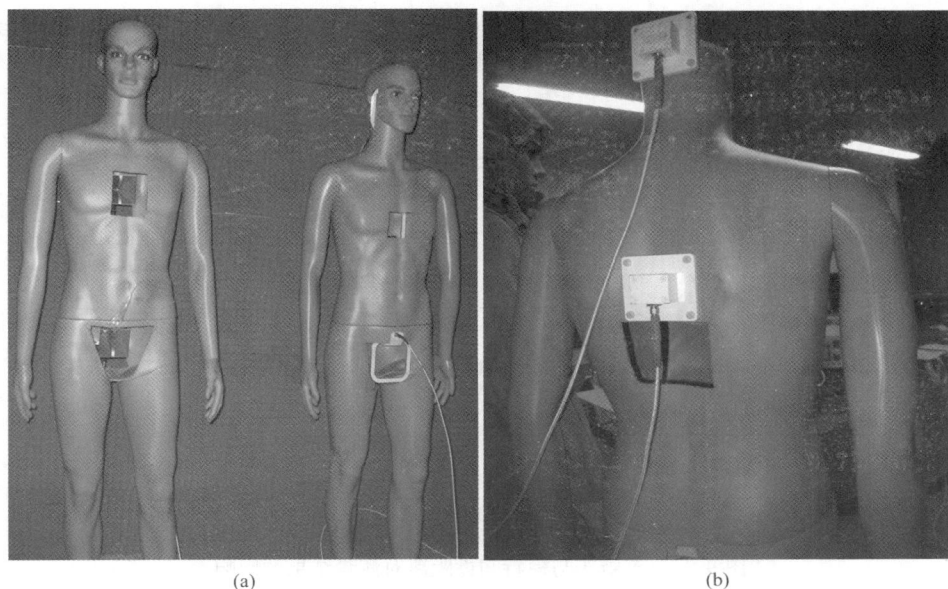

(a)　　　　　　　　　　　　　　　　　　(b)

图 9.9　天线在人体模型中的安装位置

(a)正向;(b)后向

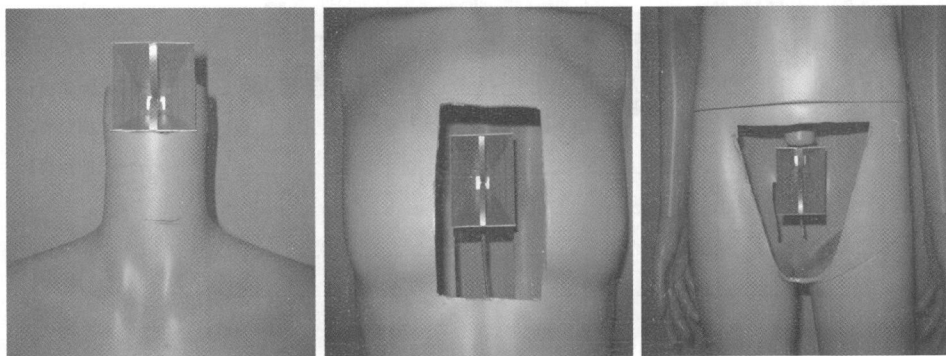

图 9.10　接收天线在人体模特中的安装方式

　　为了解隔离状态对测量结果的影响规律,系统研发过程中,分别在三种隔离状态下进行了测试,隔离距离分别为:去距离 1(屏蔽布紧贴模特 0 cm)、去距离 2(隔离距离 2.5 cm)和去距离 3(隔离距离 5 cm),测量结果如图 9.11 所示。可以看出,三次测试结果有一定的偏差,平均值在 1~5 dB 波动。

　　天线与防护服距离加大时,测试结果波动性明显减小,测试的重复性也相应提高。但是,间隔距离不应过大,否则会造成接收天线与防护服的隔离状态同实际着装时衣服与体表的隔离状态差别过大,不能真实反映实际情况。经试验验证,防护服与接收天线距离为 10~15 cm 时可达到良好的重复性效果,测试结果如图 9.12

所示,图中,三种隔离距离分别为:加距离 1(10 cm)、加距离 2(12 cm)、加距离 3(15 cm)。这样一种隔离距离在人体模型的腔体内是可以实现的。

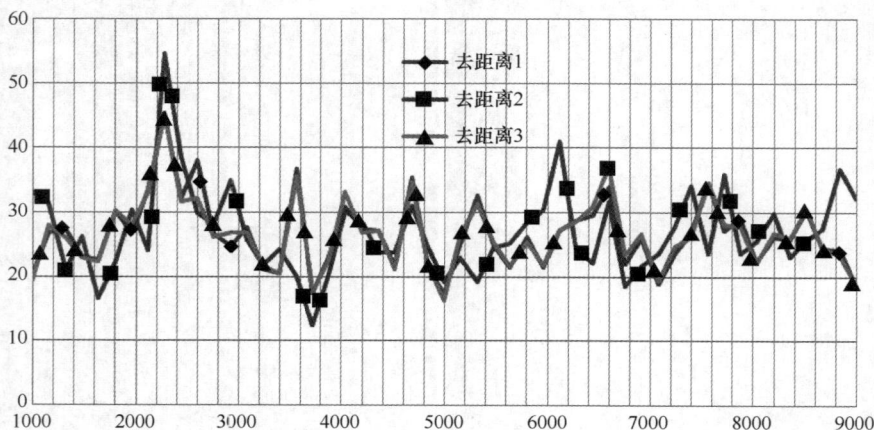

图 9.11　屏蔽布与模特间近距离对测量结果的影响

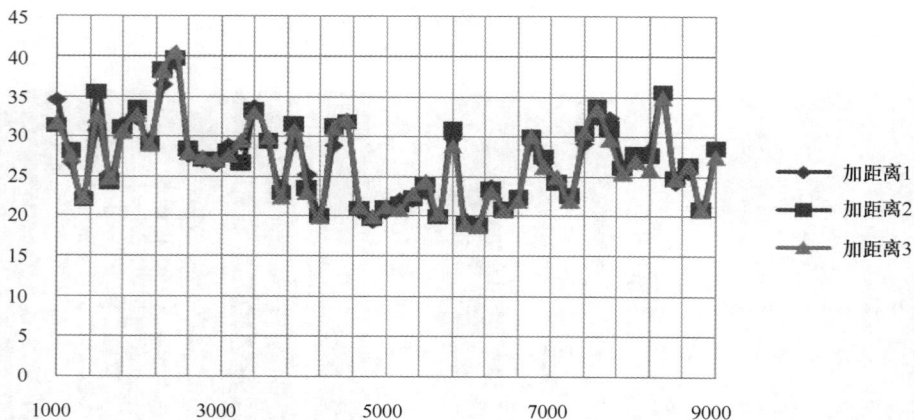

图 9.12　屏蔽布与天线间距 10～15 cm 时的测量结果对比

9.2.4　测量方法

9.2.4.1　系统软件

系统软件是测量系统的操作控制平台,包含以下主要功能。

(1) 资源管理:辅助用户管理系统内所有硬件资源和软件资源,提供仪器型号选择、接口信息配置、端口信息配置与测试驱动程序管理等功能。

（2）系统校准：支持仪器设备的自校准、测试资源的校准处理，引导用户进行补偿数据的获取，允许用户对修正数据进行管理。

（3）测量任务执行：具备手动测试与自动测试两种工作模式，自动进行驱动、控制、测量、显示与存储。

（4）数据分析处理：提供信息查询、统计分析、报表输出与报表打印等功能。

（5）具备扫频和单频点设置的功能，既可以进行常规扫频测量，也可以对关心的频率点进行重点测试。

9.2.4.2　测量过程

测量过程分两步进行，第一次测量称为"基准测试"，即在加载功率的条件下对没有防护服的辐射环境进行测试；第二次测量称为"防护服测试"，即在相同加载功率的条件下对防护服进行测试。屏蔽效能就等于防护服测试值（dB）和基准测试值（dB）之差，计算公式为

$$屏蔽效能 ＝防护服测试值－基准测试值$$

根据收发天线的频段划分，测试过程分为低频测试（300 MHz～1 GHz）、高频测试（1～18 GHz）；根据防护服的测试部位划分，测试过程分为头部测试、胸部测试、腹部测试。因此，实际测量过程可细分为低频头部、低频胸部、低频腹部、高频头部、高频胸部、高频腹部共 6 个测试过程，分别对应 6 组测量数据。具体测量步骤如下。

1. 设置参数

（1）测试部位设置。防护服的种类包括有大褂、套装、头罩或帽子等，不同的防护服所能够提供的防护部位也不同。实际测量时，测量人员需要根据基本判断用户的要求，设置头部、胸部、腹部三个测试部位。可单独设置，也可同时选择。

（2）频率设置。根据测量的频率范围设置起始频率和终止频率，以及在该频率范围内的扫频点数；如果需要对敏感频点进行重点测试，还要在设置界面中增加敏感频点列表。

（3）加载功率设置。在暗室环境下，一般要求功率设置在 0 dBm 以上，如果有人员在天线附近，测试功率应该小于－5 dBm。

（4）参考电平设置。频谱仪参考电平一般设置为 0；如果接收信号过小，可以将参考电平设置为－10 dB，或更低；当接收到的信号较大时，参考电平可设置为 10 dB，目的是使测试信号显示在频谱仪屏幕的中上部，便于观察。参考电平的设置值应根据实际测量情况而定。

（5）频谱仪参数设置。频谱仪参数设置对于防护服屏蔽效能测量至关重要，需要设置的频谱仪参数包括扫频跨度（span）、分辨率带宽（RBW）、视频带宽

（VBW）、扫描点数（sweep points）等内容。频谱仪参数设置有以下几点原则可供参考：①在确保能捕获所需频率分量的前提下扫频跨度应尽可能小；②分辨率带宽和视频滤波器带宽应在测量允许的误差范围内取较大值；③扫描点数在低于最大扫描点数的前提下可适当减小；④分辨率带宽和视频带宽设置越窄，则测量越精确，但如果带宽选择过窄，则完成一次扫描的时间将会很长，因此，带宽设置需合理。

2. 基准测试

完成上述参数设置后就可以进行基准测试。首先设置测试频率、功率、测试部位等参数。如果在测量过程中修改了某个参数，则测量工作必须终止，然后重新完成基准测试。

3. 防护服测试

完成基准测试后，将防护服穿在人体模特上，开始进行防护服测试。开发的测量软件会依次自动测试各个部位，并把测得的数据和基准数据作差，所得到的数值便是防护服的屏蔽效能。

防护服的屏蔽效能表现形式如图 9.13 所示，图中可以看出，测量系统针对低频和高频段能够分别完成不同部位的测量。

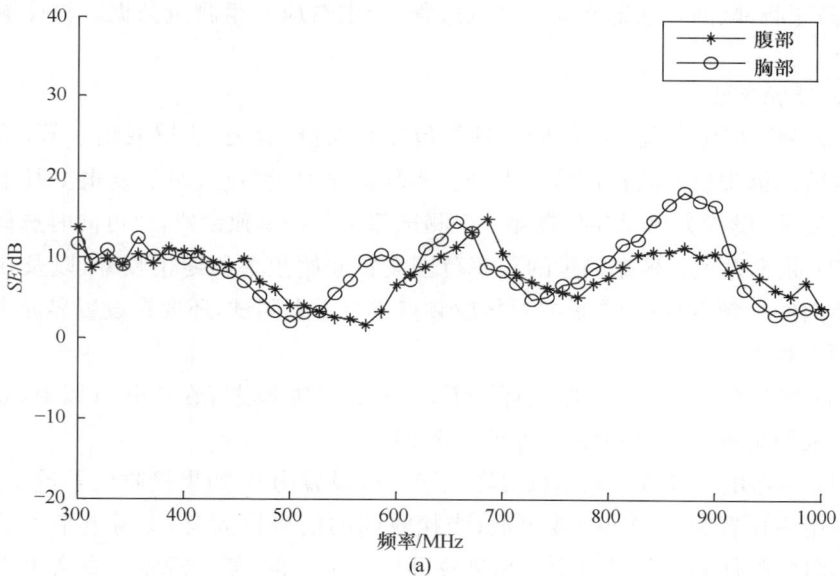
(a)

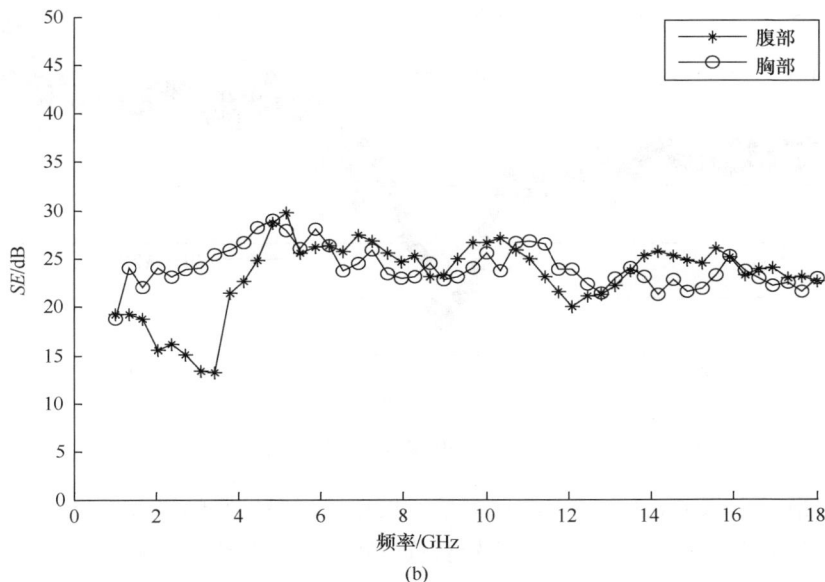

图 9.13　电磁辐射防护大褂电磁屏蔽效能测试结果

(a)低频测试曲线;(b)高频测试曲线

4. 形成测试报告

测试报告有数据表、测试曲线两种形式,报告中应该包含以下一些基本信息:测量部位、测量频段、测量参数、测试数据和测试曲线。

9.3　测量系统分析

9.3.1　系统预调

系统预调是对包括信号源、频谱仪和开关控制器在内的仪器主要部件的联通性验证测试,验证过程如下。

去掉天线组件,将信号源和频谱仪之间连接一个 6 dB 的衰减器,然后按照表 9.6中的参数进行实际测量,结果如图 9.14 所示。

表 9.6　系统预调参数及结果

步骤名称	起始频率	终止频率	测试功率	最大值	最小值	平均值
头部测试	1000.00 MHz	18000.00 MHz	0.00 dBm	6.36 dBm	5.31 dBm	5.94 dBm

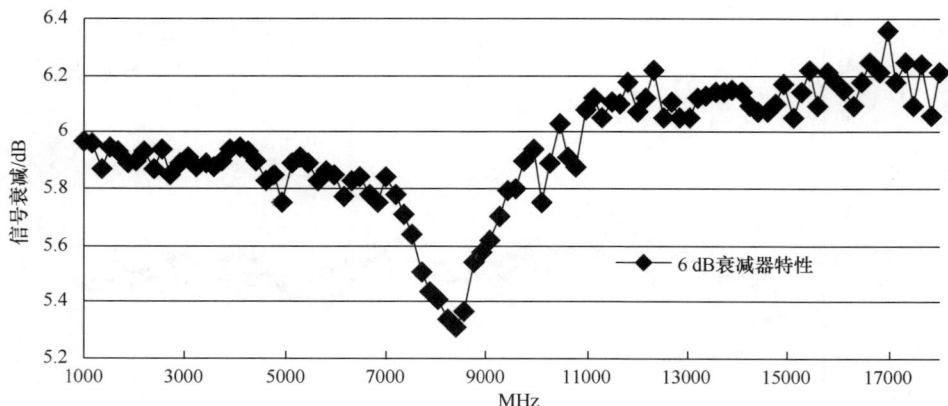

图 9.14　6dB 衰减器特性测量

从图中可见，6 dB 衰减器特性测量结果良好，信号源、频谱分析仪和开关控制工作正常，在 1～18 GHz，测量的信号衰减—频谱特征曲线与衰减器的标定值基本吻合。

9.3.2　测量系统的动态范围

动态范围是反映系统测试能力的一个重要技术指标，是根据系统中测量仪器的灵敏度、最大发射功率及实际损耗等因素计算得出，其计算公式为

动态范围 = 信号接收机的灵敏度－系统最大发射功率条件下的最大初始测量值

本测量系统的信号接收机选择了中国电子科技集团公司第四十一研究所研制生产的 AV4036 系列频谱分析仪，频谱仪的平均噪声电平指标如表 9.7 所示。

表 9.7　AV4036 频谱仪的平均噪声电平

频率范围	指标	典型值
10 MHz～1.2 GHz	−152 dBm	−154 dBm
1.2～2.1 GHz	−151 dBm	−153 dBm
2.1～3 GHz	−150 dBm	−152 dBm
3～4 GHz	−148 dBm	−150 dBm
4～8 GHz	−153 dBm	−155 dBm
8～16 GHz	−146 dBm	−149 dBm
16～20 GHz	−140 dBm	−143 dBm

可以看出,AV4036 频谱仪在 10 MHz～20 GHz 的频率范围内,灵敏度指标都能够达到－140 dB 的水平。

根据前面链路测算结果可知,接收天线在 1 GHz 和 18 GHz 两个参考频点上所能够接收的最大初始测量值分别为－36.5 dBm 和－63.5 dBm。设接收天线的增益为 0 dB,频谱仪的灵敏度为－140 dB,则根据上面的动态范围计算式可以得出

系统在 1 GHz 参考频点的动态范围＝－103.5 dBm

系统在 1 8GHz 参考频点的动态范围＝－76.5 dBm

目前,电磁屏蔽柔性织物的最大屏蔽效能约为 90 dB,制成防护服后,由于服装存在领、袖、下摆等多处结构敞开部位,因此,防护服的屏蔽效能远低于屏蔽织物的屏蔽效能。实际测量结果表明,防护服的屏蔽效能一般低于 50 dB。因此,通过上面两个参考频点的动态范围估算可以看出,电磁辐射防护服测量系统能够满足实际测量的要求。

9.3.3　测量系统的多径影响

9.3.3.1　测试环境

测量系统应该设置在微波暗室中,以尽可能减少各种杂波信号的干扰。在开阔场地中,如果空间电磁波频谱组成简单,环境电磁场本底值很低,或测量场地中的其他频率的电磁波不对测量系统产生干扰时,则该开阔场也是一个很好的测量环境。

屏蔽室能够有效防止外部环境中的电磁信号对测量系统的干扰,但是,测量系统本身的发射信号会在屏蔽室中发生多重反射,形成多径信号,干扰接收天线的测量结果。

9.3.3.2　多径影响分析

电磁波传输过程存在叠加和干涉的特性。在微波暗室中,接收天线除接收到发射天线的轴线传输信号外,还会接收到由暗室壁及内部物体反射产生的多径信号。我们把两束以上频率相同且有恒定相位差的波束称为相干波。发生干涉的电磁波在传输空间中某点的振幅增强,而在另一点的振幅相消减弱。改变相干波束的相位差,就可以使同一位置的叠加振幅随之发生变化,也就是说,该点的场强发生了改变。

由于波束的干涉叠加,电场和磁场的振幅不再是常数,会随空间位置及频率的变化而发生变化,这种情况将直接影响到测量结果的精度。

在室内测量环境中,如普通房屋、屏蔽室和微波暗室,无论采取什么技术措施,接收天线都能够接收到轴向传输信号和多径干扰信号两个不同途径的电磁信号,

其中,多径信号越强,则干扰效果越明显。为减小多径干扰的影响,需要选择合适的测量场地。开阔场测量是一个很好的测量方案,这种测量环境下,干扰信号仅来自于地面反射信号的影响,但由于地面土壤对电磁波有一定的吸收损耗作用,因此,地面反射干扰信号的影响基本可以忽略。开阔场虽然很好,但这一测量条件很难获得,所以人们多采用的是微波暗室测量方案。如果仅有屏蔽室,则需要在屏蔽室内壁贴装与测量系统工作频段相一致的吸波材料,使屏蔽室内的电磁环境得到改善。

9.3.4　测量曲线的修正

目前,测量系统遇到的一个问题是无论是低频段测量还是高频段测量,测量曲线都存在较为明显的纹波现象。究其原因,可能包含以下三个方面:

(1) 多径干扰;

(2) 天线的性能指标,包括驻波比、增益、方向性等;

(3) 测量过程中防护服内的腔体谐振效应。

其中,腔体谐振效应是一个主要原因。因为,防护服是由导电金属织物制成,模特穿着防护服后,内部腔体实质上就是一个类金属壳体,并且是一个不规则的壳体。外部电磁波进入这个金属屏蔽体后,必然会产生谐振效应。我们知道,规则结构、固定尺寸的金属壳体其谐振频率是固定的,但对于防护服这样的不规则壳体,其谐振频率的构成将会十分丰富,这些谐振频点叠加到被测信号上就会产生纹波现象。

对上述问题的研究目前还在进行之中,尚未彻底解决。然而,采用数据平滑模式能够对纹波曲线进行部分修正,平滑修正后可以获得较好的精度,修正系数一般取 5,如图 9.15 所示。

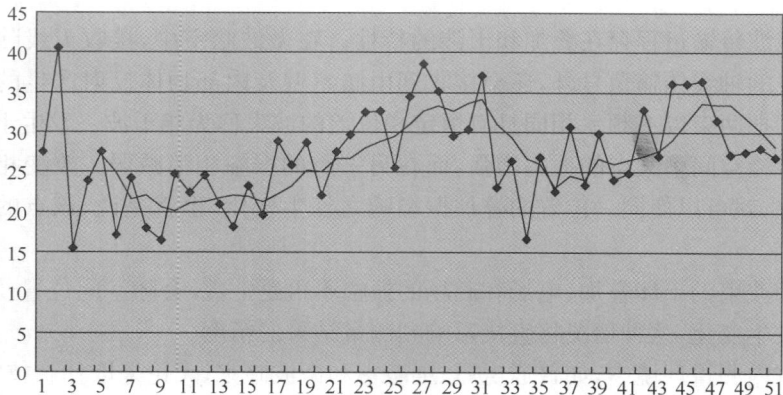

图 9.15　测量曲线纹波的产生及平滑修正

9.4　电磁辐射防护服屏蔽效能测试

9.4.1　系统联调频率点的选定

在系统联调中,选择有代表性的频率进行系统联调。300 MHz～18 GHz 范围内所选用的常用频率点,如表 9.8 所示。

表 9.8　常用频率点

用途	频率点/GHz
手机频率	0.9,1.8,1.9,2.1
医用频率	0.433,0.915,2.45

9.4.2　一致性试验

一致性试验主要检验多次测试所得测量数据的重复一致情况。试验时,选用稳定性好的被检防护服作为测试样品。完成仪器预热后,在一段时间内,重复测量 n 次($n \geqslant 6$),每次测得值为 x_i,得到 n 个测量值,求出平均值 $\overline{x}$,按贝塞尔公式计算实验标准偏差 $S_n(x)$,即为一致性

$$S_n(x) = \sqrt{\frac{1}{n-1}\sum_{i=1}^{n}(x_i - \overline{x})^2} \tag{9.3}$$

分别在 430 MHz、900 MHz、915 MHz、1.8 GHz、1.9 GHz、2.1 GHz、2.45 GHz 七个测量频率点上,对测试样品重复测量 6 次取得测量数据,如表 9.9 所示。

表 9.9　防护服一致性测试数据

f/GHz	x_1/dB	x_2/dB	x_3/dB	x_4/dB	x_5/dB	x_6/dB	$s(x)$/dB
0.43	10.76	11.6	10.6	11.18	11.13	10.83	0.36
0.9	6.85	6.84	6.82	6.845	6.835	6.835	0.01
0.915	6.42	6.49	6.52	6.455	6.49	6.48	0.03
1.8	24.82	24.66	24.82	24.74	24.79	24.76	0.06
1.9	27.64	27.40	27.61	27.52	27.59	27.53	0.09
2.1	31.70	31.16	31.48	31.43	31.54	31.39	0.18
2.45	34.56	34.10	34.48	34.33	34.46	34.34	0.16

测试数据表明,系统在测试频点测量结果的一致性很好,在低频点 0.43 GHz 处的标准偏差值最大为 0.36 dB,其他频点的标准偏差均小于 0.2 dB。

图 9.16 所示的是在 300 MHz~18 GHz 范围内,扫频测量的一致性分析曲线。这些测试曲线为相同测试环境下对同一防护服的腹部连续 6 次的测量结果曲线,可以看出,扫频测量曲线的重合度很好,表明测量系统的一致性良好。

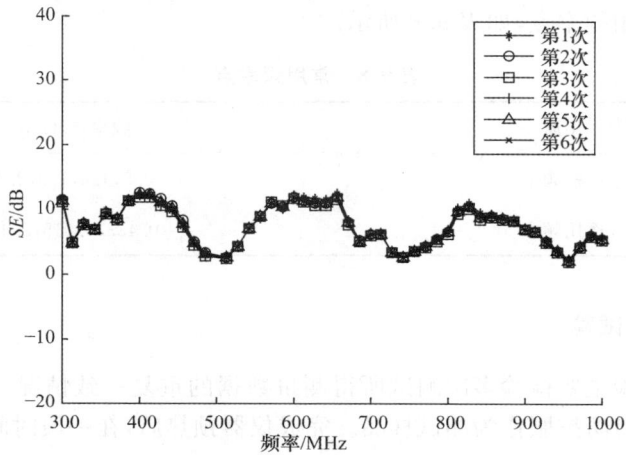

(a)

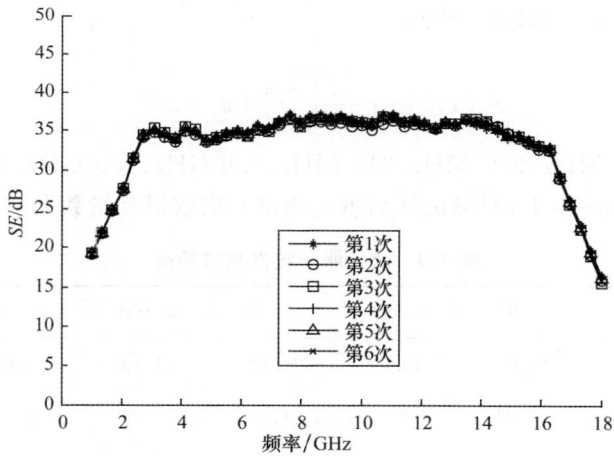

(b)

图 9.16 系统的一致性测试结果

(a)低频测试曲线;(b)高频测试曲线

9.4.3 稳定性试验

稳定性是指系统的测量指标随时间保持恒定的能力。稳定性试验涉及以下两方面主要内容。

（1）测量结果的重复性：在相同的测量条件下，对同一被测物连续进行多次测量所得的结果之间的一致性。

（2）测量结果的复现性：在改变了的测量条件下，同一被测物的测量结果之间的一致性。

本测量系统的稳定性试验是在一个较长的时间内完成，是对一件固定的防护服进行重复测量。虽然测量过程中，所有系统参数都保持不变，但穿着状态这一个基本要素是无法保持固定的，人体模特每次穿着防护服都会或多或少地改变一些穿着状态，其最终结果就是改变了测量条件。因此，本测量系统的稳定性试验属于复现性试验。

选择一个稳定性好的防护服作为测试样品，每隔一个月对该样品重复测量，每次测量 n 次($n=6$)，分别计算测量平均值$\overline{x}_j$，共测量 $m(m \geqslant 4)$个月，计算 m 个平均值的平均值$\overline{x}_m$，以计算的标准偏差作为稳定性评价指标。

$$S_m(\overline{x}_j) = \sqrt{\frac{1}{m-1} \sum_{j=1}^{m} (\overline{x}_j - \overline{x}_m)^2} \tag{9.4}$$

分别在 430 MHz、900 MHz、915 MHz、1.8 GHz、1.9 GHz、2.1 GHz、2.45 GHz 七个测量频率点上，对测试样品的腹部进行测量，测量数据如表 9.10 所示。

表 9.10　测量系统稳定性测试数据

f/GHz	$\overline{x}_1$/dB	$\overline{x}_2$/dB	$\overline{x}_3$/dB	$\overline{x}_4$/dB	$S_m(\overline{x})$/dB
0.43	10.76	2.12	6.39	8.58	3.69
0.9	6.85	18.52	16.39	11.62	5.20
0.915	6.42	16.56	13.70	10.06	4.40
1.8	30.31	30.92	35.45	31.75	2.31
1.9	29.75	28.99	37.95	31.61	4.07
2.1	29.65	30.11	36.51	31.48	3.15
2.45	29.38	30.61	36.74	31.53	3.24

以上测试数据表明，稳定性测试试验中，各频点的稳定性屏蔽效能标准偏差较一致性屏蔽效能标准偏差普遍增大，说明稳定性实验结果不如一致性实验结果。但是，除 0.9 GHz 频点的 $S_m(\overline{x})$ 稍大于 5 dB 外，其他频点的 $S_m(\overline{x})$ 值均小于 5 dB，表明稳定性处于可接受的误差范围内。

为了解测量系统在全频段内的稳定性变化规律，对同一防护服分别进行了低频段和高频段的稳定性测试,结果如图 9.17 所示。实验结果表明,无论是低频还是高频,反映的实验规律基本一致,系统稳定性总体评价优良。

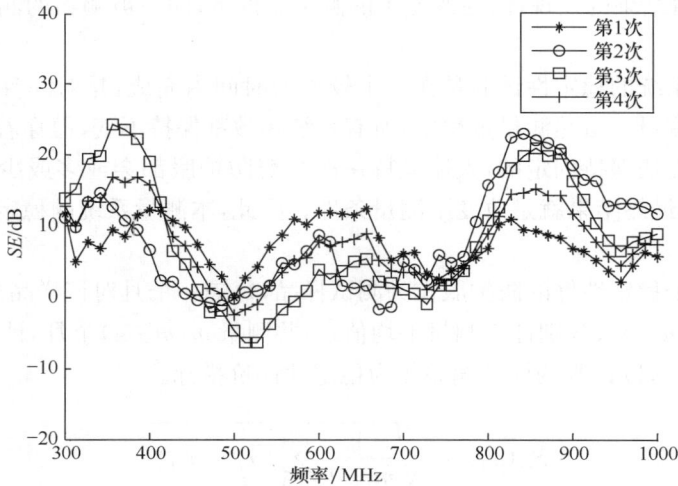

(a)

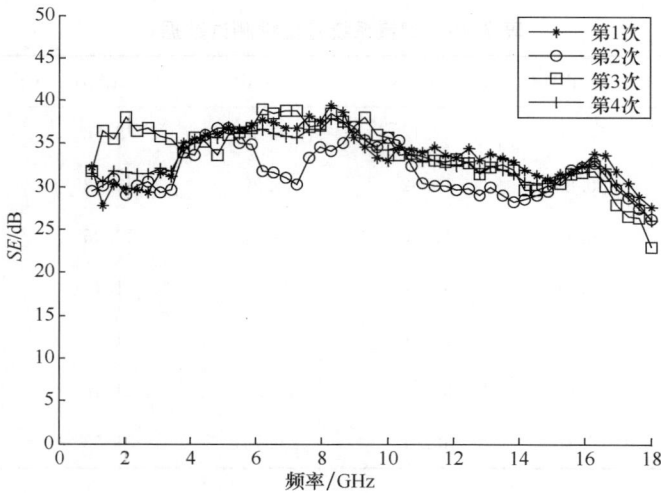

(b)

图 9.17　系统的稳定性测试结果

(a)低频测试曲线;(b)高频测试曲线

造成稳定性实验数据有一定偏差的主要原因可归纳为以下两点:

(1) 每次测量时,需要对人体模型重新着装,会造成测量状态发生微小改变;

（2）每次测量时，防护服面料与人体模特的隔离间距不完全相同，因此会在一定程度上影响接收天线的实际测量值。

9.4.4　防护服屏蔽效能实际测量

项目组收集了多种款式、不同屏蔽效能等级的电磁辐射防护服分别在系统联调频率点和扫频条件下进行屏蔽效能测量，结果如表 9.11、表 9.12 及图 9.18、图 9.19所示。

表 9.11　防护大褂(1♯样)的联调频点的屏蔽效能测试结果(dB)

f/GHz	头部(戴帽)	胸部	腹部
0.43	10.76	8.69	−1.10
0.9	6.85	11.76	19.62
0.915	6.42	7.46	17.38
1.8	30.31	29.59	30.31
1.9	29.75	31.44	30.63
2.1	29.65	30.90	31.90
2.45	29.38	34.73	32.27

表 9.12　迷彩防护服(2♯样)的联调频点的屏蔽效能测试结果(dB)

f/GHz	头部(戴帽)	胸部	腹部
0.43	4.33	8.37	7.25
0.9	6.45	13.27	12.97
0.915	5.46	11.97	12.26
1.8	17.95	14.73	13.78
1.9	17.45	15.49	12.13
2.1	19.99	15.44	13.45
2.45	20.34	14.63	13.27

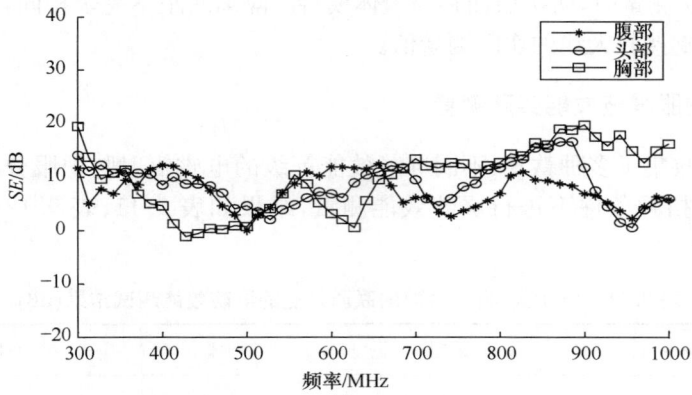

(a)

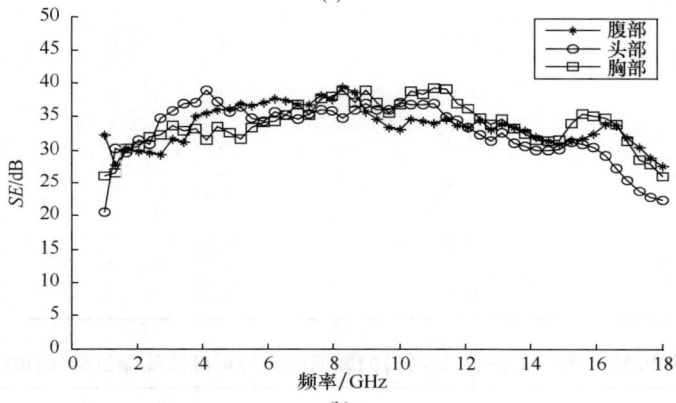

(b)

图 9.18　1♯样屏蔽效能扫频测试结果

(a)低频段扫频测试曲线；(b)高频段扫频测试曲线

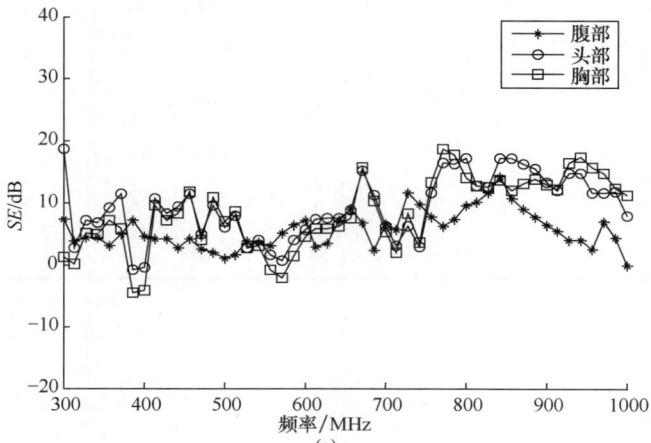

(a)

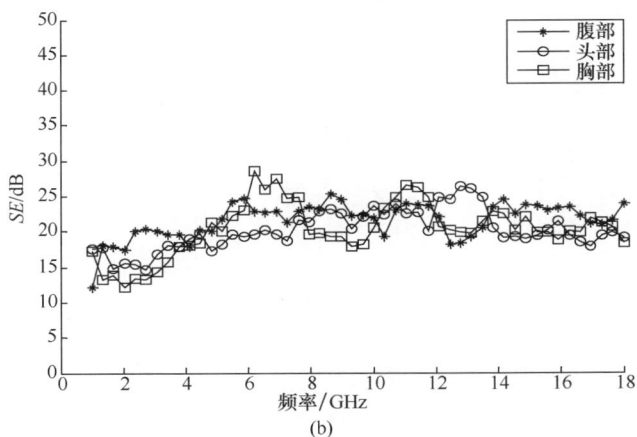

图 9.19　2♯样屏蔽效能测试结果

(a)低频段扫频测试曲线；(b)高频段扫频测试曲线

由上述测量结果可以看出：

(1) 测量系统的测试数据稳定，可以分辨不同结构和不同材料的屏蔽效果；

(2) 不同防护服的屏蔽效果不同，一般来说，防护大褂的屏蔽效能好于防护套装。